MATLAB
程式設計與實務

陳傑斌、張太平、卓彰賢 編著

U0086694

博碩文化

MATLAB程式設計與實務

作　　　者／陳傑斌、張太平、卓彰賢 編著

發 行 人／簡女娜

發 行 顧 問／陳祥輝、寶丕勳

總 編 輯／古成泉

執 行 編 輯／曾婉玲

國家圖書館出版品預行編目資料

MATLAB程式設計與實務 / 陳傑斌, 張太平, 卓彰
賢編著. -- 初版. -- 新北市：博碩文化, 2012.04
　面；　公分
ISBN 978-986-201-574-2(平裝)
1.Matlab(電腦程式)
312.49M384　　　　　　　　　　　101004826

Printed in Taiwan

出　　　版／博碩文化股份有限公司

網　　　址／http://www.drmaster.com.tw/

地　　　址／新北市汐止區新台五路一段112號10樓A棟

　　　　　　TEL / 02-2696-2869 • FAX / 02-2696-2867

郵 撥 帳 號／17484299

律 師 顧 問／劉陽明

出 版 日 期／西元2012年4月初版

建 議 零 售 價／560元

I　S　B　N／978-986-201-574-2

博 碩 書 號／PG31218

Preface
序言

　　MATLAB是由美國Math Works公司所開發的一種用於數值計算及視覺化圖形處理的工程應用軟體，在數值計算和統計分析方面具有很深入的應用。

　　本書深入淺出地介紹了MATLAB在數學數值計算與統計分析方面的基礎技術。全書共分為14章，主要內容如下：

　　第1篇為基礎技術篇，共有7章。第1章對MATLAB進行概述，主要內容包括系統安裝，使用者圖形介面（GUI），並提供了MATLAB的學習技巧，對讀者的入門學習具有較好的指導功能。第2～7章為MATLAB基礎技術，重點介紹了MATLAB的工具箱、數值計算與統計分析、符號計算。第2篇為基礎圖形繪製以及MATLAB程式設計。第3篇為應用實務篇。

　　與目前坊間之同類型教科書相互比較，本書的核心特色如下：

❶ 本書以美國Math Works公司所開發的MATLAB R2011a版本，整合不同難易程度的工程實例，按照循序漸進的方式詳加講解，相當程度地降低了讀者學習的門檻，提高了讀者的學習效率。

❷ 本書有效整合了MATLAB的基本技術與應用實例，基礎理論與應用實務兼備。

❸ 為了加深讀者的學習和深刻的瞭解，本書中整合了大量小型實用範例來詳加介紹，「在做中學習」（Learning by doing）能夠使讀者可以快速地精通熟練和有效提升。

　　本書由於編寫時間倉促，疏漏之處在所難免，尚望海內外各方先進不吝指正。

林傑斌(美國西北大學科學碩士)
張太平(國立高雄第一科大教授兼系主任，美國哥倫比亞大學工程博士)
卓彰賢(致理技術學院講師，師大數學研究所碩士)

2012年3月21日謹識於八堵與高雄

Contents
目錄

Part 01 基礎技術篇

Chapter 01 MATLAB 概述

Chapter 02　MATLAB 工具箱（上）

Chapter 03　MATLAB 工具箱（下）

Chapter 04　MATLAB 數值計算（上）

Chapter 05　MATLAB 數值計算（下）

Chapter 06　MATLAB 符號計算（上）

Chapter 07　MATLAB 符號計算（下）

Part 02　MATLAB 基礎繪圖

Chapter 08　2D 圖形的繪製

Chapter 09　3D 圖形的繪製

Part 03　應用實務篇

Chapter 13　MATLAB 的應用

Chapter 14　MATLAB 在控制工程中的應用

Chapter 15　MATLAB 在模糊控制系統中的應用

Chapter 16　數學建構的綜合實驗

PART 1

基礎技術篇

本篇的核心內容為第 1 章 MATLAB 概述、第 2 章與第 3 章為 MATLAB 工具箱、第 4 章與第 5 章為 MATLAB 數值計算、第 6 章與第 7 章為 MATLAB 符號計算。

畫意能達萬言 百聞不如一見　～中國成語

Chapter
01

MATLAB 概述

MATLAB 語言，在控制、通訊、訊號處理及科學計算等領域中皆被廣泛地應用。本章將對 MATLAB 的發展、系統架構、操作介面作簡要的介紹，向讀者展示 MATLAB 軟體的特色以及它所具有的強大功能，並提供給讀者學習 MATLAB 的建議。

1.1 MATLAB 系統簡介

　　MATLAB 軟體是由美國 Math Works 公司（官網 http://www.mathworks.com）開發的一種主要用於數值計算及視覺化圖形處理的工程語言，為目前世界上最優秀的科技應用軟體之一。它將數值分析、矩陣運算、繪圖影像處理、訊號處理和模擬等諸多強大的功能整合在較易使用的互動式電腦環境之中，為科學研究、工程應用提供了一種功能較強、效率較高的程式設計工具。它擁有強大的科學計算與視覺化功能，以及簡單易用、開放式可延伸的環境，特別是所附帶的 30 多種針對不同領域的工具箱支援，使得它在許多科學領域中成為電腦輔助設計（Computer Aided Design, CAD）和分析、設計演算法研究和應用開發的基本工具和首選平台。

1.1.1 MATLAB 系統的產生與發展

　　MATLAB 名字由 Matrix（矩陣）和 Laboratory（實驗室）兩個名詞的前三個字母所組合而成。1970 年代後期，時任美國新墨西哥大學電腦系主任的 Cleve Moler 博士在講解線性代數課程時，發現應用其他高階程式設計極不方便，於是，Cleve Moler 博士和他的同事構思並為學生設計了一組呼叫 LINPACK 和 EISPACK 函式庫（Function Library）的"通俗易用"的介面，這就是使用 FORTRAN 語言草創開發的 MATLAB。之後幾年，MATLAB 作為免費軟體供學術使用，深受大學生們的喜愛。

1.1.2 MATLAB 系統衍生性產品

　　由圖 1-1 所示的 MATLAB 產品家族可以看到，MATLAB 產品家族是一個非常龐大的系統，MATLAB 系統僅僅是其中的一部分，它還有許多其他重要的成員，例如 Simulink 等。

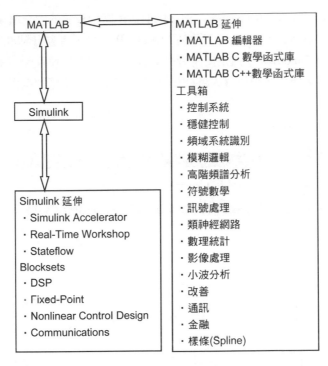

圖 1-1　MATLAB 產品家族

1.1.3　MATLAB 系統架構

　　MATLAB 系統主要由五大部分所組成，分別為 MATLAB 語言（the MATLAB Language）、MATLAB 工作環境（the MATLAB Working Environment）、MATLAB 數學函式庫（the MATLAB Math Function Library）、握把式圖形系統（Handle Graphics）和 MATLAB 應用程式介面（the MATLAB Application Interface）。下面分別對它們加以介紹。

1. MATLAB 語言

　　MATLAB 語言是一種以矩陣（Matrix）和陣列（Array）為基本程式設計單元，擁有完整的控制敘述、資料結構、函式編寫與呼叫格式和輸入/輸出功能，MATLAB 語言為具有物件導向程式設計（Object Oriented Programming, OOP）特色的高階程式語言。使用者不但可以利用它方便而快捷地完成小型的演算法驗證、程式開發和編輯工作，而且可以使用它來進行大型的複雜應用程式設計，非常有效。

2. MATLAB 工作環境

　　簡而言之，MATLAB 工作環境就是一系列實用工具的集合，它不但包括了在各種操作工作空間中，變數的工具與管理資料輸入/輸出（Data Input/Output）的方法，還包括了開發 M

檔案編輯器與除錯器（Editor/Debugger）和 MATLAB 應用程式的整合環境，使用起來極為方便。當使用者在 Windows NT 系統下啟動 MATLAB 之後，將會出現如圖 1-2 所示的指令視窗（the Command Window），這是使用者與 MATLAB 工作環境互動的主要視窗，在指令提示符號 ">>" 之下，使用者可以鍵入各種相關指令來完成所希望的操作。

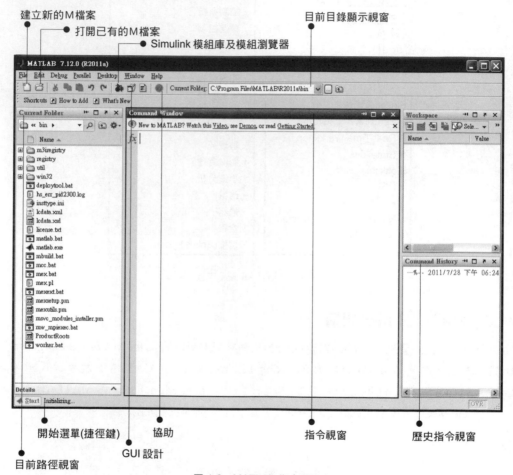

圖 1-2　MATLAB 指令視窗

TIP

M 檔案

若要一次執行大量的 MATLAB 指令，可將這些指令存放在一個副檔名為 m 的檔案中，並在 MATLAB 指令提示號下，鍵入此檔案的主檔名稱即可，在本章 1-3-3 節將有更進一步的說明。

❶ 在指令視窗中,使用者除了可以在指令提示符號下,鍵入指令執行操作之外,還可以運用選單和工具列來執行多種任務,如圖 1-2 所示。

❷ 鍵入 type+檔名.m,即可開啟 M-edit 檔案編輯器來編輯 M 檔案,如圖 1-3 所示,這是一個功能非常完備的檔案編輯環境。

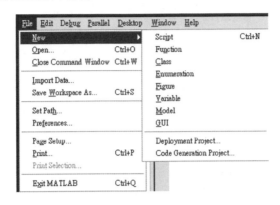

圖 1-3　M-edit 檔案編輯器視窗

❸ 透過目前路徑視窗,可以查閱目前工作路徑之中,各個變數的類型和內容;運用工作空間視窗,使用者可以查閱透過 MATLAB 指令所操作的檔案和結果的內容以及類型。

❹ 運用 "協助" 按鈕,可以打開協助視窗,讓使用者搜尋線上協助(Online help)。

❺ 運用歷史指令記錄視窗,使用者可以查閱過去所進行的 MATLAB 操作。

❻ 運用 Simulink 模組庫按鈕,可以打開 Simulink 模組庫,讓使用在自己的模型中添加新的模組。

　　總之,MATLAB 工作環境是一個功能異常強大的工作集合,可以使使用者完成幾乎所有的操作,並且簡單易用。

3. MATLAB 數學函式庫

　　MATLAB 數學函式庫是大量的各種形式的數學函式和演算法的集合,它不僅包括了最基本的初等函式,例如 sum、sine、cosine 和複數運算等,還包含了大量複雜的高階函式和演算法,例如貝色(Bassel)函式、快速傅麗葉變換與求反矩陣(Inverse Matrix)等。使用者在編寫自己的 MATLAB 程式時,可以輕鬆地呼叫這些函式及演算法,從而相當程度地便於演算法的開發工作。所有這些函式按照類別分別放在 MATLAB 工具箱目錄下的八個子目錄中,詳情請參見表 1-1 所示:

表 1-1　MATLAB 數學函式庫的分類和組織

目錄名稱	函式功能
elmat	對矩陣和矩陣元素的操作
elfun	初等數學函式
specfun	專門數學函式
matfun	矩陣函式：數值線性代數
datafun	數值分析和傅麗葉變換
polyfun	插值和多邊形近似
funfun	功能函式和常微分方程式（ODE）求解
sparfun	稀疏矩陣函式

4. 握把式圖形系統

Handle Graphics ® 為 Math Works 公司的註冊商標，是 MATLAB 的圖形系統。它在包含了大量高階的 2D 和 3D 資料視覺化、圖形顯示、動畫生成和影像處理指令的同時，還提供了許多低階的圖形指令，允許使用者按照自己的需求來顯示圖形和客製化（Customized）應用程式圖形使用者介面（Graphic User's Interface, GUI），既方便又靈活。實際的函式分為五大類，分別放置在 MATLAB 工具箱之下，五個不同的目錄之內，詳見表 1-2 所示：

表 1-2　MATLAB 圖形函式的分類和組織

目錄名稱	函式功能
graph2d	2D 圖形函式
graph3d	3D 圖形函式
specgraph	專業圖形函式
graphics	握把式圖形函式
uitools	圖形使用者介面工具

1.1.4　MATLAB 系統主要功能

MATLAB 以強大的科學計算與視覺化功能，以及簡單易用、開放式的可延伸環境，特別是所附帶的 30 多種不同領域的工具箱支援，使得它在許多科學領域中成為電腦輔助設計和分析、演算法研究和應用的基本工具和首選平台。

1. MATLAB 在數學運算的應用功能

在 MATLAB 軟體環境中，使用 MATLAB 來進行基本的數學運算，也可以計算連續函數的零點和積分、求解線性系統、利用多項式處理函式逼近以及建構微分精確近似解等。MATLAB 所內建的工具箱為此提供了方便的工具箱。

2. MATLAB 繪圖

使用圖形來呈現實驗或運算的結果更能夠增加說服力，為此，MATLAB 提供了一些利用矩陣或向量資料來進行繪圖的函式，這樣可以更方便地繪製曲線圖、圓餅圖、長條圖、梯形圖、曲面圖、3D 等高線圖和 3D 帶狀圖等。然後依據標示式圖形的觀念來修改圖形上所有物件的屬性，例如顏色、線條粗細等，除了使得所顯示的圖形更加生動活潑之外，還更進一步地顯示出結果或重要內容。

3. MATLAB 應用程式介面

MATLAB 應用程式介面（MATLAB Application Program Interface）為 MATLAB 系統所提供的一個非常重要的元件，運用該介面，使用者可以相當方便地完成 MATLAB 與外部環境的互動功能。

在 MATLAB 之中，可以使用 MEX 檔案來呼叫 C 函式和 FORTRAN 副程式。此外，透過 MATLAB 引擎（Engine），使用者可以在 MATLAB 中執行運算，並將結果返回 C 或 FORTRAN 程式之中。MATLAB 還提供了一些標頭檔案和檔案庫用於建立和庫存標準的 MATLAB 檔案。使用 MATLAB 內建的串聯介面可以直接將資料採集並載入到 MATLAB 之中。另外，MATLAB 可以透過元件物件模型（COM）和動態資料交換（DDE）來使用 Java 的類別、物件和方法，並與 PC 應用程式來進行資料交換。還可以將 MATLAB 當作一個 COM 自動化伺服器與 Visual Basic（VB）應用程式，或者能夠使用 Visual Basic for Application（VBA）的應用程式（例如 Microsoft Excel、PowerPoint、Word）來進行通訊。有關它們的內容，將在後面的章節中介紹，請讀者參閱。

4. 利用 MATLAB Simulink 模組來進行系統模擬

Simulink 是 MATLAB 導向的流程圖設計環境，是複雜系統建模、模擬、分析的視覺化開發平台。使用者可以用來對各種動態系統來加以建模、分析和模擬，它的建模範圍相當廣泛，可以針對任何能夠用數學來描述的系統來加以建模，例如，航空太空動力學系統、衛星控制引導系統通訊系統、船舶及汽車等，其中包括了連續、離散、條件執行、事件驅動，單一速率、多重速率和混雜系統等。Simulink 提供了滑鼠拖曳的方法來建立系統流程圖模型的圖形介面，還提供了豐富的功能模組以及不同的專業模組集合，利用 Simulink 幾乎可以做到不需要書寫一行編碼而能夠完成整個動態系統的建構工作。其實際的內容將在後面章節加以介紹。

Simulink 是 MATLAB 最重要的元件之一，它提供一個動態系統、模擬和綜合分析的整合式環境。在該環境中，無需大量書寫程式，只需要透過簡單直覺化的游標操作，就可以建構出複雜的系統。Simulink 具有適應面廣泛、結構和流程清晰及模擬精密化、貼近實際情況、效率高、靈活等優點，它已被廣泛應用於控制理論和數位訊號處理的複雜模擬和設計。

另外，MATLAB 在陣列計算、資料分析、矩陣代數、樣條函數等方面的應用也有顯著的優點，關於它們的詳細內容，讀者可以參考本書其他章節或其他參考文獻。

5. MATLAB 在數位影像處理中的應用

數位影像處理（Digital Image Processing）又稱為電腦影像處理，它是指將影像訊號轉換成數位訊號，並利用電腦對其加以處理的程式。利用 MATLAB 影像處理工具箱函式可以對數位影像加以強化、壓縮編碼、去除噪音、恢復、融合、分割和描述等。

影像處理工具箱（Image Processing Toolbox）為工程師和科學家提供了一套完整而可用於影像處理和分析的函式。其中總共超過 200 個影像處理函式。與 MATLAB 的資料分析，演算法開發和資訊視覺化環境整合在一起，使得專業人士不必浪費時間，從事於耗時的影像處理和操作，使用者只需花少量的時間在演算法程式設計上，而把大部分時間用於問題的分析處理上。

影像採集工具箱（Image Acquisition Toolbox）延伸了 MATLAB 的強大科學計算能力，允許使用者直接在 MATLAB 環境下，運用工業標準硬體設備來擷取影像和視訊訊號。運用該工具箱，可以直接將 MATLAB 環境同影像採集設備連接起來，預覽影像，採集資料，並且利用 MATLAB 所提供的強大數學分析功能來完成圖形影像的處理。使用影像採集工具箱，可以在 MATLAB 指令列鍵入指令或者將該工具箱中的函式合併到使用者開發的應用程式中。MATLAB 提供了 M 語言編輯器、程式性能報表以及圖形使用者介面，協助使用者加快演算法開發的程序。

1.2 MATLAB 的圖形使用者介面

在 MATLAB R2011 安裝完成之後，只要雙按該捷徑鈕 ![MATLAB R2011a]，就可以進入 MATLAB 系統，查閱其工作環境。

1. 認識 MATLAB R2011 環境

MATLAB R2011 的工作介面（如圖 1-4 所示）包括五個視窗，它們是主視窗、指令視窗、歷史指令記錄視窗、目前目錄視窗和工作空間視窗。下面簡要地說明各個主要視窗的功能。

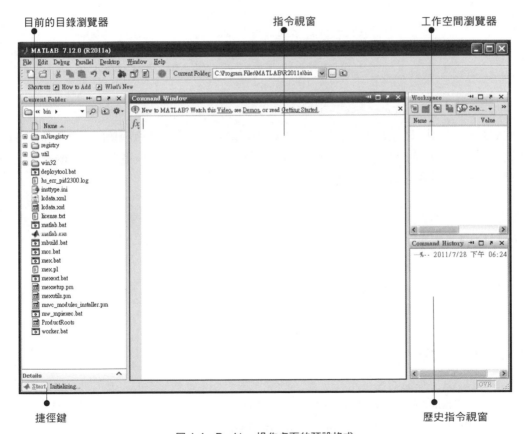

目前的目錄瀏覽器　　　　　　指令視窗　　　　　　工作空間瀏覽器

捷徑鍵　　　　　　　　　　　　　　　　　　歷史指令視窗

圖 1-4　Desktop 操作桌面的預設格式

表 1-4　Desktop 操作桌面的預設格式

項目	說明
指令視窗	該視窗是進行各種 MATLAB 操作的最主要視窗。在該視窗內,可鍵入各種送給 MATLAB 運作的指令、函式、運算式;顯示除了圖形之外的所有運算結果;在執行錯誤時,給出相關的出錯資訊。MATLAB R2011 的主視窗相容於其他六個子視窗,本身還包括六個選單和一個工具列。
目前的目錄(Current Directory)瀏覽器	在該瀏覽器中,展示著子目錄、M 檔案、MAT 檔案與 MDL 檔案等。對該介面的 M 檔案,可直接加以複製、編輯與執行;介面上的 MAT 檔案,可直接送入 MATLAB 工作記憶體。對該介面上的子目錄,可以進行 Windows 平臺的各種標準操作。
工作空間瀏覽器	該瀏覽器預設地位於目前瀏覽器的後端。該視窗羅列出 MATLAB 工作空間中所有的變數名稱、大小、位元組數,在該視窗中,可對變數進行觀察、圖示、編輯、萃取與儲存。
歷史指令視窗	該視窗記錄已經運作過的指令、函式、運算式及它們執行的日期與時間。該視窗中的所有指令、文字都允許重製、重新執行及用於產生 M 檔案。
捷徑鍵	引出通往 MATLAB 所包含的各種元件、模組庫、使用者圖形介面、協助分類目錄、展示範例等捷徑,並向使用者提供內建快捷操作的環境。

2. 主視窗

MATLAB R2011 的主視窗相容於其他六個子視窗,本身還包括六個功能表選單(即 File 功能表選單、Edit 功能表選單、Debug 功能表選單、Desktop 功能表選單、Windows 功能表選單與 Help 功能表選單)和一個工具列。

(1) 工具列

MATLAB 主視窗的工具列(圖 1-6)含有 10 個按鈕控制器,從左到右的按鈕控制的功能如圖 1-6 所示:

圖 1-6　MATLAB 主視窗工具列選單

(2) 主視窗開始選單

在 MATLAB 主視窗的左下角有一個"開始"選單,按一下"開始"選單可以看到裡面有 MATLAB、Toolboxes、Simulink、Blocksets、Link and Targets、Shortcuts、Desktop Tool、Web、Get Product Trials 和 Check for Updates 10 個程式組,還有 Preferences...、Find Files...、Help 和 Demos 四個選單(圖 1-7)。MATLAB 是主程式組(圖 1-8),包含 MATLAB Builder for Excel(Excel 編譯器)、MATLAB Builder for Java(Java 編譯器)、MATLAB Builder for .NET(.NET 編譯器)、MATLAB compiler(MATLAB 編譯器)、MATLAB Report Generator

（MATLAB 報告生成器）、SimBiology（簡單生物學統計元件）、Spreadsheet Link Excel（Excel 表格生成器）和 System Test（系統測試元件）八個程式組，還有 Import Wizard、Profiler、GUIDE (GUI Builder)、Notebook、Plot Tools、Time Series Tools、Help、Demos、MATLAB Central (Web)、Product Page (Web) 10 個選單。

圖 1-7　開始選單

圖 1-8　MATLAB 主程式組選單

　　Toolbxs 是包含了所有使用者已經安裝的工具箱；Simulink 是模擬方塊，含有所有的模擬方塊；Blocksets 是方塊集，含有使用者安裝的除了模擬方塊集之外的其他方塊；Shortcuts 中包含了使用協助、工具列以及其他方便的使用技巧；Desktop Tools 是桌面工具，含有 Command History、Current Directory、View Source Files…、Editor、Path 和 Workspace 六種工具；Web 是一個網頁集合，羅列了與 MATLAB 相關的所有網頁，以利於使用者搭配，在需要時，只要按一下該選單，就可以打開所需要的網頁；Preferences、Find Files、Help 和 Demos 四個選單功能分別是改善、搜尋檔案、協助和展示。

3. 指令視窗

　　指令視窗（Command Window）如圖 1-9 所示：

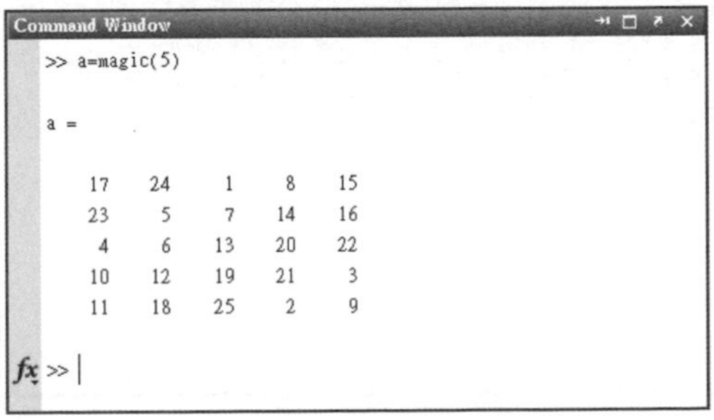

```
Command Window
>> a=magic(5)

a =

    17    24     1     8    15
    23     5     7    14    16
     4     6    13    20    22
    10    12    19    21     3
    11    18    25     2     9

fx >> |
```

圖 1-9　MATLAB 指令視窗

當 MATLAB 啟動完成時，在指令視窗顯示之後，視窗處於準備編輯狀態。符號 ">>" 為運算提示元，說明系統處於準備狀態。當使用者在提示之後輸入運算式並按返回鍵之後，系統將會給出運算結果，然後系統繼續處理準備狀態。

4. 目前目錄視窗

目前目錄視窗（Current Directory）如圖 1-10 所示，它的主要功能是顯示或改變目前目錄，不僅可以顯示目前目錄下的檔案，而且還可以提供搜尋之用。透過上面的目錄點選下拉選單，使用者可以輕鬆地已經搜尋過的目錄。按一下右側的按鈕，可以打開路徑點選對話框，在這裡，使用者可以設定和添加路徑，也可以透過上面一行超鏈結來改變路徑。

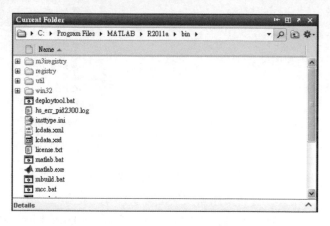

圖 1-10　目前目錄視窗

5. 工作空間視窗

工作空間視窗（Workspace）如圖 1-11 所示，它是 MATLAB 的一個重要部分。該視窗的顯示功能有顯示目前記憶體中存放的變數名稱、變數儲存資料的維數、變數的最小值和變數的最大值等。工作空間視窗有自己的工具列，按鈕的功能從左到右依次是新變數、打開點選的變數，載入資料檔案、儲存和刪除等。

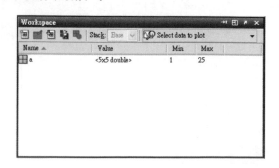

圖 1-11　工作空間視窗

1.3   **MATLAB 入門實例**

下面運用幾個入門的實例講解來加深讀者對 MATLAB 的了解。

1.3.1   **指令列程式**

在指令視窗，使用者可以直接呼叫 MATLAB 內部已經編譯好的 M 檔案，也可以直接在指令提示元下輸入指令，然後按返回鍵執行。下面將先介紹數值、變數與運算式的用法，再透過一個矩陣範例來介紹指令列程式。

1. 數值的記述

MATLAB 的數值採用習慣的十進位表示法，可以帶小數點或負號。在採用 IEEE 浮點運算法的電腦上，數值通常採用佔用 64 位元記憶體的雙精度來表示。其相對精度為 eps（ MATLAB 的一個預訂變數），大約保持有效數字 16 位。數值範圍大致為 10 的負 308 次方至 0 的 308 次方。

2. 變數的命名規則

❶ 變數名稱與函式名稱對字母的大小寫是相當敏感的。

❷ 變數名稱的第一個字元必須是英文字母，最多可包含 63 個字元素（英文、數字與下連元）。

❸ 變數名稱中不得包含空格、標點符號與運算元，但可以包含下連元。

3. MATLAB 預設的數學常數

表 1-5　MATLAB 為數學常數預訂的變數名稱

預訂的變數	含義
eps	浮點數相對精度 2 之負 52 次方
i 或 j	單位虛數
Inf 或 inf	無窮大
intmax	可表達的最大正整數，預設為 2147483647
intmin	可表達的最小負整數，預設為-2147483647
NaN 或 nan	不是一個數
pi	圓周率 pi

預訂的變數	含義
realmax	最大正實數，預設為 1.7977X10 的 308 次方
realmin	最大小實數，預設為 2.2251X10 的負 308 次方

4. 運算元與運算式

(1) 傳統教科書的算術運算元

在 MATLAB 中的表達方式如表 1-6 所示。

表 1-6　MATLAB 運算式的基本運算元

類別	數學運算式	矩陣運算元	陣列運算元
加	a+b	a+b	a+b
減	a-b	a-b	a-b
乘	axb	Axb	axb
除	a 除以 b	a/b	a./b
冪次	a 的 b 次方	a^b	a.^b
小括號	( )	( )	( )

(2) MATLAB 書寫運算式的規則與手寫運算式幾乎完全相同

❶ 運算式由變數名稱、運算元與函式名稱所組成。

❷ 運算式將按一般的優先級由左至右執行運算。

❸ 優先級為指數運算級別最高，乘除運算次之，加減運算級別最低。

❹ 括號可以改變運算的次序。

❺ 賦值元=與運算元兩側允許有空格。

5. 陣列設計導向的運算

在 MATLAB 中，純量資料被看作 1x1 的陣列（Array）資料。所有的資料都被存放在適當大小的陣列中。為了加快計算的速度（即運算的向量化處理），MATLAB 對以陣列形式儲存的資料設計了兩種基本運算，一種是所謂的陣列運算，另一種是所謂的矩陣運算。

變數的用法：

❶ 在 MATLAB 中，不必事先對陣列維度及大小做任何說明，記憶體將自動配置。

❷ 陣列輸入的三大要素: 陣列標示元〔 〕，元素分隔元空格或逗號，陣列行間分隔元分號；或返回鍵。注意，所有的標點符號都是英文符號。

❸ MATLAB 對字母的大小寫是相當敏感的。

❹ 在全部鍵入一個指令列內容之後，必須按下〔ENTER〕鍵，該指令才會被執行。

範例 1-1 在指令視窗中定義兩個矩陣，進行各種矩陣運算。其中，函式 magic 用於生成一個魔術方陣 A。程式如下所示：

```
>> A=magic(3)    %自訂一個魔術方陣 A
```

得到的結果如下：

```
A=
8    1       6
         3       5       7
         4       9       2
```

輸入下列敘述，生成一個和 A 一樣大小全為 1 的方陣 B。

```
>> B=ones(3)%定義全為 1 的方陣 B
```

得到的結果如下：

```
B=
     1       1       1
     1       1       1
     1       1       1
```

將 A、B 兩個方陣相加，得到結果如下：

```
>> A+B          %計算符號方陣加法 A+B
ans =
     9       2       7
     4       6       8
     5       10      3
>>
```

在指令視窗中可以使用 MATLAB 工具箱函式對方陣來加以操作。使用 flipud 函式可以對方陣加以上下轉置，以前面所訂定的魔術方陣 A 為例。

```
>> flipud (A)
Ans =
     4       9       2
     3       5       7
     8       1       6
```

可以看到，結果與前面分析的一樣。而 **fliplr** 可以對方陣加以左右翻轉。

下面針對函式 humps 來介紹 MATLAB 在科學計算中的應用。

範例 1-2 humps 函式運算式如下：

$$humps(x) = \frac{1}{(x-0.3)^2 + 0.01} + \frac{1}{(x-0.9)^2 + 0.04} - 6 \qquad (1-1)$$

下面的編碼是利用函式 fzero 分別找出了 humps 函式在 x=1.3 附近的零點位置。

```
>> format long
>> H_humps=@humps
>> x=fzero(H_humps,1.3)
```

得到結果如下：

```
x =
    1.299549682584822
```

現在要計算它在 x∈[-1,2]時的面積。在 MATLAB 指令視窗，使用者只要輸入如下指令即可。

```
>> x=linspace(-1, 2, 100);
>> y=humps(x);
>> format long
>> area=trapz (x, y)
```

其中，函式 linspace 將-1 到 2 之間的數值 100 等分（產生間隔均勻的 100 個抽樣點），函式 trapz 將根據均勻間隔的抽樣值列表，使用梯形分割來近似估計函式的面積（積分）。得到結果如下：

```
Area =
    26.344731195245956
```

上述內容只是利用 MATLAB 來做科學計算的一個範例，其詳細內容將在本書後面的章節介紹。

1.3.2 MATLAB 繪圖

利用 MATLAB 來進行 3D 繪圖同樣很方便。下面的編碼是產生一條 3D 螺旋線，如圖 1-12 所示。

```
>> t=linspace(0, 10*pi);
>> plot3 (sin(t), cos(t), t)
```

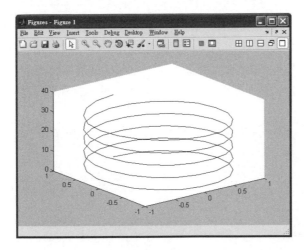

圖 1-12　3D 螺旋線

關於繪圖更詳細的內容，請參閱本書後面的章節。

1.3.3　M 檔案的編寫

　　MATLAB 不僅具有強大的數值理和符號運算功能，而且可以像電腦高階語言一樣來做程式設計。用 MATLAB 程式語言編寫的程式稱為 M 檔案，它可以在 MATLAB 的工作空間執行。M 檔案根據呼叫方式的不同分為指令檔案和函式檔案兩類。指令檔案不需要使用者輸入任何參數，也不會輸出任何參數，它只是各種指令的疊加，與 DOS 檔案相類似，在執行時，系統按照順序執行檔案中的各個敘述。函式檔案一般需要使用者輸入參數，也有可能輸出使用者需要的參數，函式檔案在各個敘述。函式檔案一般需要使用者輸入參數，也有可能輸出使用者需要的參數，函式檔案在格式上必須以 function 敘述作為引導，在功能上主要解決參數傳遞和呼叫的問題。在運作的物件上，指令檔案的運作物件是工作空間中的變數。因此，指令檔案中的變數一般不需要預先定義，而函式檔案中的變數是局部變數，除了輸入、輸出的變數會駐留在工作空間之外，其他變數並不會駐留在工作空間。

　　指令檔案的編寫很簡單，運用 File→New→M-File 選單打開 M 檔案編輯器，把想要執行的指令按照行來加以編寫，在編寫完成之後，將檔案確定一個名稱儲存起來即可。要注意的是，指令檔案儲存時不要忘記加上 M 檔案的副檔名.m。當要執行時，只要在指令視窗的提示符號下，輸入該檔案的檔案名稱，在按確認鍵之後，系統即可執行該指令檔案。

　　函式檔案一般分為定義列、協助資訊列、函式體和註解四部分。函式定義列為函式檔案的第一列，功能是定義函式名稱、確定輸入和輸出變數。格式一般為：

```
function<變數名稱>=函式名稱（參數）
```

緊跟在定義列之後的，以符號%開頭的文字說明部分是協助訊息列。該列的文字訊息，在使用者運用 lookfor 或 help+<函式名稱>來查詢協助資訊時，系統顯示該列的文字訊息。接下來的是函式體，也就是函式執行其功能的程式，它是函式檔案編寫的主要部分。在函式檔案中，凡是以%開頭的文字部分都是註解內容，它可以被安排在程式的任何地方。

範例 1-3 編寫一個指令檔案，畫出 $z=3-(x-3)^2-(y-3)^2$ 在 $x \in [0,6],\ y \in [0,6]$ 上的曲面。程式編碼如下：

```
%%%這是一個畫二元函式 z=3-((x-3).^2+(y-3).^2)圖的指令檔案
D=[0:0.1:6];              %%%建立向量 D
[x,y]=meshgrid(D);              %%%建立向量 x,y,並賦值為 D
surf(x,y,3-((x-3).^2+(y-3).^2))      %%%繪製曲面圖
axis off      %關閉坐標軸
```

得到的結果如圖 1-13 所示。

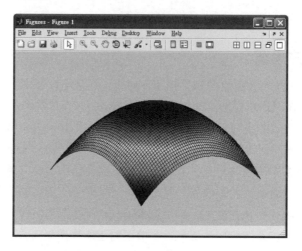

圖 1-13　曲面圖

範例 1-4 編寫一個 M 函式檔案，求小於任何給定正整數的自然數的階乘值。該範例程式編碼如下所示：

```
function f=ex0104(n)
%這是一個求小於任何正整數的自然數的階乘值的範例
%呼叫格式 c=zsqf2(n)
%參數說明：n 可以是任意的正整數
f(1)=1
i=1;
while f(i)<ceil(n/i)
    f(i+1)=f(i)*(i+1)
    i=i+1;
end
```

在指令視窗呼叫這個函式，求得 10000 以內的自然數的階乘值有 7 個，結果如下所示：

```
>> ex0104(10000)
ans =
      1      2      6      24      120      720      5040
```

1.4 MATLAB 學習技巧

　　MATLAB 是以矩陣為基礎來做程式設計，具有簡單、易懂的特色。所以，本書的讀者需要對矩陣、電腦程式設計的知識有相當程度的了解，同時也要具備相當的專業知識。在學習 MATLAB 的過程中掌握一些技巧，並適當地加以運用，可以發揮事半功倍的效果。下面簡單介紹學習 MATLAB 的幾個技巧。

1. 學會使用 Help

　　新手在學習 MATLAB 的過程中要充分利用 MATLAB 協助資源。MATLAB 協助檔案本身就是一個非常好的參考檔案。在協助檔案檔裡不僅詳細介紹了各個函式的用法，而且還可以引導使用者養生非常好的程式設計風格。為了使初學者更容易上手，MATLAB 提供了非常豐富的 Demo，使用者僅需要在 MATLAB 的指令視窗輸入 Demo，即可出現非常多的範例，透過這些範例能夠更加清楚地查閱 MATLAB 內部函式的功能和編寫方式。

　　MATLAB 中 Help 的常用方法有：

❶ 在指令視窗直接輸入 "help"，使用者可以得到局部機器上 MATLAB 的基本協助資訊；

❷ 對於某些不是很明確的指令，只知道大體所屬範圍，譬如，某個工具箱，直接在指令視窗中鍵入"help toolboxname"，可以得到本工具有關的資訊：版本、函式名稱等；

❸ 知道函式名稱，直接用 "help funname"，就可以得到相應的協助資訊。

　　關於詳細的 MATLAB 協助資訊，讀者可以參考本章的前面部分，在此不再贅述。

2. 參考網路資源

　　網路給人們帶來的好處是有目共睹的，其最大的特色是資源分享。學習 MATLAB 的讀者可以充分利用網路資源來充實自己。遇到問題，可以在網際網路（Internet）上求助，這也是解決問題一個很好的辦法。

3. 要敢於嘗試

對大部分的人來說，學習程式設計的目的絕對不是只為了程式設計而已，而是要將其應用到實際的工程實務中，解決實際的問題。在閱讀別人的程式、與別人進行交流的同時，要敢於嘗試。閱讀別人的原始碼，運用模擬別人所編寫的程式，並且學到一些書本中所沒有的知識，這樣才能加深對 MATLAB 和演算法的瞭解，可以大大地加快我們掌握它的進度。

MATLAB 雖然簡單便易懂，但要想真正地學好它、掌握它、精通它，甚至很熟練地利用它解決一些工程的實際問題，還是有相當難度的。學習者一定要有恆心、耐心和決心，制訂切實可行的學習計畫，並將學到的知識在實際的工程中加以利用，這樣才能鞏固所學的知識，循序漸進地提升自己的 MATLAB 水準。

1.5　重點回顧

本章對 MATLAB 的軟體特色、配置安裝、使用者介面和學習指南進行了簡要介紹。讀者在研讀之中，可以了解到 MATLAB 軟體的功能特色、操作環境，並從中得到學習建議之參考，為後面進一步的研讀做好準備的工作。

第1章

習題

1. 請指出如下 5 個變數名稱中,哪些是合法的?

   Abcd-2   xyz_3   3chan   a 變數   ABCDefgh

2. 設 a=-8,執行下列三條指令,請問執行結果相同嗎?為什麼?

   ```
   w1=a^(2/3)
   w2=(a^2)^(1/3)
   w3=(a^(1/3))^2
   ```

3. 以下兩種說法對嗎?

   (1) MATLAB 的數值表達精確度與其指令視窗中的資料顯示精密度相同。

   (2) MATLAB 指令視窗中顯示的數值有效位數不超過 7 位數。

4. 請重點概述 MATLAB 系統的特色。

5. 請重點概述 MATLAB 系統的主要功能。

6. 請重點概述 MATLAB 的使用者介面。

7. 如何使用 Simulink 來進行系統模擬?

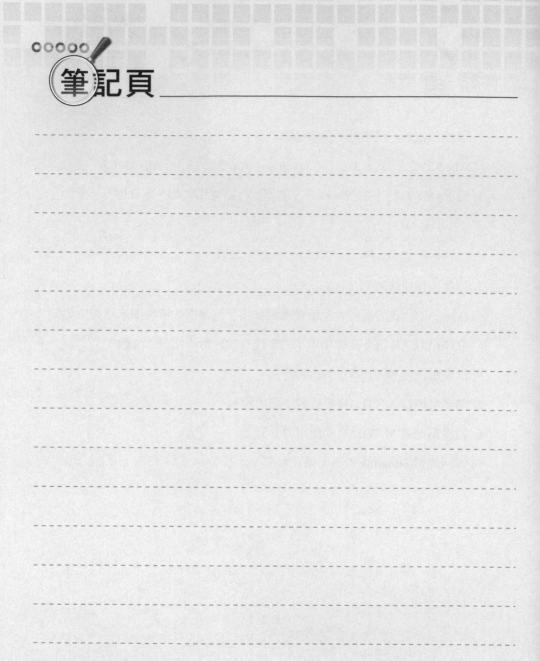

筆記頁

MATLAB 工具箱（上）

MATLAB 工具箱是 MATLAB 功能的進一步延伸，MATLAB 工具箱是 MathWorks 公司和第三方，在 MATLAB 主程式，包括提供的強大數值演算的基礎上，針對實際的工程問題所提供的特殊函數集。在實際工程的應用中，使用者不但可以使用工具箱所提供的 M 函數，解決特殊的工程問題，還可以修改工具箱中的函數，甚至編寫 M 檔案來執行對工具箱的延伸，充分呈現了 MATLAB 語言的開放性。MATLAB 包含兩個部分：核心部分和各種工具箱。核心部分中有數百個核心內部函數。工具箱分為兩類：功能性工具箱和專業性工具箱。

本章將重點聚焦於介紹統計工具箱的基本函數及其使用方法。

2.1 MATLAB 工具箱

功能強大的工具箱是 MATLAB 的特色之一，功能性工具箱主要用來延伸其符號計算功能、圖形建模模擬功能、文書處理功能以及與硬體即時互動功能。專業性工具箱的專業性比較強，例如 Control System Toolbox（控制系統工具箱）、Signal Processing Toolbox（訊號處理工具箱）、Communication Toolbox（通訊工具箱）等，這些工具箱都是由該專業領域內，學術水準比較高的專家所編寫的。所以，使用者無須編寫自己專業範圍之內的基礎程式，就可以直接進行研發的工作。

隨著 MATLAB 的不斷延伸，工具箱會越來越多。而工具箱實際上就是在 MATLAB 系統上開發的一組使用 M 檔案的函數指令或者是 Simulink 模擬模型。因此，只要使用者有興趣和需求時，自己也可以開發特殊用途的工具箱。

在 MATLAB 產品家族中，MATLAB 工具箱是整個系統的基礎，它是一個語言程式設計型（M 語言）開發平台，提供了系統中其他工具所需要的整合環境（例如 M 語言的解譯器（Interpreter））。同時，由於 MATLAB 對矩陣和線性代數的支援，使得工具箱本身也具有強大的數學計算能力。MATLAB 產品系統的演化歷史中，最重要的一個系統變更便是引入了 Simulink，用來對動態系統做建模和模擬，其流程圖的設計方式和良好的互動性，對工程技術人員本身的電腦操作與程式設計的熟練程度的要求降低到了最低程度，工程技術人員可以將更多的精力放到理論和技術的創新工作方面。

針對控制邏輯的開發、協議堆疊的模擬等需求，MathWorks 公司在 Simulink 平台上，還提供了用於描述複雜時間驅動系統的邏輯行為的建模模擬工具 Stateflow，透過 Stateflow，使用者可以用圖形化的方式來描述時間驅動系統的邏輯行為，並且無縫隙地（Seamlessly）整合到 Simulink 的動態系統模擬之中。

在 MATLAB/Simulink 基礎環境之上，MathWorks 公司為使用者提供了豐富的延伸資源，這就是大量的工具箱（Toolbox）和方塊集（Blockset）。從 1985 年推出第一個版本之後，在近 20 年發展的過程中，MATLAB 已經從單純的 FORTRAN 數學函數庫變為整合各種應用的套裝函數及方塊集的提供者。

　　由於 MATLAB 及其模擬的 Toolbox 資源的支援，使得使用者可以方便地進行具有開創性的建構與演算法開發工作，透過 MATLAB 強大的圖形和視覺化能力，可以反映演算法的性能和指標。所得到的演算法則可以在 Simulink 環境中，以模組化的方式來執行，透過整體系統建模，進行全部系統的動態模擬，以得到演算法在系統中的動態驗證。

圖 2-1 為 MATLAB 的產品架構圖：

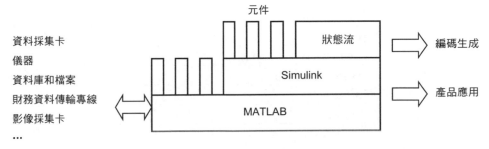

圖 2-1　MATLAB R2011 的產品系列

表 2-1 列出了 MATLAB R2011 所有的產品模組：

表 2-1　MATLAB R2011 所有的產品模組

類別	模組名稱
基礎工具	MATLAB
	MATLAB report generator
	Simulink
	Sinulink performance tool
	Stateflow
	Stateflow coder
	Real-Time Workshop
數學與金融	Control System
	Fuzzy Logic Toolbox
	Fixed-Point Blockset
	System Identification
	LM1 Control
	Model Predictive
	Multi-Synthesis
	Nonlinear Control Design Blockset
	Robust Control
	Curve Fitting
	Database Toolbox

類別	模組名稱
數學與金融	Financial Derivatives
	Datafeed Toolbox
	Extended Symbolic Math
	Financial
	Financial Time Series
	Fixed-Income Toolbox
	GARCH Toolbox
	Optimization
	Partial Differential Equation
	Symbolic Data
	Spline
	Statistics
	Neural Network
	Bioinformatics Toolbox
訊號處理 影像處理 通訊系統開發	CDMA Reference Blockset
	Communications Blockset
	Communications Toolbox
	SPC Blockset
	Image Acquisition Toolbox
	Signal Processing Toolbox
	Image Processing Toolbox
	Filter Design Toolbox
	Wavelet Toolbox
	Link for ModelSim
測試測量	Data Acquisition Toolbox
	Instrument Control
即時目標系統	Real-Time Workshop Embedded Coder
	Entry for Infineon C166 Microcontrollers
	MATLAB Link for Code Composer Studio
	Embedded Target for Motorola HC12
	Embedded Target for OSEK/VDK
	Embedded Target for TLC6000 DSP
	Real-Time Windows Target
	xPC Target Embedded Option
	xPC Target
	Embedded Target for TLC2000 DSP

類別	模組名稱
其他	Aerospace Blockset
	Model-Based Calibration Toolbox
	Mapping
	SimMechanics
	SimPowerSystem
	Virtual Reality Toolbox
	Dials & Compiler
虛擬介面	MATLAB Compiler
	MATLAB COM Builder
	MATLAB Excel Builder
	Excel Link
	MATLAB Runtime Server
	MATLAB Web Server

下面將簡要地介紹在數值計算與統計分析中常用的 MATLAB 工具箱及其功能。

1. MATLAB 數值計算

加速創新與演算法開發。在 MATLAB 中內建了 600 多個數學、統計和工程計算函數，使用這些函數來進行問題的分析解答時，無論是問題的提出還是結果的呈現方式，都採用使用者習慣的數學描述方法，此一特色使得 MATLAB 為數學分析、演算法及應用程式開發提供了良好的環境。

2. MATLAB/Simulink Report Generator

以多種格式將 MATLAB、Simulink 和 Stateflow 中的各種資訊來生成檔案。

MATLAB Report Generator 和 Simulink Report Generator 能夠以多種格式將 MATLAB、Simulink 和 Stateflow 中的模組和資料來產生檔案，其中包括 HTML、RTF、XML 和 SGML 格式。使用者可以自動地對大型的系統來進行文案的生成，建構可重複使用的、可延伸的模組協助，在各個部門之間傳遞資訊。檔案中可以包括從 MATLAB 工作空間到得到的任何資訊，例如資料、變數函數、MATLAB 程式、模型和流程圖等，也可以包含使用者的 M 檔案或由模型生成的所有圖片。

3. Simulink

終極圖形建模、模擬和樣本研發工具。Simulink 提供了建構、分析和模擬各種動態系統的互動環境，包括連續系統、離散系統和混雜系統。Simulink 提供了採用滑鼠拖曳的方法，來建構動態系統模組，而不需要費力書寫一行行的程式碼（Programming Code）。同時，Simulink

還整合了 Statflow，用來建構、模擬複雜時時間驅動系統的邏輯行為。另外，Simulink 也是即時編碼生成工具 Real-Time Workshop 的支援平台。

4. Simulink Performance Tool

Simulink 大型模型的管理和性能改善工具。Simulink Performance Tools 提供了四種工具來提高 Simulink 模型的性能，若應用這些工具，使用者可以加速模型的執行、模型性能評估、檢測和比較不同版本模型之間的差異、模型驗證測試等，對使用者應用 Simulink 開發環境發揮了很好的輔助功能。

5. Stateflow

設計和模擬事件驅動系統。Stateflow 是一個建模和模擬事件驅動系統整合的設計工具。Stateflow 為嵌入式系統（Embedded System）的設計提供了一流的解決方案，包括複雜的邏輯管理。它加入了圖形化建模和動態模擬，把系統概況和設計整合得更加密切。Stateflow 是以一個傳統的狀態轉移圖和控制流程圖為基礎的整合體。Stateflow Charts 能夠圖形化地表示層級和發行狀態及事件驅動的轉移。Stateflow 比傳統的狀態圖又新增了控制流程圖、圖形函數、時間操作、直接事件廣播和模型對現有編碼的支援。

透過 Stateflow，使用者以很快地開出含有狀態轉換的事件驅動系統模型，而不需要使用者掌握有限狀態機（Finite state machine）的原理。也可以透過 Stateflow Coder 把模型生成高效能的嵌入式 C 客製化編碼。這些特性使得 Simulink 和 Stateflow 成為開發嵌入式系統改善工具，並成功地應用於汽車、太空和通訊等領域之中。

6. Real-Time Workshop

從 Simulink 模型生成改善的、可移植的和可客製化的編碼 Real-Time Workshop（RTW），從 Simulink 模型生成改善的、可移植的和客製化的編碼。利用它可以針對某種目標機制來建構整個系統或是部分子系統，可移植的和客製化的 C 編碼，以開展硬體在迴路的模擬。RTW 支援離散時間系統、連續時間系統和混合系統的程式碼生成。Stateflow Coder 用來生成 Stateflow 所建構的有限狀態機模型的編碼。生成編碼的典型應用包括訓練模擬器、即時模型驗證和原型測試。

建構在 Simulink 和 RTW 基礎之上的模型導向設計流程，支援工程開發流程中，從演算法設計到最終執行的所有開發階段。

7. LMI Control toolbox

控制系統穩健性設計（Robust design）中，凸顯出改善問題的求解。LMI（Linear Matrix Inequality）Control Toolbox，即為線性矩陣不等式控制工具箱，提供了一個通用的整合環境，用來刻畫和求解 LMI 問題，其強有力的功能及富有親和力的使用者介面，能協助使用者開發自己特定而能夠解決 LMI 問題的應用程式，雖然 LMI 工具箱重點放在控制系統的設計上，其實 LMI 的能力完全可以延伸到求解矩陣不等式的任何場合。

LMI 為求解凸顯出改善問題的有力工具，可以應用到控制、識別、濾波、結構設計、圖形理論、插值和線性代數等領域。

8. u-Analysis and Synthesis Toolbox

使用改善及結構奇異值來進行穩健設計。u-Analysis and Synthesis Toolbox 是運用 H∞ 改善控制及結構奇異值 u 來進行穩健控制系統設計的工具。該工具箱提供了一個使用者介面對流程圖加以操作，自動利用 D-K 疊代進行近似 u 綜合、H∞ 控制器設計。

9. Curve Fitting Toolbox

曲線撮合工具箱。Curve Fitting Toolbox 延伸了 MATLAB 環境，整合資料管理、撮合、顯示、檢定和輸入分析程式等功能。所有能透過 GUI 使用的功能都可以透過指令列來進行。

10. Financial Derivatives Toolbox

衍生性金融工具箱。Financial Derivatives Toolbox 用於分析衍生性金融和投資，提供計算價格、靈敏度和風險的函數，並把結果視覺化。

11. Datafeed Toolbox

資料流工具箱。Datafeed toolbox 用於從資料供應商獲取即時金融資料。在全球證券市場中，即時擷取準確的投資資訊，意味著能做出較佳的購買決定，以及最終獲得更高的投資報酬率（Return On Investment, ROI）。

12. Symbilic Math Toolbox

符號數學工具箱。Symbilic Math Toolbox 將符號數學與精確度運算整合到 MATLAB 中。工具箱將 Waterloo Maple Software 的 Maple V 核心整合進來。延伸之後的工具箱支援全部的 Maple 程式設計和專業庫。透過符號數學工具箱，MATLAB 使用者可以相當方便地將數學與符號運算，納入統一的環境之中，並且完全不喪失速度和精確度。

13. Spline Toolbox

Spline Toolbox 是使用者學習及利用樣條（Spline）來進行工作的理想環境。樣條是存在幾階連續導數的分段光滑連續多項式函數，可用來在一個大的區間上表達各式各樣的函數，而用單一的多項式是不切實際的。由於樣條是相當光滑，簡單而易於操作，可以用來給任意函數建模，例如曲線建模、曲線撮合、函數逼近和函數方程求解等。

14. Fuzzy Logic Toolbox

模糊邏輯工具箱。Fuzzy Logic Toolbox 提供了一個簡單地按一下游標導向的圖形使用者介面，使用者可以容易地完成模糊邏輯的設計流。它提供了內建的最新模糊邏輯設計方法，例如，模擬群集（Fuzzy Clustering）、自我適應類神經網路模糊式學習（Adaptive Neural-fuzzy Learning）。互動式的圖形介面可以精密地調節系統行為，並使之視覺化。

15. Database Toolbox

與關聯式資料庫交換資料。Database Toolbox 提供了與任何 ODBC/JDBC 標準的資料庫來進行資料交換的能力。利用在工具箱中整合的 Visual Query Builder 工具，使用者無須學習任何 SQL 敘述，就可以執行在資料庫中查詢資料的功能。這樣，MATLAB 就能夠對儲存在資料庫中的資料，進行各式各樣的複雜分析。在 MATLAB 環境中，也可以使用 SQL 指令對資料庫資料來進行讀、寫操作，以及應用簡單或複雜的條件來查詢資料庫中的內容。

16. Optimization Toolbox

通用的線性、非線性函數的搜尋工具。Optimization Toolbox 中使用了對非線性函數求極大、極小值時，最廣泛使用方法的演算法，其對許多應用中的費用指標、信度指標及其他性能指標搜尋等複雜問題提供強而有力的支援。

17. Statistics Toolbox

穩定的統計演算法與互動式圖形介面相互整合。Statistics Toolbox 提供了許多用於統計分析的工具，將介面易用性和程式設計能力兩者完美地整合起來。互動圖形顯示使用者能夠方便一致地應用統計方法，同時，MATLAB 程式功能，為使用者提供了建構自己的統計方法來進行分析的可行性。這兩者的整合允許透過指令方式自由地存取底層函數，例如機率函數和 ANOVA，或者透過互動式介面學習和實務工具箱所提供的視覺化工具和分析工具。

18. MATLAB Compiler

將 MATLAB 編碼轉換為獨立的 C/C++編碼。MATLAB Compiler 可以將 M 語言函數檔案自動轉換，產生獨立的 C/C++編碼，這些 M 語言函數包含了大多數利用 M 語言所開發的 MATLAB 應用程式，其中包括數學、圖形 GUIDE 開發的圖形介面等。透過將 MATLAB 語言函數演算法轉換為 C/C++編碼，利用 MATLAB 的演算法開發速度快的優勢，在經過 Compiler 自動轉換之後，允許使用者將 MATLAB 的現有演算法與自己的工程整合起來，有效地加快 MATLAB 應用程式的開發速度和應用程式的執行速度。

19. MATLAB Excel Builder

從 MATLAB 直接建構 Excel 元件。MATLAB Excel Builder 為 MATLAB Builder 的延伸，能夠將複雜的 MATLAB 演算法轉換為 MS Excel 的元件：Visual Basic Application 函數檔案，轉換得到的檔案可以在 Excel 表格中使用。無論是功能強大的 MATLAB 數學函數，還是複雜的圖形函數演算法，都可以被轉換為 Excel 元件，供使用者隨意使用。

20. Excel Link

將 MATLAB 與 MS Excel 整合在一起。Excel Link 將 MATLAB 的數學和圖形處理，與 MS Excel 電子試算表軟體整合在一起。將 MATLAB 作為 Excel 的數學計算引擎，Excel 不僅可以具有強大的高品質繪圖功能，還可以明顯地降低在複雜的應用中所耗費的執行時間。

Excel Link 允許在 MATLAB 和 Excel 之間進行資料交換，在兩個功能強大的數學處理、分析與表示平台之間，建構無縫隙的連接（Seamless connection）。Excel 為一個視覺化的引擎。任何輸入到 Excel 環境中的資料都可以直接進入 MATLAB 來加以處理，而這一個流程完全是"現場"處理的，並沒有任何中間檔案，也不需要做程式設計的工作。

限於篇幅所致，我們只介紹了對於數值計算和統計分析來說比較重要的幾個工具箱，有關其他的 MATLAB 產品，使用者可以查閱 Release Notes、協助檔案或 System Requirement 等資料。

2.2　統計工具箱

統計工具箱是 MATLAB 之中的一個強有力的統計分析工具，其中包含 200 多個 M 檔案（函數），主要分為兩類：數值計算函數（M 檔案）和互動式圖形函數（GUI）。MATLAB R2011 統計工具箱主要支援下列的內容：

1. 機率分配（Probability distribution）

提供了 20 種機率分配，包含離散和連續分配，且每種分配提供了五種有用的函數，即機率密度函數、累積分配函數、逆累積分配函數、隨機產生器和變異數計算函數。

2. 母數估計（Parameter estimation）

依據特殊分配的原始資料，可以計算分配母數的估計值其信賴區間。

3. 敘述性統計（Descriptive statistics）

提供敘述資料樣本特徵的函數，包括位置和散布的度量、分位數估計值和資料處理失漏情況的函數等。

4. 線性模型（Linear model）

針對線性模型，統計工具箱所提供的函數涉及單一因素變異數分析、雙因素變異數分析、多重線性迴歸、逐步迴歸、反應曲面和零迴歸等。

5. 非線性模型（Nonlinear model）

為非線性模型提供的函數涉及母數估計、多維非線性撮合的交叉預測和視覺化、母數和預計值的信賴區間計算等。

6. 假設檢定（Statistical hypothesis）

提供最適用的假設檢定函數，t 檢定和 z 檢定。

限於篇幅，其他的功能就不再介紹。

2.2.1　機率分配

統計工具箱提供了均勻分配（Uniform）、普瓦松分配（Poisson）等幾十種常見分配的計算函數，下面分別介紹。

1. pdf（probability density function）

機率密度函數呼叫格式如表 2-2 所示。

表 2-2　pdf 函數呼叫格式

呼叫格式	說明
y=pdf(name，x，a)	可選的通用機率密度函數。其中，name 為特定的分配名稱，第一個字母必須大寫；x 為分配函數因變數取值矩陣；a 分別為相應分配的母數值；y 儲存結果，為機率密度值矩陣。
y=pdf(name，x，a，b)	b 為相應分配的母數值，其他母數含義同上。
y=pdf(name，x，a，b，c)	c 為相應分配的母數值，其他母數同上。

以上只給出了幾種常用的函數呼叫格式。讀者如果要了解更多的內容，請參考 MATLAB R2011 協助檔案。

範例 2-1 pdf 函數應用範例。

```
>> y=pdf ('Normal',-2:2,0,1)        %%%常態分配的呼叫機率密度函數
y=
    0.0540  0.2420  0.3989  0.2420  0.0540

>> y=pdf('Poisson',0:2:8,2)         %%%普瓦分配情況下的呼叫機率密度函數
y=
    0.1353  0.2707  0.0902  0.0120  0.0009

>> y=pdf('F',1:2:10,4,7)            %%%F 分配情況下的呼叫機率密度函數
y=
    0.4281  0.0636  0.0153  0.0052  0.0021
```

使用者也可以利用這種計算功能和作圖功能繪製密度函數曲線。

範例 2-2 繪製不同母數的常態分配的密度曲線。

```
x=[-6:0.05:6];
y1=pdf('Normal',x,0,0.5);
y2=pdf('Normal',x,0,1);
y3=pdf('Normal',x,0,2);
y4=pdf('Normal',x,0,4);
plot(x,y1,'K-',x,y2,'K-',x,y3,'*',x,y4,'+')
```

此程式計算了 u=0，而 sigma 值取不同值時的常態分配密度曲線的形態，如圖 2-2 所示。
從圖中可以看出，若 sigma 值越大，則曲線越平坦。

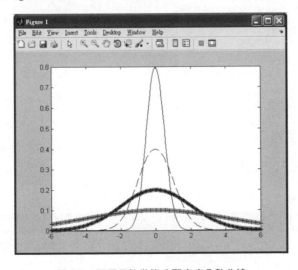

圖 2-2　不同母數常態分配密度函數曲線

2. cdf 和 icdf：累積分配函數及逆累積分配函數

該函數呼叫格式如表 2-3 和表 2-4 所示。

表 2-3　cdf 函數呼叫格式

呼叫格式	說明
y=cdf(name，x，a)	累積分配函數。函數母數與表 2-1 中相同
y=cdf(name，x，a，b)	同上
y=cdf(name，x，a，b，c)	同上

表 2-4　icdf 函數呼叫格式

呼叫格式	說明
y=icdf(name，x，a)	逆累積分配函數。函數母數與表 2-1 中相同
y=icdf(name，x，a，b)	同上
y=icdf(name，x，a，b，c)	同上

範例 **2-3**　cdf 函數和 icdf 函數應用範例。

```
>> x=[-3:0.5:3];
>>p=cdf('Normal'，x，0，1)     %%%常態分配情況下的累積分配函數
p =
  columns 1 through 10
    0.0013  0.0062  0.0228  0.0668  0.1587  0.3085  0.5000  0.6915  0.8413  0.9332
  columns 11 through 13
    0.9772  0.9938  0.9987

>> x=icdf('Normal'，p，0，1) %%%常態分配情況下的逆累積分配函數
x =
  Columns 1 through 10
    -3.0000 -2.5000 -2.0000 -1.5000 -1.0000 -0.5000 0       0.5000  1.0000  1.5000
  Columns 11 through 13
    2.0000  2.5000  3.0000
```

3. random 隨機數產生器

該函數呼叫格式如表 2-5 所示。

表 2-5　random 函數呼叫格式

呼叫格式	說明
y=random(name，a)	產生可選分配的隨機數。A 為分配的母數，name 為分配的名稱，y 為儲存結果，為生成的隨機數矩陣
y=random(name，a，b)	b 為分配的母數，其他母數含義同上
y=random(name，a，b，c)	c 為分配的母數，其他母數含義同上

呼叫格式	説明
y=random(…，m，n，…)	m 和 n 確定 y 的數量，如果母數是純量，則 y 是 m*n 矩陣
y=random(…，[m，n，…])	同上

範例 2-4 利用 random 函數產生服從母數為(9，10)的 F 分配的 4 個隨機數值。

```
>> y=random('F'，9，10，2，2)
y =
    0.6877   0.5314
    1.5167   0.6279
```

4. 以 "stat"結尾的函數：計算平均數和變異數函數

這類函數根據不同的分配有不同的名字，但是均以 "stat"為數結尾，如表 2-6 所示。

表 2-6　計算平均數和變異數的函數

函數名稱	呼叫格式	分配類型名稱
normstat	[m，v]=normstat(mu，sigma)	常態分配
hygestat	[mn，v]=hygestat(M，K，N)	超幾何分配
geostat	[m，v]=geostat(P)	幾何分配
gamstat	[m，v]=gamstat(A，B)	Gamma 分配
fstat	[m，v]=fstat(v1，v2)	F 分配
expstat	[m，v]=expstat(mu)	指數分配
chi2stat	[m，v]=chi2stat(nu)	Chi-square 分配
binostat	[m，v]=binostat(N，P)	二項分配
betastat	[m，v]=betastat(A，B)	Beta 分配
wcibstat	[m，v]=weibstat(A，B)	威爾分配
unistat	[m，v]=unistat(A，B)	連續均勻分配
unidstat	[m，v]=unidstat(N)	離散均勻分配
tstat	[m，v]=tstat(nu)	T 分配
raylstat	[m，v]=raylstat(B)	瑞利分配
poisstat	[m，v]=poisstat(lambda)	普瓦松分配
nctstat	[m，v]=ncx2stat(nu，delta)	非中心 Chi2 分配
ncfstat	[m，v]=nctstat(nu，delta)	非中心 t 分配
ncfstat	[m，v]=ncfstat(nu1，nu2，delta)	非中心 F 分配
nbinstat	[m，v]=nbinstat(R，P)	負二項分配
lognstat	[m，v]=lognstat(mu，sigma)	對數常態分配

在表 2-6 中，m 和 v 分別為返回的平均值和變異數，函數的其他母數代表不同類型分配的限定條件，各有不同，讀者可以參考 MATLAB 協助檔案或其他資料。限於篇幅所致，在此就不全部加以介紹。

2.2.2　母數估計

母數估計是指母數的分配形式已經知道，且可以利用母數來表示的估計問題。分為點估計（極大似然估計 Maximum likelihood estimation，MLE）和區間估計。利用 MATLAB 求取各種分配的最大似然估計量的函數為 MLE，該函數呼叫格式如表 2-7 所示：

表 2-7　MLE 函數呼叫格式

呼叫格式	説明
Phat=mle('dist'，data)	求取各種分配的最大似然估計量。'dist'為給定的特定分配的名稱，data 為資料樣本。最後一種是僅供二項分配母數估計，Phat 為求取的最大似然估計量
[phat，pci]=mle('dist'，data)	pci 為 95%的信賴區間
[phat，pci]=mle('dist'，data，alpha)	alpha 為使用者給定的信賴度值，以給出 100(1-alpha)%的信賴區間，預設為 0.05
[phat，pci]=mle('dist'，data，alpha，pl)	pl 為實驗次數

範例 **2-5**　計算 beta 分配的兩個母數的似然估計和區間估計(alpha=0.1，0.05，0.001)，樣本由隨機數產生。

```
>> r=random('beta'，4，3，100，1);
>> [p，pci]=mle('beta'，r，0.1)        %%% alpha=0.1
p =
    3.7798  3.1752
pci=
    2.9741  2.4841
    4.8038  4.0585

>> [p，pci]=mle('beta'，r，0.05)       %%% alpha=0.05
p =
    3.7798  3.1752
pci =
    2.8406  2.3700
    5.0295  4.2539

>> [p，pci]=mle( 'beta'，r，0.001)     %%% alpha=0.001
p =
    3.7798  3.1752
pci =
    2.3399  1.9432
    6.1059  5.1882
```

範例 **2-6**　計算二項分配的母數估計與區間估計，ALPHA=0.01。

```
>> r=random ('Binomial', 10, 0.2, 10, 1);
>> [p,pci]=mle( 'binomial',r,0.01,10)
p =
    0.2000
pci =
    0.1084
    0.3212
```

2.2.3　敘述性統計

MATLAB 敘述性統計包括：位置度量、散布度量、失漏資料下的統計處理、相關係數、樣本分位數、樣本峰度和樣本偏度等。

2.2.3.1　中心趨勢（位置）

樣本中心趨勢度量的目的在於對資料樣本，在分配線上分配的中心位置予以確定，平均數是對中心位置簡單和通常的估計量。不幸的是，幾乎所有的實際資料都存在離群值（Outlier）（輸入錯誤或由其他小的技術問題造成的），樣本平均數對此類的值非常敏感。中心數和修正（剔除樣本高值和低值）之後的平均數則受到離群值干擾很小，而幾何平均數和呼叫平均數對離群值也較為敏感。下面將逐一說明這些度量函數。

1. geomean

樣本的幾何平均數。該函數呼叫格式如表 2-8 所示。

表 2-8　geomean 函數呼叫格式

呼叫格式	說明
m=geomean(x)	計算樣本的幾何平均數。若 x 為向量，則返回 x 中元素的幾何平均數；若 x 為矩陣，給出的結果為一個行向量，即每列的幾何平均數，m 為返回的幾何平均數
geomean(x，dim)	Dim 為維數，最小 1，最大與 x 的維數相同

範例 **2-7**　計算隨機數產生的樣本的幾何平均數。

```
>> x=random ('F',10,10,100,1);        %%%隨機數為向量
>> m=geomean(x)
m =
    1.0594

>> x=random('F',10,10,100,5);        %%%隨機數為矩陣
>> m=geomean(x)
m =
    1.1097   0.9620   1.0503   1.0183   1.0059
```

2. harmmean

樣本的調和平均數。該函數調和格式如表 2-9 所示。

表 2-9　harmmean 函數調和格式

調和格式	說明
m=harmmean(x)	計算樣本的調和平均數。x 和 m 的含義與表 2-8 中的相同
harmmean(x，dim)	Dim 含義與表 2-8 中的相同

範例 2-8　計算隨機數的調和平均數

```
>> x=random('Normal',0,1,50,5);   %%%隨機數為矩陣
>> m=harmmean(x)
m =
    1.4703  0.1532  0.2996  0.8922  4.3040
```

3. mean

樣本資料的算術平均數。該函數呼叫格式如表 2-10 所示。

表 2-10　mean 函數呼叫格式

呼叫格式	說明
m=mean(x)	計算樣本的算術平均數。x 和 m 的含義與表 2-8 中的相同
m=mean(x，dim)	dim 含義與表 2-8 中的相同

範例 2-9　計算常態隨機數的算術平均數。

```
>> x=random('Normal',0,1,300,5);
>> xbar=mean(x)
xbar =
    -0.0771 -0.0692 -0.0217 -0.0219 0.0390
```

4. median

樣本資料的中間數（中位數）。樣本資料的中間值（中位數）是對中位值的穩健性（Robust）估計。該函數呼叫格式如表 2-11 所示。

表 2-11　median 函數呼叫格式

呼叫格式	說明
m=medin(x)	計算樣本的中位數。x 和 m 的含義與表 2-8 中的相同
m=medin(x，dim)	dim 含義與表 2-8 中的相同

範例 **2-10**   計算隨機的中位數。

```
>> x=random('Normal',0,1,5,3);
>> m=median(x)
m =
    -0.5227 -0.1654 -0.5248
```

5. trimmean

剔除極端資料的樣本平均數。樣本資料的中位數是對中位數值的穩健性估計。該函數的呼叫格式如表 2-12 所示：

表 2-12　trimmean 函數呼叫格式

呼叫格式	說明
m=trimmean(x，percent)	計算剔除觀測值中最高 percent%和最低 percent%的資料之後的平均數。X 和 m 的含義與表 2-8 中的相同
trimmean(x，percent，dim)	dim 含義與表 2-8 中的相同
m=trimmean(x，percent，flag)	Flag 為資料取整數策略，可以有 3 種選擇："round"表示四捨五入，"floor"為向下取整數，"weight"為加權取整數
m=trimmean(x，percent，flag，dim)	母數同上

範例 **2-11**   計算修改之後的樣本平均數。

```
>> x=random('F',9,10,100,4);
>> m=trimmean(x,10)
m =
    1.1679  1.0309  1.2768  1.2817
```

2.2.3.2　散布度量

散佈度量是敘述樣本中資料離其中心的程度，也稱為離差（Deviation）。常用的有全距、標準差、平均絕對差和四分位數間距。

1. iqr

計算樣本的內四分位數的間距。樣本的內四分位數的間距是樣本的穩健性估計。該函數計算樣本的 75%和 25%的分位數之差不受離群值（Outlier）的影響。

該函數呼叫格式如表 2-13 所示：

表 2-13　iqr 函數呼叫格式

呼叫格式	說明
y=iqr(x)	計算樣本的內四分位數的間距。若 x 為向量，則返回 x 中元素的幾何平均數；若 x 為矩陣，給出的結果為一個行向量，即每列的幾何平均數，y 為計算結果

範例 2-12　計算樣本的四分位間距。

```
>> x=random('Normal',0,1,100,4);
>> m=iqr(x)
m =
     1.4304  1.4888  1.3083  1.0856
```

2. mad

計算樣本資料的平均絕對偏差。樣本的內四分位數的間距是樣本的穩健估計。符合常態分配資料的標準差 sigma 可以 mad 乘以 1.3 估計。

該函數呼叫格式如表 2-14 所示：

表 2-14　mad 函數呼叫格式

呼叫格式	說明
y=mad(x)	計算樣本資料的平均絕對偏差。各個母數含義見表 2-13 所示

範例 2-13　計算樣本資料的絕對偏差。

```
>> x=random('F',10,10,100,4);
>> y=mad(x)
y =
     0.5450  0.4978  0.7012  0.7909
>> y1=var(x)
y1 =
     0.5305  0.4516  0.9172  1.4234
>> y2=y*1.3
y2 =
     0.7085  0.6471  0.9115  1.0282
```

3. range

計算樣本全距。樣本資料的全距對偏離值敏感，該函數呼叫格式如表 2-15 所示。

表 2-15　range 函數呼叫格式

呼叫格式	說明
y=range(x)	計算樣本資料的全距。各母數含義見表 2-13

範例 2-14　計算樣本值的全距

```
>> x=random('F',10,10,100,4);
>> y=range(x)
y =
    6.4901   4.6768   5.8091   6.3723
```

4. var

計算樣本變異數。樣本資料的全距對偏離值敏感，該函數呼叫格式如表 2-16 所示。

表 2-16　range 函數呼叫格式

呼叫格式	説明
V=var(x)	計算樣本全距。V 和 x 的含義與表 2-13 中的相同
V=var(x，w)	w 為加權向量
V=var(x，w，dim)	dim 為維數，最小為 1，最大與 x 的維數相同

範例 2-15　計算樣本的各類變異數。

```
>> x=random('Normal',0,1,100,4);
>> y=var(x)
y =
    0.7768   0.9758   1.1189   1.3506
>> y1=var(x,1)
y1 =
    0.7691   0.9660   1.1078   1.3371

>> w=[1:1:100];       %%%加權向量
>> y2=var(x,w)
y2 =
    0.7708   0.9270   1.1054   1.3115
```

5. std

樣本的標準差。該函數呼叫格式如表 2-17 所示。

表 2-17　std 函數呼叫格式

呼叫格式	説明
y=var(x)	計算樣本的標準差。各個母數含義參見表 2-13 所示

範例 **2-16**　計算隨機樣本的標準差。

```
>> x=random('Normal',0,1,100,4);
>> y=std(x)
y =
    1.0621   0.9171   1.0424   0.9534
```

6. cov

共變數矩陣。該函數呼叫格式如表 2-18 所示。

表 2-18　cov 函數呼叫格式

呼叫格式	說明
c=cov(x)	計算樣本的共變數矩陣。若 x 為向量，返回一個變異數純量 c；若 x 為矩陣，則返回共變數矩陣 c
c=cov(x，y)	y 的含義與 x 相同，長度相同
c=cov([x，y])	與 c=cov(x，y)相同

範例 **2-17**　計算樣本的共變數。

```
>> x=random('Normal',2,4,100,1);
>> y=random('Normal',0,1,100,1);
>> c=cov(x,y)
c =
    15.3480  -0.1579
    -0.1579   0.7246
```

2.2.3.3　失漏資料處理

在對大量的資料樣本加以分析時，常常遇到一些無法確定的值。在這種情況下，MATLAB 用符號 "NaN" (not a number)標註這些無法確定的值。

範例 **2-18**　失漏資料處理應用範例。

```
>> m=magic(3);
>> m([1 5 9])=[NaN NaN NaN];          %資料 m 中包含 NaN 資料
ans =
    NaN     NaN     NaN
```

但是透過失漏資料的處理，會得到有用的資訊。

```
>> nansum(m)
ans =
    7      10      13
```

函數 nanmax 的功能是忽視 NaN（不確定的值），求其他資料的最大值，該函數呼叫格式如表 2-19 所示。

表 2-19　nanmax 函數呼叫格式

呼叫格式	說明
m=nanmax(x)	返回 x 中資料除了 NaN 之外的其他資料的最大值
[m，ndx]=nanmax(x)	返回 x 最大值的序號給 ndx
m=nanmax(a，b)	返回 a 或者 b 的最大值，a 和 b 長度相同

範例 2-19　利用 nanmax 處理失漏資料。

```
>> m=magic(3);
   >> m([1 5 9])=[NaN  NaN  NaN];
   >> [m，ndx]=nanmax(m)
   m =
        4        9        7
   ndx =
        3        3        2
```

MATLAB R2011 中，處理失漏資料的其他函數如表 2-20 所示。

表 2-20　計算平均數和變異數

函數名稱	呼叫格式	函數功能
nansum	y=nansum(x)	求包含缺少資料的和
nanstd	y=nanstd(x)	求包含缺少資料的標準差
nanmedian	y=nanmedian(x)	求包含缺少資料中位數
nanmean	y=nanmean(x)	求包含缺少資料的平均數
nanmin	y=nanmin(x)	求包含缺少資料的極小值
nanmax	y=nanmax(x)	求包含缺少資料的極大值

2.2.3.4　百分位數及其圖形描述

百分位數圖形可以直覺化地觀測到樣本的大概中心位置和離散程度，可以對中心趨勢度量和散布度量作補充說明。

1. prctile

計算樣本的百分位數。該函數呼叫格式如表 2-21 所示。

表 2-21　prctile 函數呼叫格式

呼用格式	說明
y=prctile(x，p)	計算 x 中資料大於 p%的值，p 的取值區間為[0，100]，如果 x 為向量，返回 x 中 p 百分位數；x 為矩陣，給出一個向量；如果 p 為向量，則 y 的第 i 個行對應於 x 的 p(i)百分位數

範例 2-20　計算樣本的百分位數。

```
>> x=(1:5)'*(1:5)
x =
    1       2       3       4       5
    2       4       6       8       10
    3       6       9       12      15
    4       8       12      16      20
    5       10      15      20      25

>> y=prctile(x,[25,50,75])
y =
    1.7500  3.5000  5.2500  7.0000  8.7500
    3.0000  6.0000  9.0000  12.0000 15.0000
    4.2500  8.500   12.7500 17.0000 21.2500
```

得出相應的百分位數的圖形，如圖 2-3 所示。

```
>> boxplot(x)
```

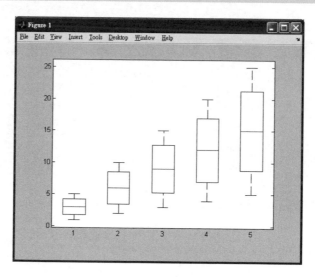

圖 2-3　百分位數圖形

2. corrcoef

計算樣本之間的相關係數。該函數呼叫格式如表 2-22 所示。

表 2-22　corrcoef 函數呼叫格式

呼叫格式	説明
r=corrcoef(x，y)	計算樣本之間的相關係數。x 和 y 為樣本，大小相同，r 為返回結果

範例 **2-21**　現有合金的強度 y 與含碳量 x 的樣本資料，如表 2-23 所示，試計算它們之間的相關係數。

表 2-23　合金的強度和含碳資料

變數名稱	資料											
強度	41	42.5	45	45.5	45	47.5	49	51	50	55	57.5	59.5
含碳量	0.1	0.11	0.12	0.13	0.14	0.15	0.16	0.17	0.18	0.20	0.22	0.24

其程式碼如下：

```
>> x=[41 42.5 45 45.5 45 47.5 49 51 50 55 57.5 59.5];
>> y=[0.1，0.11 0.12 0.13 0.14 0.15 0.16 0.17 0.18 0.20 0.22 0.24];
>> r=corrcoef(x，y)
r=
    1.0000  0.9897
    0.9897  1.0000
```

3. kurtosis

樣木峰度（Sample kurtosis）。峰度為單峰分配曲線 "峰度的平坦程度" 的度量。MATLAB R2011 工具箱中峰度不採用一般定義(K-3，標準常態分配的峰度為 0)，而是定義標準常態分配峰度為 3，曲線比常態分配平坦，峰度大於 3；反之，峰度小於 3。

該函數呼叫格式如表 2-24 所示。

表 2-24　kurtosis 函數呼叫格式

呼叫格式	說明
k=kurtosis(x)	計算樣本峰度。x 為樣本資料，k 為返回結果

範例 **2-22**　計算隨機樣本的峰度。

```
>> x=random('F'，10，20，100，4);
>> k=kurtosis(x)
k =
    6.3198  5.3531  2.8802  2.8736
```

4. skewness

樣本偏度。偏度是度量樣本聚焦於其平均數的對稱情況。如果偏度為負值，則資料分配偏向左邊；反之，偏向右邊。該函數呼叫格式如表 2-25 所示。

表 2-25　skewness 函數呼叫格式

呼叫格式	說明
y=skewness(x)	計算樣本峰度。x 樣本資料，y 為回結果

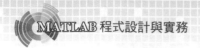

範例 2-23 計算隨機樣本的偏度。

```
>> x=random('F',9,10,100,4);
>> y=skewness(x)
y =
    1.4897   2.2194   1.8991   2.0736
```

2.2.3.5 綜合範例

範例 2-24 如表 2-26 所示，現有來自 15 個法律系學生的 LSAT（法學院入學測試成績）分數和 GPA（平均級點），試對這兩組樣本來加以比較。

表 2-26 成績

課程名稱	成績
LSAT	576 635 558 578 666 580 555 661 651 605 653 575 545 572 594
GPA	3.3900 3.3000 2.8100 3.0300 3.4400 3.0700 3.0000 3.4300 3.3600 3.1200 2.7400 2.7600 2.8800 2.9600

```
>> load lawdata
>> x=[1sat gpa]
x =
     576.0000         3.3900
     635.0000         3.3000
     558.0000         2.8100
     578.0000         3.0300
     666.0000         3.4400
     580.0000         3.0700
     555.0000         3.0000
     661.0000         3.4300
     651.0000         3.3600
     605.0000         3.1300
     653.0000         3.1200
     575.0000         2.7400
     545.0000         2.7600
     572.0000         2.8800
     594.0000         2.9600
```

繪圖，並進行曲線撮合。

```
>> plot(1sat,gpa,'+')
>> 1sline
```

所得的結果如圖 2-4 所示。透過圖 2-4 的撮合可以看出，LSAT 隨著 GPA 的成長而提高，但是我們不能確定此結論的程度是多少？曲線只給出了直覺化的呈現方式，並沒有數量的表示法。下面將計算相關係數。

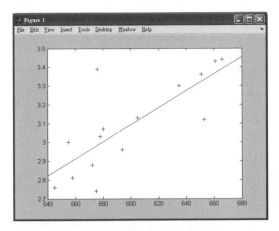

圖 2-4　資料散點圖和撮合直線圖

```
>> y=corrcoef(1sat,gpa)
y =
     1.0000  0.7764
     0.7764  1.0000
```

　　相關係數是 0.7764，但是由於樣本數 n-15，比較小，我們仍然不能確定在統計上相關的顯著性有多大。因此，必須採用 bootstrap 函數對 LSAT 和 GPA 樣本來重新取樣，並研究相關係數的變化。

```
>> y1000=bootstrap(1000,'corrcoef',1sat,gpa);
>> hist(y1000(:,2),30)
```

　　繪製 LSAT、GPA 和相關係數的方圖，如圖 2-5 所示。結果顯示，相關係數絕大多數在區間[0.4，1]內，證實 LSAT 分數和 GPA 分數和 GPA 具有確定的相關性，這樣的分析不需要對相關係數的機率分配做出很強的假設。

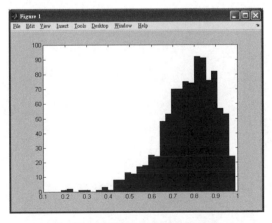

圖 2-5　重新撮合之後的資料直方圖

2.2.4 假設檢定

假設檢定是數理統計學中根據一定假設條件由樣本推定母體的一種方法。實際作法是：根據問題的需要對所研究的母體做某種假設，記為 H_0：選取合適的統計量，這個統計量的選取要使得在假設 H_0 成立時，其分配為已知：由實測的樣本計算出統計量的值，並根據預先給定的顯著性水準（Significant level）來進行檢定，做出拒絕（Refuse）或接受（Accept）假設 H_0 的判斷。

1. t-test

單一樣本平均數的 t 的檢定。該函數的呼叫格式如表 2-27 表示。

表 2-27 t-test 函數呼叫格式

呼叫格式	說明
h=ttest(x)	x 為統計量；h 為返回結果，如果滿足假設，h 為 0；否則 h 為 1
h=ttest(x，m)	m 為常態分配的平均數
h=ttest(x，m，alpha)	alpha 為顯著性水準
[h，p，ci]=ttest(x，m，alpha，tail)	p 為滿足假設的機率，ci 為信賴區間

範例 2-25　單一樣本平均數的 T 檢定。

```
>> x=random('Normal',0,1,100,1);
>> [h,p,ci]=ttest(x,0,0.01,-1)
h =
     0
p =
    0.8539
ci =
      -Inf
    0.3979

>> [h,p,ci]=ttest(x,0,0.001,1)
h =
     0
p =
    0.1461
ci =
   -0.2459
       Inf
```

2. signtest

成對樣本的符號檢定。該函數的呼叫格式如表 2-28 所示。

表 2-28　signtest 函數呼叫格式

呼叫格式	說明
p=signtest(x，y，alpha)	x，y 為配對樣本，維數相同；alpha 的含義同表 2-27
[p，h]=signtest(x，y，alpha)	各個母數含義與表 2-27 相同

範例 **2-26**　成對樣本的符號檢定。

```
>> x=[0 1 0 1 1 1 1 0 1 0];
>> y=[1 1 0 0 0 0 1 1 0 0];
>> [p，h]=signtest(x，y，0.05)
p =
    0.6875
h =
    0
```

3. signrank

威爾克符號秩檢定。該函數的呼叫格式如表 2-29 所示。

表 2-29　signrank 函數呼叫格式

呼叫格式	說明
p=signrank(x，y，alpha)	p 給出兩個配對樣本 x 和 y 的中位數，x 與 y 的長度相同；其他各母數含義同表 2-27
[p，h]=signrank(x，y，alpha)	其他母數的含義同表 2-27

範例 **2-27**　威爾克符號秩檢定。

```
>> x=random('Normal'，0，1，200，1);
>> y=random('Normal'，0，1，2，200，1);
>> [p，h]=signrank(x，y，0.05)
p =
    0.3538
h =
    0
```

4. ranksum

兩個母體一致性的威爾科克秩和的檢定。該函數呼叫格式如表 2-30 所示。

表 2-30　ranksum 函數呼叫格式

呼叫格式	説明
P=ranksum(x，y，alpha)	P 給出兩個配對樣本 x 和 y 的中位數，x 與 y 的長度相同；其他各母數含義同表 2-27
[p，h]=ranksum(x，y，alpha)	其他母數的含義同表 2-27

範例 2-28　兩個母體一致性的威爾克秩和的檢定。

```
>> x=random('Normal',0,2,20,1);
>> y=random('Normal',0.1,4,10,1);
>> [p,h]=signrank(x,y,0.05)
p =
    0.4953
h =
    0
```

2.2.5　統計繪圖

統計繪圖就是用圖形來表示函數，以便直覺化、充分地呈現出樣本及其統計量的特色。

1. boxplot

資料樣本的 box 圖。該函數呼叫格式如表 2-31 所示。

表 2-31　boxplot 函數呼叫格式

呼叫格式	説明
boxplot(x)	x 為資料樣本
boxplot(x，notch)	notch=0 時，盒子沒有切口；notch=1 時，盒子有切口
boxplot(x，notch，'sym')	'sym' 為偏離值標記符號，預設用 "+" 來表示偏離值
boxplot(x，notch，'sym'，vert)	vert 為 0 時，box 圖水平放置，vert 為 1 時，box 圖垂直放置
Boxplot(x，notch，'sym，vert，whis)	whis 定義虛線長度為內四分位間距（IQR）的函數（預設為 1.5*IQR），若 whis 為 0，box 圖用 'sym' 規定的記號顯示盒子之外所有的資料

範例 2-29　資料樣本的 box 圖。

```
>> x1=random('Normal',2,1,100,1);
>> x2=random('Normal',1,2,100,1);
>> x=[x1 x2];
>> boxplot(x,1,'*',1,0)
```

結果如圖 2-6 所示。

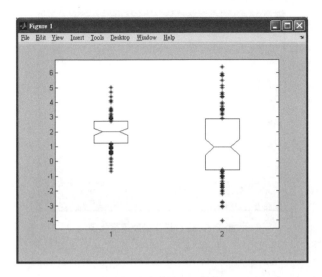

圖 2-6 資料樣本的 box 圖

2. errorbar

誤差長條圖。該函數呼叫格式如表 2-32 所示。

表 2-32 errorbar 函數呼叫格式

呼叫格式	說明
errorbar(x，y，l，u，symbol)	返回距離點(x，y)上面的長度為 u(i)、下面的長度為 l(i)的誤差長條圖。Symbol 為一個字元串，可以規定線條類型、顏色等
errorbar(x，y，l)	同上
Errorbar(y，l)	同上

範例 2-30 資料樣本的誤差長條圖範例。

```
>> x=random('Poisson',2,10,1);
>> y=random('Poisson',10,10,1);
>> u=ones(10,1);
>> l=u;
>> errorbar(x,y,l,u,'+')
```

結果如圖 2-7 所示。

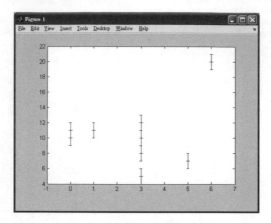

圖 2-7　資料樣本的誤差長條圖

3. 1sline

繪製最小二乘撮合線。該函數呼叫格式如表 2-33 所示。

表 2-33　1sline 函數呼叫格式

呼叫格式	説明
1sline	1sline 為目前坐標系中每一個線性資料給出的最小二乘法撮合線（Least square curve fitting curve）

範例 2-31　資料樣本的誤差長條圖。

```
>> y=[2 3.4 5.6 8 11 12.3 13.8 16 18.8 19.9]';
>> plot(y,'+')
>> 1sline
```

結果如圖 2-8 所示。

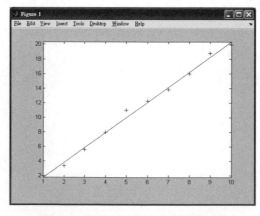

圖 2-8　資料樣本的最小二乘法撮合線

4. refcurve

參考多項式。該函數呼叫格式如表 2-34 所示。

表 2-34　1sline 函數呼叫格式

呼叫格式	說明
h=refcurve(p)	在目前圖形中繪出多項 p(係數向量)的曲線，n 階多項式為 $y=p_1*x^n+p_2*x^{(n-1)}+...+p_n*x+p_0$，則 $p=[p_1 p_2...p_n p_0]$

範例 2-32　資料樣本的誤差長條圖。

```
>> h=[85 162 230 289 339 381 414 437 452 458 456 440 400 356];
>> plot(h, '+')
Refcurve([-4.9 100 0])
```

結果如圖 2-9 所示。

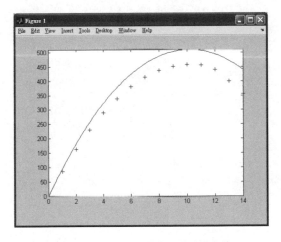

圖 2-9　資料樣本的最小二乘法撮合線

2.3　重點回顧

本章首先介紹了 MATLAB 工具箱的基本情況，並向讀者詳細介紹了統計工具箱。工具箱是 MATLAB 重要的一部分，其中包含大量科學計算和工程實務中常用的函數。讀者在瞭解各個領域基本理論和科學問題的基礎上，再整合 MATLAB 工具箱函數，就可以在工程實務中充分發揮事半功倍的效果。

第2章

習題

1. 請重點概述 MATLAB 工具箱的內容。

2. 請重點概述統計工具箱的內容。

Chapter

03

MATLAB 工具箱（下）

本章聚焦於改善工具箱、曲線擬合工具箱與其他重要的工具箱，而曲線擬合工具箱分為資料前置處理與曲線擬合兩大類。

3.1　改善工具箱

在生活和工作中，人們對於同一個問題往往會有多個解決方案，並透過各方面的論證，從中萃取最佳方案。最佳化方法就是專門研究，如何從多個方案中合理地萃取出最佳方案的科學。由於最佳化問題無處不在，目前最佳化方法的應用和研究已經深入到了生產和研發的各個領域，例如土木工程、機械工程、化學工程、運輸調度、生產控制、經濟規劃、經濟管理等，並取得了顯著的經濟效益和社會效益。

用最佳化方法解決最佳化問題的技術稱為最佳化技術，它包含了兩個層面的內容。

1. 建構數學模型

建構數學模型即用數學語言來敘述最佳化問題。模型中的數學關係反映了最佳化問題所要達到的目標和各種限制條件。

2. 數學求解

在數學模型建好之後，選擇合理的最佳化方法來加以求解。

最佳化方法的發展很快，現在已經包含有多個學問，例如線性規劃、整數規劃、非線性規劃、動態規劃、多重目標規劃等。利用 MATLAB 的改善工具箱可以求解線性規劃、非線性規劃和多重目標規劃問題。實際而言，包括線性與非線性的最小化和最大化、二次規劃、半無限問題、線性與非線性方程（組）的求解、線性與非線性的最小二乘問題。另外，該工具箱還提供了曲線撮合、二次規劃等問題中大型課題的求解方法，為改善方法在工程中的實際應用提供了更方便、快捷的途徑。

3.1.1　最佳化問題

本節討論只有一個變數時的最佳化問題，即一維搜尋問題（One dimensional searching problem）。該問題在某些情況下可以直接用於求解實際問題，但大多數情況下，它是作為多變數最佳化方法的基礎在應用，因為進行多變數最佳化要用到一維搜尋法。

1. 求解方法

求解單一變數最佳化問題的方法有很多種，根據目標函數是否需要求導，可以分為兩類，即直接法和間接法。直接法不需要對目標函數求導數，而間接法則需要用到目標函數的導數。

(1) 直接法

常用的一維直接法主要有消去法和多項式近似法兩種。

消去法利用單峰函數具有的消去性質來加以反覆疊代（Iteration），逐漸消去不包含極小點的區間，縮小搜尋區間，直到搜尋區間縮小到給定的允許精確度為止。一種典型的消去法為黃金分割法（Golden Section Search）。黃金分割法的基本方法是在單峰區間內適當插入兩點，將區間分為三段，然後透過比較這兩點函數值的大小來確定是刪去最左端還是最右端，或同時刪去左右兩端保留中間。重複該流程使區間無限地縮小。插入點的位置放在區間的黃金分割點及其對稱點，所以，該法稱為黃金分割法。該法的優點是演算法簡單、效率較高、穩定性好。多項式近似法用於目標函數比較複雜的情況，此時尋找一個與它近似的函數代替目標函數，並用近似函數的極小點作為原函數極小點的近似值。常用的近似函數為二次和三次多項式。

(2) 間接法

間接法需要計算目標函數的導數，其優點是計算速度很快。常見的間接法包括牛頓切線法、對分法、割線法和三次插值多項式近似法等。改善工具箱中用得較多的是三次插值法。

2. fminbnd

找到固定區間內單一變數函數的極大值。該函數呼叫格式如表 3.1 所示。

表 3.1 fminbnd 函數呼叫格式

呼叫格式	說明
x=fminbnd(fun，x1，x2)	返回區間[x1，x2]上 fun 母數敘述的純量函數的極大值 x；fun 為需要最小化的目標函數
x=fminbnd(fun，x1，x2，options)	用 options 母數指定的改善母數進行最小化
x=fminbnd(fun，x1，x2，options，P1，P2…)	提供另外的母數 P1，P2 等，傳輸給目標函數 fun。如果沒有設置 options 選項，則令 options=[]
[x，fval]=fminbnd(…)	返回解 x 處目標函數的值
[xfval，exitflag]=fminbnd(…)	返回 exitflag 值敘述 fminbnd 函數的退出條件
[x，fval，exitflag，output]=fminbnd(…)	返回包含改善訊息的結構輸出

範例 **3-1** 在區間(0，2)上求函數 sin(x)的極大值。

```
>> x = fminbnd(@sin，0，2*pi)
x =
    4.7124
```

所以，在開區間（Open interval）(0，2)上，函數 sin(x)的極大值點位於 x=4.7124 處。

極大值處的函數值為：

```
>> y = sin(x)
y =
    -1.0000
```

3.1.2　線性規劃問題

線性規劃（Linear programming）是處理線性目標函數和線性限制（Linear Contraint）的一種較為成熟的方法，目前已經廣泛應用於軍事、經濟、工業、農業、教育、商業和社會科學等許多方面。

線性規劃的標準形式要求目標函數最小化、限制條件取等式和變數非負值。不符合這三個條件的線性模型（Linear model）要首先轉化成標準形（Standard form）。

1. 求解方法

線性規劃的求解方法主要是單純形法（Simplex Method），該法由 Dantzig 於 1947 年所提出，以後經過多次的改進。單純形法是一種疊代演算法（Iterative algorithm），它從所有基本可行解的一個較小部分中，透過疊代流程選出最佳解（Optimal solution）。其疊代流程的一般敘述為：

❶ 將線性規劃化為典範形式，從而可以得到一個起始基本可行解 $x^{(0)}$（起始頂點），將它作為疊代流程的出發點，其目標值為 $z(x^{(0)})$。

❷ 尋找一個基本可行解 $x^{(1)}$，使 $z(x^{(1)}) \leq z(x^{(0)})$。方法是透過消去法（Elimition method），將產生 $x^{(0)}$ 的典範形式（Canonical method）化為產生 $x^{(1)}$ 的典範形式。

❸ 繼續尋找較好的基本可行解 $x^{(2)}$，$x^{(3)}$，…，使得目標函數（Objective function）值不斷地改進，即 $z(x^{(1)} \geq z(x^{(2)}) \geq z(x^{(3)}) \geq …$。當某個基本可行解（Feasible solution），再也不能被其他基本可行解改進時，它即為所求的最佳解。

MATLAB R2011 改善工具箱中採用的是投影法（Projection method），它是單純形法（Simplex method）的一種變形。

2. Linprog

求解線性規劃問題。該函數呼叫格式如表 3-2 所示。

表 3-2　linprog 函數呼叫格式

呼叫格式	説明
x=linprog(f，A，b，Aeq，beq)	求解問題 min.f*x,限制條件為 A*x 小於或等於 b
x=linprog(f，A，b，Aeq，beq，lb，ub)	求解上述的問題，但增加等式限制，即 Aeq*x=beq。若沒有等式存在，則令 A=〔 〕、b=〔 〕

呼叫格式	說明
x=linprog(f，A，b，Aeq，beq，lb，ub，x0)	設定起始值為 x0。該選單只適用於中型問題，在預設時，大型演算法將會忽略起始值。
x=linprog(f，A，b，Aeq，beq，lb，ub，x0，options)	運用 options 所指定的改善參數來加以最小化。
[x，fval]=linprog(…)	返回解 x 處之目標函數值 fval
[x，fval，exitflag]=linprog(…)	返回 exitflag 值，描述函數計算的離開條件
[x，fval，exitflag，output]=linprog(…)	返回包含改善資訊的輸出變數 output
[x，fval，exitflag，output，lambda]=linprog(…)	lambda 參數為解 x 處的 Lagrange 乘子(Multiplier)

範例 3-2 根據限制條件 X1-X2+3≤20、3X1+2X2+4X3≤42、3X1+2X2≤30；其中，0≤x1，0≤x2，0≤x3，使方程 f(x)=-5x1-4x2-6x3 最小化。

首先，輸入方程係數和限制條件。

```
>> f = [-5; -4; -6]
>> A = [1  -1  1
        3   2  4
        3   2  0];
>> b = [20; 42; 30];
>> lb = zeros (3，1);
呼叫函數 linprog。
>> [x，fval，exitflag，output，lambda] = linprog(f，A，b，[]，[]，lb);
>> x
x =
     0.0000
    15.0000
     3.0000
>> lambda.ineqlin
ans =
     0.0000
     1.5000
     0.5000
>> lambda.lower
ans =
     1.0000
     0.0000
     0.0000
```

3.1.3 無限制最佳化問題

無限制最佳化問題在實際應用中也比較常見，例如工程中常見的母數反轉問題。另外，許多有限制最佳化問題可以轉化為無限制最佳化問題來加以求解。

1. 求解方法

求解無限制最佳化問題的方法主要有兩類，即直接搜尋法（Direct Search method）和梯度法（Gradient method）。

(1) 直接搜尋法

直接搜尋法適用於目標函數高度非線性（Highly nonlinear），沒有導數（Derivative）或者導數很難計算的情況。由於實際工程中很多問題都是非線性的，直接搜尋去不失為一種有效的解決辦法。常用的直接搜尋法為單純形法，此外，還有 Hooke-Jeeves 搜尋法、Pavell 共軛方向法等，其缺點是收斂速度慢。

(2) 梯度法

在函數的導數可求的情況下，梯度法是一種更佳的方法，該法利用函數的梯度（一階導數）和 Hessian 矩陣（二陣導數）構造演算法，可以獲得更快的收斂速度。函數 f(x)的負梯度方向-∇ f(x)即反映了函數的最大下降方向。當搜尋方向取為負梯度方向時稱為最速下降法。

常見的梯度法有最速下降法、Newton 法、Marquart 法、共軛梯度法和擬牛頓法（Quasi-Newton method）等。在所有這些方法中，用得最多的是牛頓法。擬牛頓法包括兩個階段，即確定搜尋方向和一維度搜尋階段。

牛頓法由於需要多次計算 Hessian 矩陣，且計算量很大，而運用擬牛頓法可以建構一個 Hessian 矩陣的近似矩陣來避開這個問題。在最佳化工具箱中，將 options 母數 HessUpdate 設定為 BFGS 或 DFP 來決定搜尋的方向。當 Hessian 矩陣 H 始終保持正定時，搜尋方向就總是保持為下降方向。

工具箱中有兩套方案來進行一維搜尋。當梯度（Gradient）值可以直接得到時，用三次插值的方法來進行一維搜尋；當梯度值不能直接得到時，採用二次、三次混合插值法。

2. fminunc

求多變數無限制函數的極大值。該函數呼叫格式如表 3-3 所示。

表 3-3　fminunc 函數呼叫格式

呼叫格式	説明
x=fminunc(fun，x0)	給定起始值 x0，求 fun 函數的局部極小點 x。x0 可以是純量、向量或矩陣
x=fminunc(fun，x0，options)	用 options 母數中指定的改善母數進行最小化
X=fminunc(fun，x0，options，p\，p2，…)	將問題母數 p1、p2 等直接輸給目標函數 fun，將 options 母數設定為空矩陣，作為 options 母數的預設值
[x，fval]=fminunc(…)	將解 x 處目標函數的值返回到 fval 母數中
[x，fval，exitflag]=fminunc(…)	返回 exitflag 值，敘述函數的輸出條件
[x，fval，exitflag，output]=fminunc(…)	返回包含改善資訊的結構輸出
[x，fval，exitflag，output，grad]= fminunc(…)	將解 x 處 fun 函數的梯度值返回到 grad 母數中
[x，fval，exitflag，output，grad，hession]= fminunc(…)	將解 x 處目標函數的 hessian 矩陣資訊返回到 hession 母數中

範例 3-3 求方程式的最佳化問題。

首先，建構 M 檔案 ex0235.m。

```
function f =ex0235(x)
f = 3*x(1)^2*x(1)*x(2)+x(2)^2;
```

輸入起始值，呼叫函數 fminunc。

```
>> x0 = [1，1];
>> [x，fval] = fminunc(@ex0235，x0)
x =
  1.0e-006 *
  0.2541    -0.2029
Fval =
  1.3173e-013
```

3. fminsearch

求解多變數無限制函數的極大值。該函數呼叫格式如表 3-4 所示。

表 3-4　fminsearch 函數呼叫格式

呼叫格式	說明
x=fminsearch(fun，x0)	起始值為 x0，求 fun 函數的局部極小點 x。x0 可以是純量、向量或矩陣
x=fminsearch(fun，x0，options)	用 options 母數指定的改善母數進行最小化
x=fminsearch(fun，x0，options，p1，p2...)	將問題母數 p1、p2 等直接輸給目標函數 fun，將 options 母數設定為空白矩陣，作為 options 母數的預設值
[x，fval]=fminsearch(...)	將 x 處的目標函數值返回到 fval 母數中
[x，fval，exitflag]=fminsearch(..)	返回 exitflag 值，描述函數的退出條件
[x，fval，exitflag，output]=fminsearch(...)	返回包含改善資訊的輸出母數 output

範例 3-4 求解 Rosenbrock 香蕉函數 $f(x)=100(x_2-x_1)^2+(1-x_1)^2$ 的最佳化問題。

```
>> banana = @(x)100*(x(2)-x(1)^2)+(1-x(1))^2;
>> [x，fval] = fminsearch (banana，[-1.2，1]
x =
    1.0000  1.0000
fval =
    8.1777e-010
```

3.1.4 有限制的最佳化問題

在有限制的最佳化問題中，通常要將該問題轉換為更簡單的子問題，這些子問題可以求解並作為疊代流程的基礎。早期的方法通常是透過建構懲罰函數等，來將有限制的最佳化問題轉換為無限制的最佳化問題來進行求解。

1. 求解方法

K-T 方程是有限制最佳化問題求解的必要條件。K-T 方程的解形成了許多非線性規劃演算法的基礎，這些演算法直接計算拉格朗日乘子（Lagrange multiplier），透過擬牛頓法（Pseudo Newton method）來更新流程，給 K-T 方程累積二階資訊，可以保證有限制擬牛頓法的超線性收斂。這些方法稱為序列二次規劃法（SQP），因為在每一次主要的疊代中都求解一次與二次的規劃問題。

對於給定的規劃問題，序列二次規劃（SQP）的主要方法，是形成拉格朗日函數二次近似導向的二次規劃子問題。

用 SQP 方法求解非線性有限制問題時的疊代次數，經常比解無限制問題時的少，因為在搜尋區域內，SQP 方法可以獲得最佳的搜尋方向和成長資訊。

MATLAB 中 SQP 法的執行分為下列三大步驟：

❶ 拉格朗日函數 Hessian 矩陣的更新。在每一次主要的疊代流程中，都用 BFGS 法計算拉格朗日期函數的 Hessian 矩陣的擬牛頓近似矩陣。

❷ 二次規劃問題求解，求解流程分兩步，第一步涉及可行點（若存在）的計算，第二步為可行點至解的疊代序列。

❸ 一維搜尋和目標函數的計算。加以搜尋，並計算目標函數。

2. fmincon

求解多變數無限制函數的極大值。該函數呼叫格式如表 3-5 所示。

表 3-5　fmincon 函數呼叫格式

呼叫格式	說明
x =fmincon(fun，x0，A，b)	給定起始值 x0，求解 fun 函數的極大值 x。fun 函數的限制條件為 A*x≤b，x0 可以是純量、向量或矩陣
x=fminconfun，x0，A，b，Aeq，beq)	最小化 fun 函數，限制條件為 Aeq*x=beq 和 A*x≤b。若沒有不等式存在，則設定 A=[]、b=[]
x=fmineon(fun，x0，A，b，Aeq，beq，lb，ub)	定義設計變數 x 的下界 lb 和上界 ub，使得總有 lb≤x≤ub。若無等式存在，則存 Aeq=[]、beq=[]
x=fminconfun，x0，A，b，Aeq，beq，lb，ub，nonlcon)	在上面的基礎上，在 nonlcon 母數中提供非線性不等式 c(x) 或等式 ceq(x)。fmincon 函數要求 c(x)≤0

呼叫格式	説明
x=fmincon(fun，x0，A，b，Aeq，beq，lb，ub，nonlcon，options	運用 options 母數指定的母數來進行最小化
x=fmincon(fun，x0，A，b，Aeq，beq，lb，un，onolcon，options，p1，p2)	將問題母數 p1、p2 等直接傳遞給函數 fun 和 nonlcon。若不需要這些變數，則傳遞空矩陣到 A、b、Aeq、beq、lb、ub、nonlcon 和 options
[x，fval]=fmincon(…)	返回解 x 處的目標函數值
[x，fval，exitflag]=fmincon(…)	返回 exitflag 母數，敘述函數計算的退出條件
[x，fval，exitflag，output]=fmincon(…)	返回包含改善資訊的輸出母數 output
[x，fval，exitflag，output，lambda]=fmincon(…)	返回解 x 處包含拉格朗日乘子的 lambda 母數
[x，fval，exitflag，output，lambda，grad-]= fmincon(…)	返回解 x 處 fun 函數的梯度
[x，fval，exitflag，output，lambda，grad，Hessian]=fmincon(…)	返回解 x 處 fun 函數的 Hessian 矩陣

範例 3-5 求解方程 f(x)=-x1x2x3 在 X0=[1; 10; 10]v 處的值。

首先，根據方程編寫一個 M 檔案 ex0237.m。

```
function f = ex0237(x)
f = -x(1) * x(2) * (3)
```

然後將限制條件改寫成下面形式的不等式，因為兩個限制條件都是線性的，將它們表示為矩陣不等式的形式。

下一步給定起始值，並呼叫改善流程。

```
>> x0 = [10; 10; 10];
>> A=[-1 -2 -2
        1 2 2];

>> b=[0;72];
>> [x，fval]= fmincon(@ex0237，x0，A，b)
x =
    24.0000
    12.0000
    12.0000
fval =
    -3.4560e+003
```

3.1.5　目標規劃問題

前面介紹的最佳化方法只有一個目標函數，是單一目標最佳化方法。但是，在許多實際工程問題中，往往希望多個指標都達到最佳值，所以它有多個目標函數。這種問題稱為多重目標最佳化問題（Multiple target Optimization problem）。

1. 求解方法

多目標規劃有許多解法，下面列出常用的四種。

(1) 加權和法

該法將多目標向量問題轉化為所有目標的加權求和的純量問題。

(2) ε 限制法

ε 限制法克服了加權和法的某些凸性問題。

(3) 目標達到法

目標函數系列為 F(x)={F1(x)，F2(x)，...，Fm(x)}，對應地有其目標值系列。允許目標函數有正負的偏差，偏差的大小由加權係數向量（Weighted Coefficient vector）W={W1，W2，...，Wm}來加以控制，於是目標達到問題可以呈現為標準的最佳化問題。

(4) 目標達到法的改進

目標達到法的一個好處是可以將多目標最佳化問題轉化為非線性規劃問題，但是，在序列二次規劃（SQP）流程中，一維搜尋的目標函數選擇不是一件容易的事情，因為在很多情況下，很難決定是使目標函數變大好，還是使它變小好。在建構目標函數的流程中，可以透過將目標達到問題變為最大最小化問題來獲得更合適的目標函數。

2. fgoalattain

求解多目標達到問題。該函數呼叫格式如表 3-6 所示。

表 3-6　fgoalattain 函數呼叫格式

呼叫格式	說明
x = fgoalattain(fun，x0，goal，ewight)	試圖透過變數 x 來使目標函數 fun 達到 goal 指定的目標；原始值為 x0，weight 母數指定加權值
x = fgoalattain (fun，x0，goal，weight，A，b)	求解目標達到問題，限制條件為線性不等式 A*x ≤ b
x = fgoalattain (fun，xo，goal，weight，A，b，Aeq，beq)	求解目標達到問題，除了提供上面的線性不等式之外，還提供線性等式 Aeq*x = beq。當沒有不等式存在時，設定 A=[]、b=[]
x = fgoalattain(fun，x0，goal，weight，A，b，Aeq，beq，lb，ub)	為設計變數 x 定義下界 lb 和上界 ub 集合，這樣始終有 lb ≤ x ≤ ub
x = fgoalattain(fun，x0，goal，weight，A，b，Aeq，beq，lb，ub，nonlcon)	將目標達到問題歸納為 nonlcon 母數定義的非線性不等性 c(x)或非線性等式 ceq(x)；fgoalattain 函數改善限制條件為 (x) ≤ 0 和 ceq(x)=0。若不存在邊界，設定 lb=[]和(或)ub=[]
x = fgoalattain(fun，x0，goal，weight，A，b，Aeq，beq...lb，ub，nonlcon，options)	運用 options 中設定的改善母數來進行最小化

呼叫格式	説明
X = fgoalattain(fun，x0，goal，weight，A，b，Aeq，beq…lb，ub，nonlcon，options，p1，p2…)	將問題母數 p1、p2 等直接傳遞給函數 fun 和 nonlcon；如果不需要母數 A、b、Aeq、beq、lb、ub、nonlcon 和 options，將它們設定為空矩陣
[x，fval] = fgoalattain(…)	返回解 x 處的目標函數值
[x，fval，attainfactor] = fgoalattain(…)	返回解 x 處的目標達到因子
[x，fval，attainfactor，exitflag] = fgoalattain (…)	返回 exitflag 母數，描述計算的退出條件
[x，fval，attaifactor，exitflag，output] = fgoalattain(…)	返回包含改善資訊的輸出母數 output
[x，fval，attainfactor，exitflag，output，lambda] = fgoalattain(…)	返回包含拉格朗日乘子的 lambda 母數

範例 3-6 根據起始條件（Initial Condition），求解多重目標達成問題。

首先，寫一個 M 檔案 ex0238.m。

```
function F = ex0238 (K，A，B，C)
F = sort(eig(A+B*K*C));
```

輸入起始母數，並呼叫改善函數。

```
>> A = [-0.5 0 0; 0 -2 10; 0 1 -2];
>> B = [1 0; -2 2; 0 1]
>> C = [1 0 0; 0 0 1]
>> K0 = [-1 -1; -1 -1];
>> goal = [-5 -3 -1];
>> weight = abs(goal);
>> lb = -4*ones(size(K0));
>> ub = 4*ones(size(K0));
>> options = otimset ('Display'，'iter');
>> [K，fval，attainfactor] = fgoalattain (@(K) eigfun(K，A，B，C)，…
   K0，goal，weight，[ ]，[ ]，[ ]，[ ]，lb，ub，[ ]，options)
K =
    -4.0000 -0.2564
    -4.0000 -4.0000
fval =
    -6.9313
    -4.1588
    -1.4099
attainfactor =
    -0.3863
```

3.1.6 最大最小化問題

目標函數的大化和最小化問題，是我們在科學計算和工程實務中經常遇到的，但是在某些情況下，則要求極大值的最小化才有意義。例如，城市規劃中需要確定急救中心、消防中心的位置可取的目標應該是到所有地點最大距離的極大值,而不是到所有目的地的距離和為最小。這是兩種完全不同的準則,在控制理論、逼近論、決策論中也使用最大最小化原則。

MATLAB 改善工具箱中採用序列二次規劃的法求解最大最小化問題,所用的函數是 finimax。該函數呼叫格式如表 3-7 所示。

表 3-7　函數呼叫格式

呼叫格式	說明
x = fminimax(fun, x0)	起始值為 x0,找到 fun 函數的極大及極小化解 x
x = fminimax(fun, x0, A, b)	給定線性不等式 A*x≤b,求解極大極小化問題
x = fminimax(fun, x0, A, b, Aeq, beq)	給定線性等式,Aeq*x=beq,求解極大極小化問題。如果沒有不等式存在,設定 A=[]、b=[]
x = fminimax(fun, x0, A, b, Aeq, beq, lb, ub)	為設計變數定義一系列下限 lb 和上限 ub,使得總有 lb≤x≤ub
x = fminimaxx(fun, x0, A, b, Aeq, beq, lb, ub, nonlcon)	在 nonlcon 母數中給定非線性不等式限制 c(x)或等式限制 ceq(x),fminimax 函數要求 c(x)≤0 且 ceq(x)=0。若沒有邊界存在,設定 lb=[]和(或)ub=[]
X = fminimax(fun, x0, A, b, Aeq, beq, lb, ub, nonlcon, options)	用 options 所給定的母數加以改善
X = fminimax(fun, x0, A, b, Aeq, beq, lb, ub, nonlcon, options, p1, p2)	將問題母數 p1, p2 等直接傳遞給函數 fun 和 nonlcon。如果不需要變數 A、b、Aeq、beq、lb、ub、nonlcon 和 options,可將它們設定為空白矩陣
[x, fval] = fminimax(…)	返回解 x 處的目標函數值
[x, fval, maxfval] = fminimax(…)	返回解 x 處的極大函數值
[x, fval, maxfval, exitflag] = fminimax (…)	返回 exitflag 母數,描述函數計算的退出條件
[x, fval, maxfval, exitflag, output] = fminimax(…)	返回描述改善資訊的結構輸出 output 母數
[x, fval, maxfval, exitflag, output, lambda] = fminimax (…)	返回包含解 x 處拉格朗日乘子的 lambda 母數

範例 3-7　設某城市有某種物品的 10 個需求點(如表 3-8 所示),第 i 個需求點 PI 的座標為(a_i, b_i),道路網與橫座標,彼此正交(Orthogonal)。現在打算建一個該物品的供應中心,且由於受到城市某些條件的限制,該供應中心只能設在 x 界於[5,8]、y 介於[5, 8]的範圍內。請問該中心應建在何處?

表 3-8　10 個需求點的座標

a_i	1	4	3	5	9	12	6	20	17	8
b_i	2	10	8	18	1	4	5	10	8	9

假設供應中心的位置為(x，y)，要求它到最遠需求點的距離儘可能小，由於此處應採用沿道路行走的距離，可知，使用者 P_i 到該中心的距離為 $|x-a_i|+|y-b_i|$ 。

首先，編寫一個 M 檔案 ex0239.m。

```
function f = ex0239(x)
%輸入各個點坐標值。
a = [1 4 3 5 9 12 6 20 17 8];
b = [2 10 8 18 1 4 5 10 8 9];
f(1) = abs(x(1)-a(1)+abs(x(2)-b(1));
f(2) = abs(x(1)-a(2))+abs(x(2)-b(2));
f(3) = abs(x(1)-a(3))+abs(x(2)-b(3));
f(4) = abs(x(1)-a(4))+abs(x(2)-b(4));
f(5) = abs(x(1)-a(5))+abs(x(2)-b(5));
f(6) = abs(x(1)-a(6))+abs(x(2)-b(6));
f(7) = abs(x(1)-a(7))+abs(x(2)-b(7));
f(8) = abs(x(1) a(8))+abs(x(2)-b(8));
f(9) = abs(x(1)-a(9))+abs(x(2)-b(9));
f(10) = abs(x(1)-a(10))+abs(x(2)-b(10));
```

輸入起始母數，並呼叫函數。

```
>> x0 = [6; 6];
>> AA = [-1 0
   1  0
   0 -1
   0  1];

>> bb = [-5;8;-5;8];
?? [x，fval] = fminimax(@ex0239，x0，AA，bb)

Local minimum possible.  Constraints satisfied

Fminimax stopped because the size of the current earch direction is less than
twice the default value of the step size tolerance and constraints were satisfied
to within the default value of the constraint tolerance.

< stopping criteria details>

x =
    8
    8
fval =
    13     6     5    13     8     8     5    14     9     1
```

可見，在限制區域內的東北角設定供應中心，可以使該點到各個需求點極短。

3.2 曲線撮合工具箱

在實際工程應用和科學實務中，經常需要尋求兩個（或多個）變數之間的關係，而實際卻只能測得一些分散的資料點。針對這些分散的資料點，運用某些撮合方法生成一條連續的曲線，此流程稱為曲線撮合（Curve fitting）。曲線撮合可分為母數撮合和非母數撮合。母數撮合採用的是最小二乘法（Least square method），而非母數撮合採用的是插值法（Interpolation method）。

3.2.1 資料預先處理

在曲線撮合之前必須對資料進行預處理，去除界外值、不定值和重複值，以減少人為的誤差，提升撮合的精確度。資料預先處理的內容包括兩部分，即資料輸入查閱和資料的預先處理。傳輸資料運用資料 GUI 來加以執行，查閱資料運用曲線撮合工具的散點圖來執行。

3.2.1.1 輸入資料集

在使用 MATLAB 曲線撮合工具箱對資料加以撮合之前，首先需要輸入資料。

1. 打開曲線撮合工具箱介面

曲線撮合工具箱介面是一個視覺化的圖形介面，具有強大的圖形撮合功能，其中包括：

❶ 視覺化地展示一個或多個資料集，並可以用散點圖來展示。

❷ 運用殘差和信賴區間視覺化地估計撮合結果的好壞。

❸ 透過其他介面可以執行許多功能：輸出、查閱和平滑資料：撮合資料、比較撮合曲線和資料集；從撮合曲線中排除特殊的資料點；在選定區間之後，可以顯示撮合曲線和資料群組，還可以做內插法、外推法、微分和積分撮合。

在 MATLAB 指令行視窗中輸入 cftool 指令，打開曲線撮合工具箱圖形介面，如圖 3-1 所示。

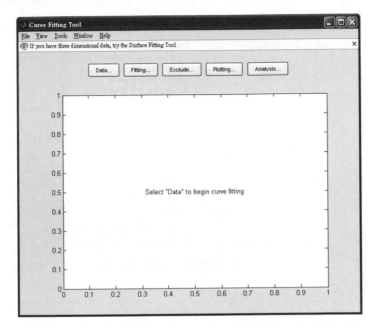

圖 3-1　曲線撮合工具箱介面

　　曲線撮合工具箱介面主要有五個按鈕，從左到右分別是 Data、Fitting、Exclude、Ploting 和 Analysis，其功能如下：

❶ Data：可以輸出、查閱和平滑資料。

❷ Fitting：可以撮合資料、比較撮合曲線和資料群組。

❸ Exclude：可以從撮合曲線中排除特殊的異常資料點。

❹ Ploting：在選定區間之後，按一下該按鈕，可以顯示撮合曲線和資料群組。

❺ Analysis：可以做內插法（Interpolation）、外推法（Extrapolation）、微分（Derivative）或者積分（Integration）來加以撮合。

2. 輸入資料群組

　　在輸入資料之前，資料變數必須儲存於 MATLAB 的工作區間。可以透過 load 指令輸入變數。按一下曲線撮合工具箱介面中的按鈕，打開 "Data" 對話框，如圖 3-2 所示。

　　在圖 3-2 所示的對話框中進行設定，可以輸入資料。可以看出，"Data" 對話框包括兩個選單，即 Data Sets 和 Smooth。

圖 3-2 "Data"對話框的"Data Sets"選單

在 Data Sets 選單中，各個選項的功能如下：

(1) Import workspace vectors

將向量輸入工作區。需要注意的是，變數必須具有相同的長度，無窮大的值和不定值將被忽略掉。它包括下列三個選單：

❶ X Data：用於點選預測資料。

❷ Y Data：用於點選 X 的反應資料。

❸ Weights：用於點選加權值，與反應資料互動的向量，如果沒有點選，則預設值為 1。

(2) Preview

對所選向量做圖形化預覽。

(3) Data set Name

設定資料集的名稱。工具箱可以隨機地（Random）產生唯一的檔案名稱，使用者可以在 "Data set name"字元串後面的編輯框中輸入名稱，然後按一下返回鍵，執行重新命名。

(4) Data sets

選單以列表的形式顯示所有撮合的資料集。當點選一個資料集時，可以對它做下列的操作。

❶ View：可以圖標格式和列表的格式查閱資料集，可以點選排除異常值。

❷ Rename：重新命名。

❸ Delete：刪除資料組。

範例 3-8 　輸入資料，採用 MATLAB 內建的資料檔 censum。Censum 有兩個：cdata 和 pop。其中，cdate 是一個年向量。包括 1790~1990 年，間隔爲 10 年；pop 是對應年份的美國人口。在 MATLAB 指令行依次輸入下列指令：

```
>> load census
>> cftool (cdate， pop)
```

執行結果如圖 3-3 所示。

按一下 "Data"按鈕，和 "Y Data"兩個下拉式列表框中點選變數名稱之後，將在"Data"對話框中顯示散點圖的預覽效果，如圖 3-4 所示。

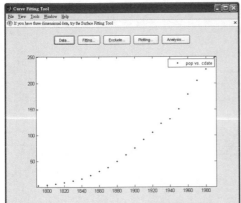

圖 3-3　census 資料的散點圖

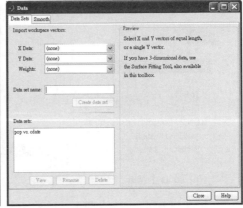

圖 3-4　輸入資料面板

當點選 "Data sets"列表框（圖 3-5）中的資料集時，按一下 "View"按鈕，打開 "View Data Set" 對話框，如圖 3-6 所示。

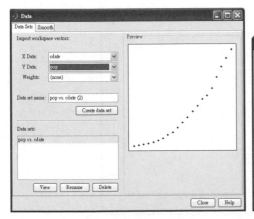

圖 3-5　點選變數名稱之後的預覽效果

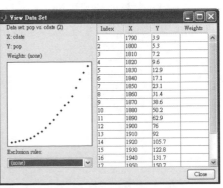

圖 3-6　"View Data Set"對話框

3.2.1.2 資料的查閱

曲線擬合工具箱提供了兩種資料查閱方式,即散點圖方式和工作表方式。

1. 散點圖方式

輸入資料時,系統會自動以散點圖的方式顯示資料的分配情況。以預測資料為 Y 坐標,以反應資料為 X 坐標繪製散點圖。散點圖具有強大的功能,它可以觀測整個資料的分配趨勢,然後可以根據該分配的趨勢,考量是否需要對資料做預先處理,以及採用何種擬合方式,才有利於提升擬合的準確性(Accuracy)。

曲線擬合工具箱提供多種方法編輯圖形,包括利用圖 3-7(a)所示的 Tools 主選單和圖 3-7(b)所的 GUI 工具列。

(a) Tools 主選單   (b)GUI 工具列

圖 3-7　曲線擬合工具箱圖形編輯工具

圖 3-8 顯示了對擬合圖形加以編輯的效果。

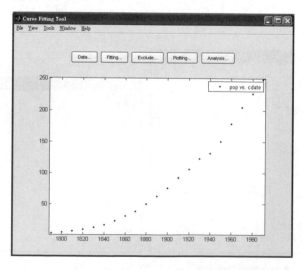

圖 3-8　在編輯之後圖形的呈現方式

2. 工作表方式

工作表方式如圖 3-9 所示，在 "view Data Set"對話框中，資料以電子試算表的格式輸出。在資料量比較小的情況下，透過這種方式也可以看出一些資料的分配情況。在 "View Data Set"對話框中，整合散點圖和工作表兩種方式，可以更為有效地分析資料。

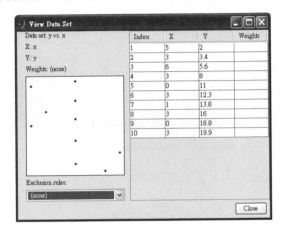

圖 3-9 　查閱資料群組的面板

3.2.1.3 　資料的預先處理

在曲線撮合工具箱中，資料的預先處理方法主要包括平滑法、排除法和區間排除法等。

1. 平滑資料

在處理資料時，資料有時雜亂無章，採用一些使圖形更為平滑的演算法，可以提升以後的撮合效果。曲線的平滑需要具備兩個基本的假設條件；預測資料和反應資料曲線是平滑的；曲線平滑的結果是得到平滑的資料，它應該最能反映原始資料的特色。曲線平滑的結果是試圖估計每一個反應資料的平均數（Average）分配。

> **TIP**
>
> 平滑資料之後不能用母數模型撮合資料，因為資料平滑假設誤差應該符合常態分配（Normal distribution）。

平滑資料時，透過 "Smooth"對話框來加以執行。打開曲線撮合工具箱，按一下 "Data"按鈕，打開 "Data"對話框，點選 "Smooth"選單，如圖 3-10 所示。

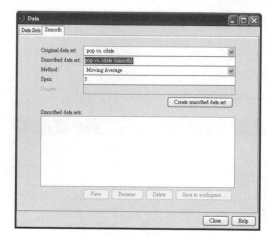

圖 3-10　"Smooth"選單平滑資料面板

在 "Smooth"選單（Option）中，各個選項（Item）的功能如下：

(1) Original data set

用於挑選需要撮合的資料群組。

(2) Smoothed data set

平滑資料的名稱。

(3) Method

用於點選平滑資料的方法，每一個反應資料用透過特殊的曲線平滑方法所計算的結果來取代。平滑資料的方法包括：

❶ Moving average：用移動平均數來進行替換。

❷ Lowess：局部加權散點圖平滑資料，採用線性最小二乘法和二階多項式撮合得到的資料來做替換的工作。

❸ Loess：局部加權散點圖平滑數，採用線性最小二乘法和二階多項式撮合得到的資料來做替換的工作。

❹ Savizky-Golay：採用未加權的線性最小二乘法來過濾資料，利用指定階數的多項式所得到的資料來加以替換。

❺ Span：用於進行平滑計算的資料點的資料。

❻ Degree：用於 Savitzky-Golay 方法撮合多項式的階數。

(4) Smoothed data set

對於所有的平滑資料群組做列表。可以增加平滑資料集，按一下 "Create smoothed data set" 按鈕，可以建構經過平滑的資料集。

(5) View 按鈕

打開查閱資料集的 GUI，以散點圖方式和工作表方式來查閱資料，可以點選排除異常值的方法。

(6) Rename

重新加以命名。

(7) Delete

刪除資料。

(8) Save to workspace

儲存資料群組。

範例 3-9 嘗試用各種方法平滑資料，並以圖形的格式輸出。

在 MATLAB 指令行請輸入下列編碼：

```
>> x = [1  2  3  4  5  6  8];
>> y = [9  8  7  5  6  4  3];
>> plot(x,y);
>> cftool(x,y)
```

得到的結果如圖 3-11 所示。

圖 3-11 顯示了七種平滑方法得到的結果。可以看出，不同的平滑方法結果相差很大，使用者可以根據個別的需求來點選平滑的結果。

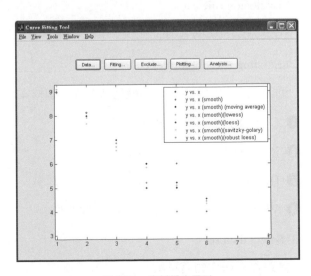

圖 3-11　資料撮合圖形

2. 排除法和區間排除法

曲線撮合工具箱（Curve fitting toolbox）提供了排除法和區間排除法等兩種排除資料的方法。排除法是對資料中的異常值加以排除。區間排除法是採用一定的區間，去排除那些由於系統誤差而導致偏離正常值的異常值。

排除資料可以運用 "Exclude"對話框來執行，在曲線撮合工具箱介面中，按一下[Exclude...]按鍵，可以打開 "exclude"對話框，如圖 3-12 所示。

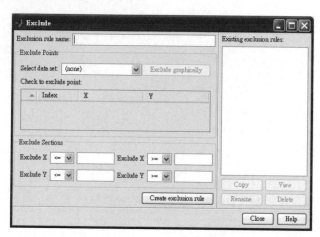

圖 3-12　"Exclude"對話框

在 "Exclude"對話框中，各選項的功能如下所示：

(1) Exclusion rule name

　　指定分離規則的名稱。

(2) Existing exclusion rules

　　列表產生的檔案名稱，當使用者點選一個檔案名稱時，可以做下列操作：

❶ Copy：複製分離規則的檔案；

❷ Rename：重新加以命名；

❸ Delete：刪除一個檔案；

❹ View：以圖形的形展示分離規則的檔案。

(3) Select data set

　　挑選需要操作的資料集。

(4) Exclude graphically

允許使用者以圖形的格式去除異常值，排除個別的點，可以用 "x"標誌。

(5) Check to exclude point

挑選個別的點進行排除，可以在資料表中打勾，來點選所要排除的資料。

(6) Exclude Sections：選定區域排除資料。包括：

❶ Exclude X：點選預測資料 X 要排除的資料範圍。

❷ Exclude Y：點選反應資料 Y 要排除的資料範圍。

3. 其他資料預先處理方法

其他的資料預先處理方法不便透過曲線撮合工具箱來完成，主要包括兩個部分：反應資料的轉換和取出無窮大、失漏值和異常值。

反應資料的轉換一般包括對數轉換、指數轉換等，運用對數轉換可以使非線性的模型線性化，便於曲線撮合。變數的轉換一般在指令行裡執行，然後把轉換之後的資料輸入曲線撮合工具箱來進行撮合。

儘管無窮大、不定值在曲線撮合中可以忽略不計，但如果想把它們從資料集中刪除，可以用 isinf 和 isnan 置換無窮大值和失漏值。

3.2.2　曲線撮合

MATLAB 提供了兩種方法進行曲線撮合：一種是以函數的格式使用指令，對資料加以撮合，此種方法比較繁瑣，需要對撮合函數的了解比較深入；另外一種是用圖形視窗進行操作，其具有簡便、快速、可操作性強的優點。MATLAB 提供了兩種圖形視窗，一種是基本的撮合介面，另一種是曲線撮合工具。基本撮合介面操作簡單，可以做較為簡單的曲線撮合，而曲線撮合工具箱功能強大，適用於各種複雜模型的曲線撮合。

3.2.2.1　曲線撮合相關函數

1. 多項式撮合函數

(1) polyfit

多項式曲線撮合。該函數呼叫格式如表 3-9 所示。

表 3-9　polyfit 函數呼叫格式

呼叫格式	説明
p=polyfit(x，y，n)	運用最小二乘法對資料加以撮合，返回 n 次多項式的係數，並降次排列的向量表示，長度為 n-1
[p，S]=polyfit(x，y，n)	返回多項式係數向量 p 和矩陣 S，S 和 polyval 函數一起用時，可以得到預測值的誤差估計。若資料 y 的誤差服從變異數為常數的獨立常態分配，則 polyval 函數將生成一個誤差範圍，其中包括至少 50%的預測值
[p，S，mu]=polyfit(x，y，n)	返回多項式的係數，mu 是一個 2D 向量

(2) polyval

多項式曲線撮合評估。該函數呼叫格式如表 3-10 所示：

表 3-10　polyval 函數呼叫格式

呼叫格式	説明
y=polyval(p，x)	返回 n 階多項式在 x 處的值，x 可以是一個矩陣或者是一個向量，向量 p 是 n+1 個以降次排列的多項式的係數
y=polyval(p，x，[]，mu)	mu 是一個 2D 向量
[y，delta]=polyval(p，x，S)	產生信賴區間 y±delta。如果誤差結果服從標準常態分配，則實測資料落在區間 y±delta 的機率至少為 50%
[y，delta]=polyval(p，x，S，mu)	同上

範例 **3-10**　對給定的資料來做多項式撮合。

```
>> x = [0 0.385 0.0963 0.1925 0.2888 0.385];
>> y = [0.042 0.104 0.186 0.338 0.479 0.612];
>> [p，s] = polyfit(x，y，5);
>> [p，s，mu] = polyfit(x，y，5)
p =
    0.0193  -0.0110  -0.0430  0.0073  0.2449  0.2961
s =
        R: [6x6 double]
       df:0
    normr: 1.3257e-016
mu =
    0.1669
    0.1499
```

由報表的結果可以知道，撮合的多項式為 $p=0.0193x^5-0.0110x^4-0.0430x^3+0.0073x^2+0.2449x+0.2961$，自由度為 0，標準差為 1.3257e-16。

範例 **3-11** 根據表 3-11 中的資料來進行四階多項式撮合。

表 3-11　資料表

x	1	2	3	4	5	6	7	8	9	10
f(x)	10	5	4	2	1	1	2	3	4	4

在 MATLAB 指令行視窗中輸入下列編碼：

```
>> x = [1  2  3  4  5  6  7  8  9  10];
>> y = [10  5  4  2  1  1  2  3  4  4];
>> [p,s] = polyfit(x,y,4);
>> y1=polyval(p,x);
>> plot(x,y,'go',x, y1,'b--')
```

撮合結果如圖 3-13 所示：

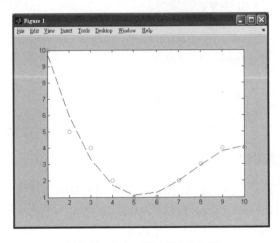

圖 3-13　最小二乘法撮合曲線圖

範例 **3-12** 計算多項式 $p=3x^2+2x+1$ 在 x=5、7、9 上的值。

在指令列視窗輸入下列編碼：

```
>> p = [3  2  1];
>> polyval(p,[5, 7, 9]
ans =
    86   162   262
```

2. 其他函數

其他的曲線撮合函數包括進行資料處理的函數、提供協助資訊的函數和設定模型的函數等，各個函數的功能如表 3-12 所示。讀者若需要實際了解各個函數的功能，可以參考協助檔案。

表 3-12 資料撮合函數及其功能

函數名稱	功能
cfit	產生撮合的目標
fit	運用模型庫、自訂模型、平滑樣條或者內插方法來撮合資料
fitoptions	產生或修改撮合選單
fittype	產生目標的撮合格式
cflibhelp	顯示一些資訊，包括模型庫、三次樣條和內插方法等
disp	顯示曲線撮合工具箱的資訊
get	返回撮合曲線的屬性
set	對於撮合曲線顯示屬性值
excludedata	指定不參與撮合的資料
Smooth	平滑反應資料
confint	計算撮合係數估計值的信賴區間邊界
differentiate	對於撮合結果求微分
integrate	對於撮合結果求積分
predint	對於新的觀察量計算預測區間的邊界
cftool	打開曲線撮合工具
datastates	返回資料的敘述系統計量
feval	估計一個撮合結果或撮合類型
polt	畫出資料點、撮合線、預測區間、異常值點和殘差

3.2.2.2 曲線的母數撮合

在實際進行曲線撮合時，首先需要應用圖 3-2 所示的 "Data"對話框指定要分析的資料，然後在圖 3-1 所示的 "Curve Fitting Tool"對話框中按一下按鈕，打開 "Fitting"對話框，如圖 3-14 所示，在該對話框中進行設定，可以執行曲線撮合。

"Fitting"對話框中包括兩個面板：Fit Editor 面板和 Table of Fits 面板。

"Fit Editor"面板用於點選撮合的檔案名稱和資料群組。點選排除資料的檔案，比較資料撮合的各種方法，包括函數庫、自訂的撮合模型和撮合母數的點選： "Table of Fits"面板同時列出所有的撮合結果。

下面對上述兩個面板進行詳細介紹。

1. Fit Editor 面板

(1) New fit 按鈕和 Copy fit 按鈕

在開始進行曲線撮合時，按一下"New fit"按鈕，它採用預設的線性多項式來撮合資料。在原有的撮合格式上，點選不同的曲線撮合方法可以用"Copy fit"按鈕。

(2) Fit name

該選單為目前撮合曲線的名字。在按一下 "New fit"按鈕時，系統會產生預設的檔案名稱。

(3) Data set

該選單為目前的資料群組。

圖 3-14 "Fitting"對話框

(4) Exclusion rule

排除異常值的檔案名稱，在資料預先處理之前所建構的檔名。

(5) Center and scale X data

可以對預測資料做中心化和離散化處理。

(6) Type of fit

撮合的類型，包括母數撮合和非母數撮合兩種。實際內容包括下列 11 個選項。

❶ Custom Equations：自訂撮合的線性和非線性方程。

❷ New equation：按一下 "Custom Equations" 按鈕前，必須先按一下 "New equation"按鈕點選合適的方程。

❸ Exponential：以指數格式來撮合。

④ Fourier：傅麗葉撮合。

⑤ Gaussian：高斯法撮合。

⑥ Interpolation：內插法撮合，包括線性內插法、最鄰近內插法、三次樣條內插法和 shape-preserving 內插法。

⑦ Polynomial：多項式撮合。

⑧ Rational：有理撮合。

⑨ Power：乘冪撮合。

⑩ Smoothing spline：平滑樣條撮合，預設的平滑母數由撮合的資料群組來決定。當母數為 0 時，會產生一個分段的線性多項式撮合；當母數為 1 時，會產生一個分段的三次多項式撮合。

⑪ Sum of Sin Functions：以正弦函數和的格式撮合。

(7) Fit Options

包括一些撮合方程，例如：線性撮合、非線性撮合以及其他選單，如圖 3-15 所示。

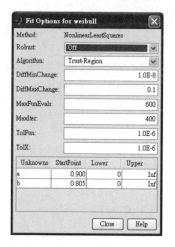

圖 3-15 "Fit Options for weibull"對話框

(8) Immediate apple 複選框和 Apply 按鈕

按一下 "Apply"按鈕，採用上述所選的各種方法來做撮合；按一下 "Immediate apply"複選框，在點選一個撮合格式之後，立即輸出結果並加以儲存（Store）。

(9) Results

列出進行撮合的各種母數，包括撮合的格式、信賴區間大於 95%時的相關係數，以及顯示撮合效果好壞的各種母數，包括：

❶ SSE-sum of squares due to error：誤差平方和，越接近 0，曲線的撮合效果越好。

❷ Degree of Freedom Adjusted R-Square：調整自由度之後的殘差的平方，自由度為反應資料的個數 n 減去被撮合的相關係數的個數 m，即 v=n-m，Adjusted R-Square 的數值越接近 1，曲線的撮合效果越好。

❸ Root Mean Square Error：根的平均數誤差，越接近 0，曲線的撮合效果越好。

2. Table of Fits 面板

(1) Delete of fits

刪除所選的撮合曲線。

(2) Save to workspace

可以儲存所有的撮合資訊。

(3) Table options

點選與撮合相關係的資訊。

範例 **3-13**　運用三次多項式和五次多項式來撮合同一組資料，並比較兩種撮合的效果。

在指令列視窗輸入下列編碼：

```
>> rand ('state', 0)
>> x = [1:0.1:3 9:0.1:10]';
>> c = [2.5 -0.5 1.3 -0.1];
>> y=c(1)+c(2)*x+c(3)*x.^2+c(4)*x.^3+(rand(size(x))-0.5);
>> cftool (x,y);
```

執行指令，打開曲線擬合工具箱，在資料欄中挑選資料，如圖 3-16 所示：

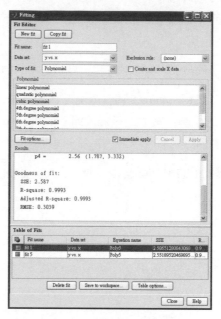

圖 3-16　曲線擬合工具箱介面

範例 3-14　用有理擬合方法來擬合資料 hahn1.mat。hahn1.mat 是 MATLAB 內建的檔案，用於敘述銅的熱膨脹和熱力學溫度的相關性，其中包括兩個向量 temp 和 thermex。

載入資料，打開擬合曲線工具箱對話框，如圖 3-16 所示：

```
>> load hahn1
>> cftool(temp, thermex)
```

擬合的圖形如圖 3-17 所示。

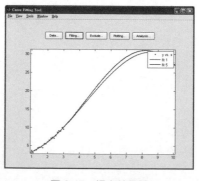

圖 3-17　擬合結果圖

在圖 3-17 中，fit1 曲線對應三次多項式的擬合結果，fit5 對應五次多項式的擬合結果。由圖可知，三次多項式的擬合效果最好。這一點從擬合結果的參數也可以看出，如圖 3-18(a)和圖 3-18(b)所示。

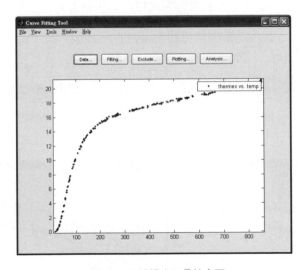

(a)三次多項式的擬合結果

(b)五次多項式擬合結果

圖 3-18　多項式的擬合結果

圖 3-19　曲線擬合工具箱介面

按一下 "Fitting"按鈕，點選曲線擬合類型 "Rational"，先點選分子、分母均為二次多項式，比較擬合的效果，如圖 3-20 和圖 3-21 所示。

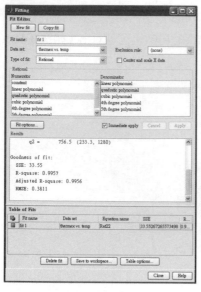

圖 3-20　撮合的介面

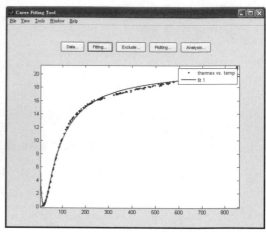

圖 3-21　撮合結果 1

　　二次多項式的撮合結果明顯地遺漏了極大值和大量的預測資料。此外，從殘差點的分配可看出明顯的線性特徵（linear charateristics），此充分證實了（Verify）還存在更好的撮合模型。

　　點選分子和分配都是三次多項式的方程來加以撮合，結果如圖 3-22 所示。

　　從圖 3-22 可以看出，採用這種模型得到的撮合曲線上有幾個斷點，它們是因為分母為零時函數溢出造成的。所以，這個模型也不夠好。

　　下面運用分子是三次多項式、分母是將二次多項式的方程加以撮合，效果如圖 3-23 所示。

　　從圖 3-23 可以看出，撮合效果很好，撮合曲線充分呈現了整個資料，殘差隨機分配在 0 附近，可以點選。

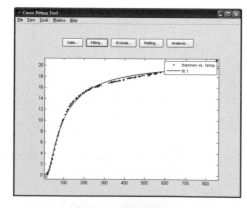

圖 3-22　撮合結果 2

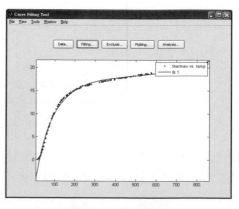

圖 3-23　撮合結果 3

3.2.2.3 曲線的非母數撮合

有時候，我們對撮合母數的萃取或解釋不感興趣，只想到一個平滑的透過各數點的曲線，此種撮合曲線的格式被稱為非母數撮合。非母數撮合的方法包括內插法（Interpolation）和平滑樣條插值法（Smoothing Spline）。

內插法是在已知資料點之間估計數值的流程，包括的方法如表 3-5 所示：

表 3-5　內插方法

方法	敘述
linear	線性內插，在每一組資料之間用不同的線性多項式撮合
nearest neighbor	最鄰近內插，內插點在最相鄰的資料點之間
cubic spline	三次樣條內插，在每一組資料之間用不同的三次多項式撮合
shape-preserving	分段三次艾爾米內插（PCHIP）

平滑樣條內插法是對雜亂無章的資料來做平滑處理，可以用平滑數的方法來撮合，平滑的方法在資料的預先處理中已經介紹過，在此就不再贅述。

範例 3-15　內插法撮合 carbo 12alpha.mat 資料，包括最鄰近內插法和 PCHIP 內插撮合法。

載入數值，打開撮合曲線工具箱對話框。

```
>> load carbon12alpha
>> cftool(counts，angle)
```

分別點選最鄰近內插法和 PCHIP 內插法，撮合資料，得到的結果如圖 3-24 所示。

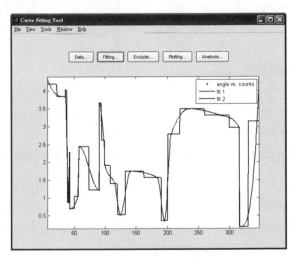

圖 3-24　兩種撮合結果圖

圖 3-24 中的 fit1 是運用 PCHIP 內插撮合法得到的撮合曲線，fit2 是利用最鄰近內插法所得到的撮合曲線。兩種方法差別較大，具有不同的用途，fit2 沒有沿著資料點撮合，得出的圖形呈現階梯狀，如果不考量曲線的實質意義，則撮合結果應該考量 fit1。

範例 3-16 運用三次樣條內插和集中平滑樣條內插法來撮合同一組資料。

首先，載入資料，打開撮合曲線工具箱對話框。

```
>> rand('state',0);
>> x = (4*pi) * [0 1 rand (1,25)];
>> y = sin(x)+.2^(rand (size(x))-.5);
```

用三次樣條內插法來加以撮合，如圖 3-25 所示。

下面用預設的平滑母數 P 和製定的平滑母數 0.5 分別進行平滑內插撮合，圖 3-26 為預設條件下的設定介面和撮合結果。

 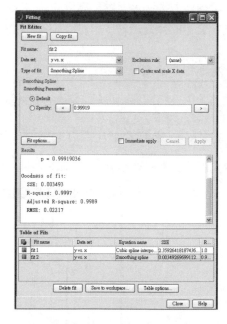

圖 3-25　三次樣條內插法的點選和撮合結果　　圖 3-26　預設條件下的撮合預設介面和撮合結果

圖 3-26 為兩種不同的方法對應的撮合曲線，曲線的平滑級別運用圖 3-26 中的"Smoothing Parameter"選單給定。預設的平滑母數與資料群組有關，並在按一下 "Apply"按鈕之後，由工具箱自動計算。對於本資料群組，預設的平滑母數值接近 1，表示平滑樣條接近於三次樣條，並且幾乎在 0 和 1 之間的值，它穿越過所有的資料點。

圖 3-27 對平滑母數不同時段的幾個撮合結果加以比較。其中，fit1 曲線是三次樣條內插撮合結果，fit2 是在預設的平滑母數下的平滑樣條內插撮合結果。可以看出，fit1 的撮合效果要比 fit2 好。

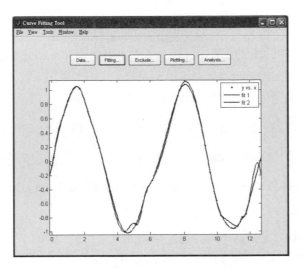

圖 3-27　兩種不同撮合方法的撮合結果圖

3.3　其他工具箱

除了前面介紹的幾種工具箱之外，MATLAB 工具箱還包括影像處理工具箱、資訊處理工具箱、偏微分方程（Partial Differential Equation, PDE）數值解工具箱、樣條工具箱等，下面將做簡要的介紹。

1. 影像處理工具箱

MATLAB R2011A 的影像處理工具箱，是由一系列支援影像處理操作的函數所組成，可以支援許多影像的處理操作，例如幾何操作、區域操作和方塊操作、線性濾波和濾波器設計、影像變換、影像分析和影像增強、二值影像識別等。

2. 訊號處理工具箱

簡單地說，訊號處理是以數值計算的方法對訊號做採集、變換、綜合、估計與識別等加工處理，進而達到萃取資訊和便於應用的目的。MATLAB 的訊號處理工具箱是訊號處理演算法檔案的幾何學（Geometry），它處理的基本物件是訊號與系統。

利用工具箱中的檔案可以執行訊號的變換、濾波、頻譜估計、濾波器設計、線性系統分析等功能。工具箱還提供了圖形使用者介面工具，可以互動完成很多訊號處理的功能。

訊號處理工具箱約定以列向量表示單一通道訊號，在多重通道的情況下，每一列代表 1 個通道，每一行對應 1 個抽樣點。

MATLAB R2011A 中的訊號處理工具箱，主要進行針對訊框訊號的數位訊號處理系統設計、模組與分析工作。該工具箱能夠完成通訊系統、音率／視訊系統、數位控制器、雷達／聲納系統、消費性電子產品及醫療儀器等訊號處理系統的開發工作，主要的嶄新特色如下：

❶ 音頻與語音處理功能，包括 lpc TO/FROM rc、g.711 Codec、CIC 等。

❷ 延伸的數位濾波器（Digital filter），包括 4 類浮點濾波器和 15 類定點結構濾波器。

❸ 加強的固定點（Fixed point）支援（需要 Simulink Fixed Point）用於濾波器、訊號統計模組等功能。

❹ 新開發的定點母數設定對話框用於設定模型的定點特色，例如：字長、二進位小數位及整數溢出等。

❺ 新改進 Scope 模組，支援 Waterfall Scope。

3. 偏微分方程數值解工具箱

工程中有許多問題可以歸納為偏微分方程問題（PDE），例如彈性力學中的研究對象（結構、邊界值（Boundary Value）等）內部的應力應變問題等。這些由偏微分方程式及邊界條件、起始條件等所組成的數學模型，只有在十分特殊的條件下才能求得解析解（Analytic solution）。因此，在很長一段時間內，人們對於這一類問題是無能為力的。隨著電腦技術的發展，各種數值方法應運而生。在 MATLAB 中，偏微分數值解工具箱利用有限元素法（Finite element method）、有限差分法（Finite difference method）、離散元法、拉格朗日乘子法等求得這些問題的無限接近於精確解的數值解。

4. 樣條工具箱

樣條曲線在工程實務與科學應用中具有相當廣泛的應用，例如：實驗、統計資料如何用曲線表示，設計、分析、改善的結果如何用曲線表示等，幾乎各個領域都要用到樣條曲線來對資料進行處理。

MATLAB R2011A 樣條工具箱主要用於解決下列三個問題。

(1) 樣條曲線撮合問題

由實驗或觀測得到了一批資料點，要求用一個函數近似地證實資料點之間的函數關係，並畫出函數的樣條曲線。

(2) 樣條曲線插值問題

由實驗、觀測或計算得到了若干個離散點所組成的點序列（Point sequence），要求運用光滑的樣條曲線將這些離散點連接起來。樣條曲線插值與樣條曲線撮合不同，撮合並不要求樣條曲線通過全部的資料點。

(3) 樣條曲線逼近問題

在樣條曲線形狀設計中，給定了折線輪廓，要求運用樣條曲線來逼近這個折線輪廓。

上述各類問題都要求繪製出樣條曲線，它們都要求首先找出或建構出樣條曲線的方程，再根據曲線方程畫出樣條曲線。根據方程繪製樣條曲線一般是先計算出樣條曲線上一系列適當靠近的點，然後依次將這些點用直線連接起來，得到一條由折線表示的近似曲線。只要這些點靠得足夠近，看起來就是一條光滑的樣條曲線。上述所建構的樣條曲線方程的表示格式有顯式、隱式和母數表示等幾種。其中，最常用的母數格式。利用母數格式計算樣條曲線的切向量、法向量和曲率等都十分方便。

3.4　重點回顧

本章首先介紹了改善工具箱、曲線撮合工具箱，並對影像處理工具箱、訊號處理工具箱、偏微分方程數值解工具箱和樣條工具箱做了簡要的介紹。工具箱是 MATLAB 重要的一部分，其中包含大量科學計算和工程實務中常用的函數。讀者在瞭解各個領域基本理論和科學問題的基礎上，再整合 MATLAB 工具箱函數，就可以在工程實務中充分發揮事半功倍的效果。

第3章

習題 _____

1. 請重點概述改善工具箱的內容。

2. 曲線擬合工具箱共分為幾大類？請重點敘述其內容。

3. 在 3.2 節中，資料前置處理共分為幾大類？請重點敘述其內容。

4. 在 3.2 節中，曲線擬合共分為幾大類？請重點敘述其內容。

5. 請重點敘述 3.3 節中其他工具箱的內容。

MATLAB 數值計算（上）

在研究與解決工程實際問題的過程中，往往會進行多樣化的數值計算，這些計算常常難以用人工精確而快捷地加以進行，必須藉助於電腦編寫相應的程式來做近似計算。MATLAB 為解決此類問題提供了一個很好的計算平台，同時提供了相當豐富的數學函數，用以解決各種實際的數值計算問題，本章將詳細介紹其中的變數（Variable）與資料（Data），及矩陣（Matrix）與陣列（Arrag）的數值計算問題。

4.1 變數和資料

變數和資料是掌握任何一門程式設計語言（Programming langnago）都必須首先了解的內容。

4.1.1 資料類型

在 MATLAB R2011A 中，數據類型包括：數值型、邏輯型、字元串型、結構型、矩陣型、函數標示和稀疏矩陣型等，其中數值又分為雙精確度型、單精確度型和整數型，整數型又分為無符號型（uint8、uint16、uint32、uint64）和有符號型（int8、int16、int32、int64）兩種。

在 MATLAB 中，所有的資料不管屬於什麼類型，都是以陣列或矩陣的形式來儲存的。

4.1.2 資料

資料是 MATLAB 中計算的基本單元。在 MATLAB 中，幾乎所有的資料都是用陣列或矩陣的形式來加以儲存的，因此，MATLAB 又稱被為矩陣實驗室。從 MATLAB 5.x 版本開始，基於物件導向的考量，這些陣列成為 MATLAB 中的內建資料類型（Built-in Data Type），而陣列運算就是定義在這些資料結構上的方法。

1. 資料的表示方式

資料主要有下列兩種表示方式：

❶ 運用帶小數點的形式來直接表示。

❷ 運用科學計數法（Scientific counting method）來表示。

在 MATLAB R2011A 中，數值的表示範圍是 $10^{-309} \sim 10^{309}$。

下列都是合法的資料表示，-2、5.67、2.56e-56（表示 2.56×10^{-56}）、4.68e204（表示 4.68×10^{204}）。

2. 矩陣和陣列的概念

在 MATLAB 的運算中，經常要使用純量、向量、矩陣和陣列，這幾個名稱的定義如下：

❶ 純量：是指 1×1 的矩陣，即為只包含一個數的矩陣。

❷ 向量：是指 $1 \times n$ 或 $n \times 1$ 的矩陣，即只有一行或者一列的矩陣。

❸ 矩陣：是一個矩形的陣列，即二維陣列，其中向量和純量都是矩陣的特例，0×0 矩陣
為空白矩陣（[ ]）。

❹ 陣列：是指 n 維的陣列，為矩陣的延伸，其中矩陣和向量都是陣列的特例。

3. 複數

複數由實部和虛部所組成，MATLAB用特殊變數 "i" 和 "j" 表示虛數的單位。複數運算並
不需要特殊處理，即可以直接進行。

複數可以有下列幾種表示法：

```
z=a+b*i 或 z=a+b*j
z=a+bi 或 z=a+bj（當 b 為純量時）
z=r*exp(i*theta)
```

在數學上，一個複數的實部、虛部、模數值和相位角可以分別運用下式來求出：

❶ 複數 z 的實部（Real part）

$$a=r*\cos(\theta)$$ (3-1)

❷ 複數 z 的虛部（Imaginary part）

$$b=r*\sin(\theta)$$ (3-2)

❸ 複數 z 的模數值（Norm）

$$r=\sqrt{a^2+b^2}$$ (3-3)

❹ 複數 z 的主幅相位角

$$Theta=\arctan(b/a)$$ (3-4)

其中，相位角是以度為單位的。

在 MATLAB 中，可以利用表 4-1 中的函數形式，得出一個複數的實部、虛部、模數值和
主幅相位角。

表 4-1　試求複數的實部、虛部、模數值和主幅相位角

呼叫格式	說明
a=real(z)	計算實部
b=imag(z)	計算虛部
r=abs(z)	計算模數值
theta=angle(z)	計算主幅相位角

在指令行主視窗中輸入下列敘述,建立一個複數,並分別求它的實部、虛部、模數值和相位角。

```
>> a=3+4i          %建立一個複數
  a =
       3.0000 + 4.0000i

  >> real(a)        %實部
  ans =
       4

  >> abs(a)         %虛部
  ans =
       5

  >> angle(z)*180/pi     %以角度為單位計算相位角
  ans =
       54.1301
```

4.1.3　變數

在 MATLAB 的計算和程式設計過程中,變數和運算式都是最基礎的元素。

1. 變數的命名規則

在給變數命名時,應遵循下列規則:

❶ 變數名稱區分字母的大小寫。對於變數名稱 "NumVar" 和 "numvar",MATLAB 會認為是不同的變數。Exp 是 MATLAB 內建的指數函數名稱,因此,如果使用者輸入 exp(0),系統會得出結果 1,而如果使用者輸入 EXP(0),MATLAB 會顯示錯誤的提示資訊,表明 MATLAB 無法識別 EXP 的函數名稱。

❷ 變數名稱字元數限制。在 MATLAB R2011A 中,變數名稱不能超過 63 個字元,若超過,則第 63 個字元之後的字元被忽略。注意,對於 MATLAB 6.5 版以前的變數名稱不能超過 31 個字元。

❸ 變數名稱必須以字母開頭。變數名稱的組成可以是任意字母、數字或者下畫線,但不能含有空格和標點符號(,。%等)。例如,"6ABC"、"AB%C"都是不合法的變數名稱。

❹ 關鍵字(例如 if、while 等)不能作為變數名稱。

2. 預訂變數

MATLAB 有一些自己的預訂變數,如表 4-2 所示,當 MATLAB 啟動時,這些預訂變數就駐留在記憶體中。

MATLAB 沒有限制使用者使用上面這些預先定義變數，使用者可以在 MATLAB 的任何檔案中將這些預訂變數重新定義，賦予新值，然後代入程式，重新計算。

表 4-2　MATLAB 中的預先定義變數

預訂變數	含義
ans	運算結果的預設變數名稱
pi	圓周率 π
eps	電腦的最小數
flops	浮點運算數
inf	無窮大（∞），如 1/0
NaN 或 nan	無法計算的數，如 0/0、∞/∞、0×∞
i 或 j	虛數 $i=j=\sqrt{-1}$
nargin	函數的輸入變數數目
nargout	函數的輸出變數數目
realmin	最小的可用正實數
realmax	最大的可用正實數

在 MATLAB 中，系統將計算的結果自動賦給名稱為 "ans" 的變數。

```
>> 2*pi
ans =
    6.2832
```

4.2　矩陣和陣列

MATLAB 最基本也是最重要的功能就是進行實數（Real number）或複數矩陣（Complex matrix）的運算。

4.2.1　矩陣輸入

矩陣的輸入應該遵循下列幾個要點：

❶ 矩陣元素應用中括號（[ ]）括起來。

❷ 每行內的元素之間運用逗號或空格來加以隔開。

❸ 行與行之間運用分別或按返回鍵來加以隔開。

❹ 元素可以是數值或運算式。

1. 透過顯式元素列表輸入矩陣

```
>> C=[1 2; 3 4; 5 3*2]      % [ ]表示構成矩陣，分號分隔行，空格分隔元素
c =
     1     2
     3     4
     5     6
```

運用返回鍵（Return key）來代替分號分隔行：

```
>> c=[1   2
3 4
5 6]
c =
     1     2
     3     4
     5     6
```

2. 透過敘述來生成矩陣

(1) 使用 from:step:to 方式來生成（Generate）向量

```
from:to
from:step:to
```

其中，from、step 和 to 分別表示開始值、成長和結束值。當 step 省略時，則預設為 step=1；當 step 省略或 step>0 而 from>to 時，為空白矩陣（Empty matrix）；當 step<0 而 from<to 時，也為空白矩陣。

範例 **4-1**　　使用 "from:step:to" 方式生成下列矩陣。

```
>> x1=2:5
x1 =
     2       3       4       5
>> x2=2:0.5:4
x2=
     2.0000  2.5000  3.0000  3.5000  4.0000

>> x3=5:-1:2
x3=
     5       4       3       2

>> x4=2:-1:3              %空白矩陣
x4 =
  Empty matrix: 1-by-0

>> x5=2:-1:0.5
x5 =
```

```
     2        1
>> x6=[1:2:5;1:3:7]        %兩行向量構成矩陣
x6 =
     1        3        5
     1        4        7
```

(2) 使用 linspace 和 logspace 函數生成向量

Linspace 函數呼叫格式如表 4-3 所示。

表 4-3　linspace 函數呼叫格式

呼叫格式	説明
Linspace(a,b,n)	a、b、n 三個參數分別表示起始值、結束值和元素個數

linspacc 用於生成從 a 到 b 之間線性分配的 n 個元素的行向量，n 如果省略掉，則預設值為 100。

Logspace 用來生成對數等分向量，它和 linspace 一樣直接給出元素的個數而得出各個元素的值。實際的呼叫格式如表 4-4 所示：

表 4-4　logspace 函數呼叫格式

呼叫格式	説明
logspace(a,b,n)	a、b、n 三個參數分別表示起始值、結束值和元素個數，n 如果省略，則預設值為 50

該函數用於生成從 10^a 到 10^b 之間按照對數等分的 n 個元素的行向量。

範例 **4-2**　用 linspace 和 logspace 函數生成行向量。

```
>> x1=linspace(0,2*pi,5)        %從 0 到 2*pi 等分成 5 個點
x1=
     0       1.5708   4.1416   4.7124   6.2832

>> x2=logspace (0,2,3)         %從 1 到 100 對數等分成 3 個點
x2=
     1        10       100
```

3. 由矩陣生成函數來產生特殊矩陣

MATLAB 提供了很多能夠產生特殊矩陣的函數，各函數的功能如表 4-5 所示。

表 4-5　矩陣生成函數

函數名稱	功能
zeros(m,n)	產生 m×n 的全部為 0 的矩陣
ones(m,n)	產生 m×n 的全部為 1 的矩陣
rand(m,n)	產生平均分配的隨機矩陣，元素取值範圍為 0.0~1.0
randn(m,n)	產生常態分配的隨機矩陣
magic(N)	產生 N 階（N×N）魔術方陣（方陣的行、列與對角線上元素的和相等）
eye(m,m)	產生 m×m 的單位方陣（矩陣的對角線值皆為 1，非對角線值皆為 0）

範例 4-3　使用矩陣生成函數來建立矩陣。

題目一：鍵入二行三列(2×3)矩陣之所有值皆為 0

```
>> zeros(2,3)
```

答案一：ans =

```
0          0          0
0          0          0
```

題目二：鍵入二行三列(2×3)矩陣之所有值皆為 1

```
>> ones(2,3)
```

答案二：ans =

```
1          1          1
1          1          1
```

題目三：鍵入二行三列(2×3)隨機矩陣之所有值皆為隨機數

```
>> rand (2,3)
```

答案三：ans =

```
0.8147    0.1270    0.6324
0.9058    0.9134    0.0975
```

題目四：鍵入二行三列(2×3)常態分配矩陣之所有值皆為常態分配的隨機數

```
>> randn(2,3)
```

答案四：ans =

```
-0.4336   3.5784    -1.3499
 0.3426   2.7694     3.0349
```

題目五：鍵入三行三列(3×3)魔術方陣之所有值皆為魔術方陣值（矩陣的行、列和對角線上元素的和相等）

```
>> magic (3)
```

答案五：ans =

```
8          1          6
3          5          7
4          9          2
```

題目六：鍵入三行三列(3×3) 單位方陣之所有值皆為單位方陣值

```
>> eye (3)
```

答案六：ans =

```
     1           0           0
     0           1           0
     0           0           1
```

4. 透過 MAT 資料檔載入矩陣

在 MATLAB 中，可以透過 "load"指令或者點選選單 "File→Import Data"指令載入 MAT 資料檔案來建立矩陣。

5. 在 M 檔案中建立矩陣

M 檔案執行上是一種包含 MATLAB 編碼的文本檔案，可以將 MATLAB 指令行視窗中的矩陣建立程式寫入到 M 檔案，得到相同的執行效果。

4.2.2　矩陣元素和操作

矩陣和多維陣列都是由多個元素組成的，每一個元素透過下標來加以標示。

1. 矩陣的下標

(1) 全下標方式

矩陣中的元素可以用全下標方式標示，即由下標和下標表示，一個 m×n 的 a 矩陣中，第 i 行第 j 列的元素表示為第 a(i,j)。

> **TIP**
>
> ❶ 如果在提領矩陣元素值時，矩陣元素的下標行或列(i,j)大於矩陣的大小(m,n)，則 MATLAB 會提示出錯。
>
> ❷ 在給矩陣元素賦值時，如果行或列(i,j)超出矩陣的大小(m,n)，則 MATLAB 自動擴充矩陣，擴充部分以 0 來加以填充。

```
>> a=[1 2;3 4;5 6]
a =
     1           2
     3           4
     5           6

>> a(3,3)          %萃取 a(3,3)的值
```

```
??? Index exceeds matrix dimensions.

>> a(3,3)=9            %給 a(3,3) 賦值
a =
     1     2     0
     3     4     0
     5     6     9
```

(2) 單一下標方式

先把矩陣的所有列按照先左後右的次序連接成 "一維長列"，然後對元素位置進行編號。

以 m×n 的矩陣 a 為例，若元素 a(i,j)，則所對應的 "選單下標" 為 s=(i-1)×m+j。

```
>> a=[1 2;3 4; 5 6]
a =
     1     2
     3     4
     5     6

>> a(2)          %萃取第 2 個元素
ans =
     3

>> a(4)          %萃取第 4 個元素
ans =
     2
```

2. 子矩陣區塊的產生

子矩陣是從對應矩陣中取出一部分元素構成的，用全下標和單下標方式取子矩陣。

(1) 運用全下標方式

取行數為 1、3，列數為 2、3 的元素構成子矩陣。

```
>> a([1 3],[2 3])
ans =
     2     0
     6     9
```

取行數為 1~3、列數為 2~3 的元素構成子矩陣，"1:3"表示 1、2、3 行下標。

```
>> a(1:3,2:3)
ans =
     2     0
     4     0
     6     9
```

取所有行數為 1~3、列數為 3 的元素構成子矩陣，":"表示所有的行或列。

```
>> a(:,3)
ans =
     0
     0
     9
```

取行數為 1~3、列數為 3 的元素構成子矩陣，用 "end" 表示某一維數中的最大值，即 3。

```
>> a(1:3,end)
ans =
     0
     0
     9
```

(2) 運用選單下標方式

取選單下標為 1、3、2、6 的元素構成子矩陣。

```
>> a([1 3;2 6])
ans =
     1       5
     3       6
```

(3) 邏輯矩陣

邏輯矩陣（Logical matrix）是大小和對應矩陣相同，而元素值為 0 或者 1 的矩陣。子矩陣也可以利用邏輯矩陣來加以標示。

可以用 a(L1, L2) 來表示子矩陣，其中 L1、L2 為邏輯向量，當 L1、L2 的元素為 0 時，則不取該位置元素，反之則取該位置的元素。

範例 4-4 利用邏輯矩陣來萃取矩陣。

```
>> 11=logical([1 0 1])      %給出邏輯向量 11
11 =
     1       0       1

>> 12=logical([1 1 0]       %給出邏輯向量 12
12 =
     1       1       0

>> a(11,12)                 %取出 1、3 行且 1、2 列的元素
ans =
     1       2
     5       6
```

邏輯矩陣也可以由矩陣進行邏輯運算得出。

```
>> b=a>1                    %得出邏輯向量 b
b =
     0      1      0
     1      1      0
     1      1      1

>> a(b)                     %按一下下標順序排成長列
ans =
     3
     5
     2
     4
     6
     9
```

3. 矩陣的賦值

(1) 全下標方式

其實際形式為：a(i,j)=b，給 a 矩陣的部分元素賦值，b 矩陣的列數必須等於 a 矩陣的行列數。

```
>> clear a
>> a(1:2,1:3)=[1 1 1;1 1 1]      %給第 1、2 行元素賦值為全部為 1
a =
     1      1      1
     1      1      1
```

(2) 點下標方式

實際形式為：a(s)=b，b 為向量，元素個數必須等於 a 矩陣的元素個數。

```
>> a(5:6)=[2 3]               %給第 5、6 元素賦值
a =
     1      1      2
     1      1      3
```

(3) 全元素方式

其實際格式為：a(:)=b，給 a 矩陣的所有元素賦值，則 b 矩陣的元素總數必須等於 a 矩陣的元素總數，但行列數不一定相等。

```
>> a=[1 2;3 4;5 6]
a =
     1      2
     3      4
```

```
        5        6

>> b=[1 2 3;4 5 6]
b =
        1        2        3
        4        5        6
>> a(:)=b                        %按照點下標方式給 a 賦值
a =
        1        5
        4        3
        2        6
```

4. 矩陣元素的刪除

刪除操作就是簡單地將其賦值為空白矩陣（用[ ]表示）。

```
>> a=[1 2 0;3 4 0;5 6 9]
a =
        1        2        0
        3        4        0
        5        6        9

>> a(:,3)=[ ]                    %刪除一列元素
a =
        1        2
        3        4
        5        6

>> a(1)= [ ]                     %刪除一個元素，則矩陣變為行向量
a =
        3        5        2        4        6

>> a=[ ]                         %刪除所有的元素為空白矩陣
a =
     [ ]
```

5. 生成大矩陣

在 MATLAB 中，可以透過中括號 "[ ]" 執行將小矩陣連接起來生成一個較大的矩陣。

```
>> a=[1 2 0;3 4 0;5 6 9]
a =
        1        2        0
        3        4        0
        5        6        9

>> [a;a]                         %連接成 6×3 的矩陣

ans =
        1        2        0
```

```
     3        4        0
     5        6        9
     1        2        0
     3        4        0
     5        6        9

>> a=[1 2 0;3 4 0;5 6 9]
a =
     1        2        0
     3        4        0
     5        6        9

>> [a a]                          %連接成 3×6 的矩陣
ans =
     1        2        0     1        2        0
     3        4        0     3        4        0
     5        6        9     5        6        9

>> a=[1 2 0;3 4 0;5 6 9]
a =
     1        2        0
     3        4        0
     5        6        9
>> [a(1:2,1:2) 10*a(1:2,2:3)]     %計算並加以連接
ans =
     1        2       20        0
     3        4       40        0
```

6. 矩陣的轉置

MATLAB 提供了內建函數用於矩陣的轉置，如表 4-6 所示：

表 4-6　矩陣轉置函數

函數名稱	功能
triu(X)	產生 X 矩陣的上三角矩陣，其餘元素補 0
tril(X)	產生 X 矩陣的下三角矩陣，其餘元素補 0
flipud(X)	使矩陣 X 沿水平軸上下轉置（Transpose）
fliplr(X)	使矩陣 X 沿垂直軸左右轉置
flipdim(X,dim)	使矩陣 X 沿特定軸轉置。dim=1，按照行維度轉置；dim=2，按照列維度轉置
rot90(X)	使矩陣 X 逆時針旋轉 90°

範例 **4-5** 矩陣轉置函數應用範例。

```
>> a=magic(3)              %生成三階魔術方陣
a =
     8     1     6
     3     5     7
     4     9     2

>> triu(a)                 %生成上三角矩陣
ans =
     8     1     6
     0     5     7
     0     0     2

>> tril(a)                 %生成下三角矩陣
ans =
     8     0     0
     3     5     0
     4     9     2

>> flipud(a)               %上下轉置
ans =
     4     9     2
     3     5     7
     8     1     6

>> fliplr(a)               %左右轉置
ans =
     6     1     8
     7     5     3
     2     9     4

>> flipdim(a,1)            %按行轉置
ans =
     4     9     2
     3     5     7
     8     1     6

>> rot90(a)                %轉置 90°
ans =
     6     7     2
     1     5     9
     8     3     4
```

4.2.3 字元串

在 MATLAB 中，字元串（String）為字元陣列而引入的。一個字元串由多個字元組成，用單引號（''）來加以界定。字元串按照行向量來加以儲存，每一字元（包括空白格）是以其 ASCII 碼的格式來儲存的。

```
>> clear
>> str1= 'Hello'
str1 =
Hello

>> str2= "I like "MATLAB"'          %重複單引號來輸入含有單引號的字元串
str2 =
I like 'MATLAB'
>> str3 = '你好'
str3 =
你好!
```

1. 字元串所占用的位元組

查詢字元所占用的位元組，可以使用函數 whos 來執行。

```
>> whos
     Name      Size      Bytes Class      Attributes
     str1      1×5       10 char
     str2      1×15      30 char
     str3      1×3       6 char
```

2. 字元串函數

MATLAB 提供了一些字元串函數，利用這些函數，使用可以方便、快速地執行字元串操作，實際如表 4-7 所示。

表 4-7　字元串函數

函數名稱	功能
length(str)	用來計算字元串的長度（即組成字元的個數）
double(str)	用來查看字元串的 ASCII 碼儲存內容，包括空白格（ASCII 碼為 32）
char(str)	用來將 ASCII 碼轉換成字元串形成
class(str)或 ischar(str)	用來判斷某一個變數是否為字元串。Class 函數返回 char，則表示為字元串，而 ischar 函數返回 1，表示為字元串
stremp(str1,str2)	比較字元串 str1 和 str2 的內容是否相同。返回值如果為 1，則相同，為 0，則不同
findstr(sir,str1)	尋找在某個長度字元串 str 中的子字元串 str1，返回其起始位置
deblank(str)	刪除字元串尾部的空白部分

由於 MATLAB 將字元串以其相對應的 ASCII 碼儲存成一個行向量，因此，如果字元串直接進行數值運算，則其結果就變成一般數值向量的運算，而不再是字元串的運算。

```
>> length(str1)          %字元串長處
ans =
    5
```

```
>> x1=double (str1)     %查看字元串的ASCII 碼
x1 =
     72      101      108      108      111

>> x2=str1+1            %字元串的數值運算
x2 =
     73      102      109      109      112

>> char(x1)            %將ASCII 碼轉換成字元串所形成
ans =
Hello

>> char(x2)
ans =
Ifmmp

>> class(str1)              %判斷變數類型
ans =
char

>> class (x1)
ans =
double

>> ischar(str1)
ans =
    1
```

3. 使用一個變數來儲存多個字元串

(1) 多個字元串組成一個新的行向量

   將多個字元串變數直接用 "," 連接，構成一個行向量，就可以得到一個新字元串變數。

```
>> clear
>> str1='Hello';
>> str2='I like "MATLAB"';
>> str3='你好!';
>> str4=[strg1, '! ',str2]             %多個字元串並排成一個行向量
str4=
Hello! I like 'MATLAB'
```

(2) 使用 2D 字元陣列

   將每個字元串放在一行，多個字元串可以構成一個 2D 字元陣列，但必須先在短字元串結尾補上空白格元，以確保每一個字元串（即每一行）的長度一樣。否則 MATLAB 會提示出錯。

```
>> str5=[str1;str3]
??? Error using = = > vertcat
CAT arguments dimensions are not consistent.
number of columns.

>> str5=[str1;str3, ' ']                          %將 str3 添加兩個空白格
str5=
Hello
你好!
```

(3) 使用 str2mat、strvcat 和 char 函數

　　使用專門的 str2mat、strvcat 和 char 函數可以建構出字元串矩陣,而不必考量每行的字元數是否相等,總是按照最長的設定,不足的末尾運用空白格來加入補齊。

```
>> str6=str2mat(str1,str2,str3)
str6=
Hello
I like 'MATLAB'
你好!

>> str7=char(str1,str2,str3)
str7 =
Hello
I like 'MATLAB'
你好!

>> str8=strvcat(str1,str2)
str8 =
Hello
I like 'MATLAB'

>> whos
   Name     Size      Bytes Class     Attributes
   str1     1×5        10 char
   str2     1×15       30 char
   str3     1×3         6 char
   str4     1×22       44 char
   str5     2×5        20 char
   str6     3×15       90 char
   str7     3×15       90 char
   str8     3×15       90 char
```

4. 執行字元串

　　如果需要直接 "執行" 某一字元串,可以使用 eval 指令,效果如同直接在 MATLAB 指令視窗內輸入此指令。

```
>> str9='a=2*5'
str9 =
a=2*5

>> eval(str9)          %執行字元串
a =
    10
```

5. 顯示字元串

字元串可以直接使用 disp 指令顯示出來，即使後面加分號 ";"，它也能顯示。

```
>>disp('請輸入 2*2 的矩陣 a')
請輸入 2*2 的矩陣 a

>> disp(str1)
Hello
```

4.2.4 矩陣和陣列運算

矩陣運算有明確而嚴格的數學規則，短陣運算則是按照線性代數運算法則來定義的，而陣列是按陣列的元素逐一進行的。

1. 矩陣運算的函數

MATLAB 提供了矩陣運算的內建函數，如表 4-8 所示。

表 4-8 常用矩陣運算函數

函數名稱	功能
det(X)	計算方陣行列式
rank(X)	求矩陣的秩，得出行列不為零的最大方陣邊長
inv(X)	求矩陣的逆矩陣，當方陣 X 的 det(X)不等於零，逆矩陣才存在。X 與 X 之逆矩陣相乘為單位矩陣
[v,d]=eig(X)	計算矩陣特徵值和特徵向量。如果方程 Xv=vd 存在非零解，則 v 為特徵向量，d 為特徵值
diag(X)	產生 X 矩陣的對角陣
[l,u]=lu(X)	方陣分解為一個下三角方陣和一個上三角方陣的乘積。L 為下三角方陣，必須交換兩行才能成為真的下三角方陣
[q,r]=qr(X)	m×n 階矩陣 X 分解為一個正交方陣 q 和一個與 X 同階的上三角矩陣 r 的乘積。方陣 q 的邊長為矩陣 X 的 n 和 m 中較小者，且其行列的值為 1
[u,s,v]=svd(X)	m×n 階矩陣 X 分解為三個矩陣的乘積，其中 u,v 為 n×n 階正交方陣，s 為 m×n 階的對角陣，對角線上的元素就是矩陣 X 的奇異值，其長度為 n 和 m 中的較小者

在表 4-8 中，de(a)=0 或 det(a)雖不等於零，但數值很小，接近於零，則計算 inv(a)時，其解的精確度比較低，用條件數（求條件數的函數為 cond）來表示，條件數越大，解的精確度越低，MATLAB 會提出警告：“條件數太大，結果可能不準確”。

```
>> a = magic(3)        %建立三階魔術方陣（3×3 magic square）
a =
    8       1       6
    3       5       7
    4       9       2

>> det(a)              %行列式（Determinant）
ans =
    -360

>> rank(a)             %矩陣的秩（rank）
ans =
    3

>> inv(a)              %求反矩陣
ans =
     0.1472 -0.1444  0.0639
    -0.0611  0.0222  0.1056
    -0.0194  0.1889 -0.1028

>> [v,d]=eig(a)        %求矩陣的特徵向量（Eigenvector）和特徵值（Eigenvalue）
v =
    -0.5774 -0.8131 -0.3416
    -0.5774  0.4714 -0.4714
    -0.5774  0.3416  0.8131
d =
    15.0000      0       0
        0    4.8990      0
        0        0    4.8990

>> diag(a)             %求矩陣的對角線矩陣（Diagonal matrix）
ans =
    8
    5
        2

>> [l,u]=lu(a)         %矩陣分解
l =
    1.0000      0       0
    0.3750  0.5441  1.0000
    0.5000  1.0000      0
u =
    8.0000  1.0000  6.0000
        0  8.5000 -1.0000
        0       0  5.2941
```

```
>> [q,r]=qr(a)          %矩陣分解
q=
      0.8480   -0.5223  -0.0901
      0.3180    0.3655   0.8748
      0.4240    0.7705  -0.4760
r =
      9.4340    6.2540   8.1620
           0    8.2394   0.9655
           0         0   4.6314

>> [u,s,v]=svd(a)       %矩陣分解
u =
     -0.5774    0.7071   0.4082
     -0.5774    0.0000  -0.8165
     -0.5774   -0.7071   0.4082
s =
     15.0000         0        0
           0    6.9282        0
           0         0   3.4641

v =
     -0.5774    0.4082   0.7071
     -0.5774   -0.8165  -0.0000
     -0.5774    0.4082  -0.7071
```

2. 矩陣和陣列的算術運算

(1) 矩陣和陣列的加(+)、減(-)運算

　　矩陣和陣列的加減運算應該注意下列兩個要點：

❶ A 和 B 矩陣必須大小相同，才可以進行加減運算。

❷ 如果 A、B 中有一個是純量（Scalar），則該純量與矩陣的每一個元素進行運算。

(2) 矩陣和陣列的乘法（.*或*）運算

　　矩陣和陣列的乘法運算應該注意下列兩個要點：

❶ 如果使用 "*" 運算元，矩陣 A 的列數必須等於矩陣 B 的行數，除非其中有一個是純量。

❷ 如果使用 ".*" 運算元，表示陣列 A 和 B 中的對應元素相乘，A 和 B 陣列必須大小相同，除非其中有一個是純量。

```
>> x1=[1 2; 3 4; 5 6]
>> x2=eye(3,2)
x2 =
      1        0
```

```
         0         1
         0         0

>> x1+x2              %矩陣相加
ans =
         2         2
         3         5
         5         6

>> x1.*x2             %陣列相乘
ans =
         1         0
         0         4
         0         0

>> x1*x2              %矩陣相乘 x1 列數不等於 x2 行數
??? Error using = => mtimes
Inner matrix dimensions must agree.

>> x3=eye (2,3)
x3 =
         1         0         0
         0         1         0

>> x1*x3              %矩陣相乘
ans =
         1         2         0
         3         4         0
         5         6         0
```

(3) 矩陣和陣列的除法

矩陣和陣列的除法運算應該注意下列幾個要點：

❶ 運算元為 "\"和 "/"分別表示左除和右除。例如，A\B=A^{-1}*B，A/B=A*B^{-1}，其中，A^{-1}和 B^{-1}是矩陣的逆，也可用 inv(A)或 inv(B)求反矩陣。

❷ 運算元為 "\"和 "/"分別表示陣列相應元素的左除和右除。其中，A 和 B 陣列必須大小相同，除非其中有一個是純量。

❸ 在線性方程組 A*X=B 中，m×n 階矩陣 A 的行數 m 表示方程數，列數 n 表示未知數的個數。

❹ n×m，A 為方陣（Square matrix），A\B=inv(A)*B。

❺ m>n，是最小二乘解（Least square solution），X=inv(A'*A)*(A'*B)。

❻ m<n，則是令 X 中的 m-n 個元素為零的一個特殊解（Particular solution）。X=inv(A'*A)*(A'*B)。

範例 **4-6**　已知方程組

$$\begin{cases} 2x_1 - x_2 + 3x_3 = 5 \\ 3x_1 + x_2 - 5x_3 = 5 \\ 4x_1 - x_2 + x_3 = 9 \end{cases}$$，用矩陣除法來解線性方程組。

首先，將該方程變換成 AX=B 的格式。其中，$A = \begin{bmatrix} 2 & -1 & 3 \\ 3 & 1 & -5 \\ 4 & -1 & 1 \end{bmatrix}$，$B = \begin{bmatrix} 5 \\ 5 \\ 9 \end{bmatrix}$。

```
>> a=[2 -1 3; 3 1 -5; 4 -1 1]
A =
     2        -1         3
     3         1        -5
     4        -1         1

>> b=[5; 5; 9]
B =
     5
     5
     9

>> X=A\B
X =
     2
    -1
     0
```

(4) 矩陣和陣列的乘方

矩陣和陣列的乘方應該注意下列兩個要點。

❶ 矩陣乘方的運算式為 "A^B"，其中 A 可以是矩陣或純量。

當 A 為矩陣，且必須為方陣：B 為正整數時，表示 A 矩陣自乘 B 次；B 為負整數時，表示先將矩陣 A 求反矩陣，再自乘 $|B|$ 次，僅對非奇異矩陣（Nonsingular matrix）成立；B 為矩陣時不能運算，會出錯；B 為非整數時，將 A 分解成 A=W*D/W，D 為對角線方陣，則有 A^B=W*D^B/W。

為 A 為純量：B 為矩陣時，將 A 分解成 A=W*D/W，D 為對角線方陣，則有 A^B=W*diag(D.^B)/W。

❷ 陣列乘方的運算式 "A.^B"。

當 A 為矩陣、B 為純量時，則將 A(i,j)自乘 B 次；當 A 為矩陣、B 為矩陣時，A 和 B 陣列必須大小相同，則將 A(i,j)自乘 B(i,j)次；當 A 為純量，B 為矩陣時，將 A^B(i,j)構成新矩陣的第 i 行第 j 列元素。

範例 4-7 矩陣和陣列的除法和乘方運算。

```
>> x1=[1 2; 3 4];
>> x2=eye(2)
x2 =
    1       0
    0       1

>> x1/x2              %矩陣右除
ans =
    1       2
    3       4

>> inv(x1)            %求反矩陣
ans =
   -2.0000  1.0000
    1.5000 -0.5000

>> x1/x2              %矩陣左除
ans =
   -2.0000  1.0000
    1.5000 -0.5000

>> x1./x2             %陣列右除
ans =
    1       Inf
  Inf       4

>> x1.\x2             %陣列左除
ans =
    1.0000      0
        0   0.2500

>> x1^2               %矩陣乘方
ans =
    7       10
   15       22

>> x1^1-1             %矩陣乘方, 指數為-1 與 inv 相同
ans =
   -2.0000  1.0000
    1.5000 -0.5000
```

```
>> x1^0.2              %矩陣乘方,, 指數為小數
ans =
    10.4827 14.1519
    21.2278 31.7106

>> 2.^x1               %陣列乘方
ans =
     2          4
     8         16

>> x1.^x2              %陣列乘方
ans =
     1          1
     1          4
```

3. 矩陣和陣列的轉置

(1) 矩陣的轉置運算

　　"A'"表示矩陣 A 的轉置，如果矩陣 A 為複數矩陣，則為共軛轉置。

(2) 陣列的轉置運算

　　"A.'"表示陣列 A 的轉置，如果陣列 A 的複數陣列，則不是共軛轉置（Congugate transpose）。

範例 4-8　矩陣和陣列轉置運算。

```
>> x1=[1 2; 3 4];
>> x2=eye(2);
>> x3=x1+x2*i
x3 =
    1.0000 + 1.0000i  2.0000
    3.0000            4.0000+1.0000i

>> x3'                %矩陣轉置
ans =
    1.0000 - 1.0000i    3.0000
    2.0000            4.0000 - 1.0000i

>> x3.'               %陣列轉置為共軛轉置
ans =
    1.0000 + 1.0000i    3.0000
    2.0000            4.0000 + 1.0000i
```

4. 矩陣和陣列的數學函數

MATLAB 中數學函數是對陣列的每一個元素加以運算。陣列的基本函數如表 4-9 所示。

表 4-9　MATLAB 基本數學函數

函數名稱	含義	函數名稱	含義
abs	絕對值或者複數模數	rat	有理數近似
sqrt	平方根	mod	刪除餘數
real	實部	round	四捨五入到整數
imag	虛部	fix	向最接近 0 取整數
conj	複數共軛	floor	向最接近-∞取整數
sin	正弦	ceil	向最接近-∞取整數
cos	餘弦	sign	符號函數
tan	正切	rem	求餘數
asin	反正弦	exp	自然指數
acos	反餘弦	log	自然對數
atan	反正切	log10	以 10 為基底的對數
atan2	第四象限反正切	pow2	2 的冪
sinh	雙曲正弦	bessel	貝色函數
cosh	雙曲餘弦	gamma	伽瑪函數
tanh	雙曲正切		

範例 **4-9**　使用陣列的算術運算函數。

```
>> t=linspace(0,2*pi, 6)
t =
     0       1.2566  2.5133  3.7699  5.0265  6.2832

>> y=sin(t)          %計算正弦
y =
     0       0.9511  0.5878  -0.5878 -0.9511 -0.0000

>> y1=abs(y)          %計算絕對值，將正弦曲線變成全波整流
y1 =
     0       0.9511  0.5878  0.5878  0.9511  0.0000
>> 1-exp(-t).* y     %計算指數衰減的正弦曲線
ans =
    1.0000  0.7293  0.9524  1.0136  1.0062  1.0000
```

表 4-10 為矩陣和陣列運算的對比表，它可以協助讀者更好地區分這兩者運算的區別，其中 S 表示純量，A、B 表示矩陣。

表 4-10　MATLAB 矩陣和陣列運算對比表

陣列運算		矩陣運算	
操作	含義	操作	含義
A+B	對應元素相加	A+B	與陣列運算相同
A-B	對應元素相減	A-B	與陣列運算相同
S.*B	純量 S 分別與 B 元素的乘積	S*B	與陣列運算相同
A.*B	陣列對應元素相乘	A*B	內維相同矩陣的乘積
S./B	S 分別被 B 的元素左除	S\B	B 矩陣分別左除 S
A./B	A 的元素被 B 的對應元素除	A/B	矩陣 A 右除 B，即 A 的　逆陣與 B 相乘
B.\A	結果一定與上行相同	B\A	A 左除 B（一般與上行不同）
A.^S	A 的每一個元素自乘 S 次	A^S	A 矩陣為方陣時，自乘 S 次
A.^S	S 為小數時，對 A 各元素分別求非整數乘冪，得出矩陣	A^S	S 為小數時，方陣 A 的非整數乘方
S.^B	分別以 B 的元素為指數求乘冪值	S^B	B 為方陣時，純量 S 的矩陣乘方
A.'	非共軛轉置，相當於 conj(A')	A'	共軛轉置
exp(A)	以自然數 e 為底，分別以 A 的元素為指數求冪	expm(A)	A 的矩陣指數函數
log(A)	對 A 的各元素求對數	logm(A)	A 的矩陣對數函數
sqrt(A)	對 A 的各元素求平方根	sqrtm(A)	A 的矩陣平方根函數
f(A)	求 A 各個元素的函數值	Funm(A,' FUN')	矩陣的函數運算

TIP

Funm(A,'FUN')要求 A 必須是方陣，"FUN"為矩陣運算的函數名稱。

5. 關係運算和邏輯運算

(1) 關係運算

關係操作元主要有下列幾種，如表 4-11 所示。

表 4-11　關係運算元

符號	含義	符號	含義
<	小於	<=	小於或等於
>	大於	>=	大於或等於
=	等於	~=	不等於

關係運算應遵循下列規則：

❶ 如果兩個變數都是純量，則結果為真(1)或假(0)。

❷ 如果兩個變數都是陣列，則必須大小相同，結果也是同樣大小的陣列，陣列的元素為 0 或 1。

❸ 如果一個是陣列，一個是純量，則把陣列的每一個元素分別與純量加以比較，結果為與陣列大小相同的陣列，陣列的元素為 0 或 1。

❹ <、<=和>、>=，僅對參加比較變數的實部進行比較；==和~=則同時對實部和虛部加以比較。

(2) 邏輯運算

邏輯操作元主要有下列幾種，如表 4-12 所示。

表 4-12　邏輯運算元

符號	含義	符號	含義
&	與	|	或
~	非	xor	異或 1
&&	先決與	‖	先決或

&&邏輯運算元是當該運算元的左邊為 1(真)時，才繼續執行該符號右邊的運算。

‖ 邏輯運算元是該當運算元的左邊為 1(真)時，就不需要繼續執行該符號右邊的運算，而立即得出該邏輯運算結果為 1(真)：否則，就要繼續執行該符號右邊的運算。

邏輯運算應該遵循下列的規則：

❶ 在邏輯運算中，非 0 元素表示真(1)，0 元素表示假(0)，邏輯運算的結果為 0 或 1。

❷ 如果兩個變數都是純量，則結果為 0、1 的純量。

❸ 如果兩個變數都是陣列，則必須大小相同，結果也是同樣大小的陣列。

❹ 如果一個是陣列，一個是純量，則把陣列的每一個元素分別與純量進行比較，結果為陣列大小相同的陣列。

邏輯運算法則如表 4-13 所示。

表 4-13　邏輯運算法則

變數	變數	與	或	非	異或
a	b	a & b	a | b	~a	xor(a,b)
0	0	0	0	1	0
0	1	0	1	1	1
1	0	0	1	0	1
1	1	1	1	0	0

```
>> a=0;b=5; c=10;
>> (a~=0) && (b<c>
ans =
     0

>> (a~=0) | | (b<c)
ans =
     1
```

範例 **4-10**　陣列的關係和邏輯運算。

```
>> t=linspace(0,3*pi,10);
>> t=sin(t)            %計算正弦曲線
y =
     0  0.8660  0.8660  0.0000  -0.8660  -0.8660  -0.0000  0.8660  0.8660 0.0000

>> t1=(t<pi) | (t>2.pi)
t1 =
     1      1      1      0      0      0      0      1      1      1

>> y1=t1.*y        %得出 0~π 和 2π~3π 的半波整流
y =
     0  0.8660  0.8660  0  0  0  0  0.8660  0.8660  0.0000
>> figure, plot(t, y)
>> figure, plot (t,y1)
```

得到的結果如圖 4-1 所示，其中(a)為曲線 y，(b)為曲線 y1。

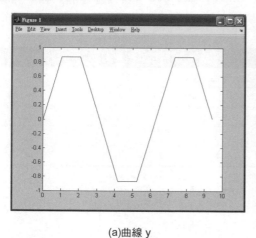
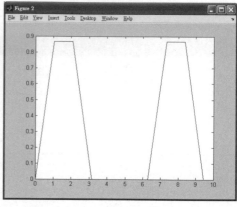

(a)曲線 y   (b)曲線 y1

圖 4-1　範例 4-10 的執行結果

(3) 函數運算

在 MATLAB 中，能得出真(1)和假(2)的函數還有關係邏輯函數，如表 4-14 所示。

表 4-14　關係邏輯函數

函數名稱	功能
all(A)	判斷 A 的列向量元素是否全非 0，全非 0 則為 1
any(A)	判斷 A 的列向量元素中是否有非 0 元素，有則為 1
isequal(A,B)	判斷 A、B 對應元素是否全相等，相等為 1
isempty(A)	判斷 A 是否為空白矩陣，為空白則為 1，否則為 0
isfinite(a)	判斷 A 的各元素值是否有限，是則為 1
isinf(A)	判斷 A 的各元素值是無窮大，是則為 1
isnan(A)	判斷 A 的各元素值是否為 NAN，是則為 1
isnumeric(A)	判斷陣列 A 的元素是否全力為數值型陣列（Array）
isreal(A)	判斷陣列 A 的元素是否全為實數，是則為 1
isprime(A)	判斷 A 的各個元素值是否為質數，是則為 1
isspace(A)	判斷 A 的各個元素值是否為空白格，是則為 1
find(A)	尋找 A 陣列非 0 元素的下標和值

6. 運算元優先級

在 MATLAB 中，各種運算元的優先級由上而下，如表 4-15 所示：

表 4-15　運算元優先級

級別	運算元
最高級	'(矩陣轉置)、^(矩陣冪次)、.'(陣列轉置)、^(陣列冪)
第 2 級	~(邏輯非)
第 3 級	* (乘)、/(左除)、\(右除)、.* (點乘)、./(點左除)、.\(點右除)
第 4 級	+ (加)、- (減)
第 5 級	:(冒號)
第 6 級	<(小於)、<=(小於或等於)、>(大於)、>=(大於或等於)、~=(不等於)
第 7 級	& (邏輯與)
第 8 級	｜(邏輯或)
第 9 級	&& (先決與)
最低級	‖(先決或)

4.2.5　多維陣列

1. 多維陣列的建立

(1) 透過"全下標"元素賦值方式來加以建立

```
>> a (:,:,2)=[1 2; 3 4]
a (:,:,1) =
     0        0
     0        0
a (:,:,2) =
     1        2
     3        4
>> b=[1 1; 2 2]          %先建立 2D 陣列
b =
     1        1
     2        2

>> b(:,:,2) =5
     1        1
     2        2
b (:,:,2) =
     5        5
     5        5
```

(2) 由函數 ones、zeros、rand 和 randn 直接建立

範例 **4-11**　運用函數 rand 來直接建立 3D 隨機陣列（Random array）。

```
>> rand(2,4,3)
ans (:,:,1) =
    0.8147  0.1270  0.6324  0.2785
```

```
     0.9058  0.9134  0.0975  0.5469
ans (:,:,2) =
     0.9575  0.1576  0.9575  0.8003
     0.9649  0.9706  0.4854  0.1419
ans(:,:,3) =
     0.4218  0.7922  0.6557  0.8491
     0.9157  0.9595  0.0357  0.9340
```

(3) 利用函數生成陣列

❶ 將一系列陣列沿著特定的維連接成一個多維陣列。其語法如下：

```
cat (n,p1,p2,…)
```

第一個參數 n 是指沿著第幾維連接陣列 p1、p2 等。

❷ 按照指定行列數放置模組生成多維陣列。其語法如下：

```
repmat(p)
repmat(p, 行 列 頁….)
```

第一個變數是待重組的陣列 p，後面的變數是重新生成陣列的行數、列數、頁數。

範例 **4-12**　用函數生成多維陣列。

```
>> a=[1 2; 3 4]
>> b=[1 1; 2 2];
>> c=cat[2,a,b]              %沿著第二維連接生成陣列 c
a=
     1       2       1       1
     3       4       2       2

>> cat(3,a,b)               %沿著第三維連接
ans (:,:,1) =
     1       2
     3       4
ans (:,:,2) =
     1       1
     2       2
>> repmat (a, [2 2 2])      %放置模組陣列 a
ans (:,:,1) =
     1       2       1       2
     3       4       3       4
     1       2       1       2
     3       4       3       4
ans (:,:,2) =
     1       2       1       2
     3       4       3       4
     1       2       1       2
```

```
      3         4         3         4
>> reshape (c, [2 2 2]          %重組二維陣列為 2 行 2 列 2 頁的三維陣列
ans (:,:,1) =
    1         2
    3         4
Ans (:,:,2) =
    1         1
    2         2
```

2. 多維陣列的標示

(1) 直接給出陣列的維數

敘述如下：

```
ndims (p)
```

p 為需要得出大小的多維陣列。

(2) 給出陣列各維度的大小

語法如下：

```
[m,n,…]=size(p)          %得出各維度的大小
m=size(p,x)              %得出某一維的大小
```

p 為需要得出大小的多維陣列；m 為行數，n 為列數；當只有一個輸出變數時，x=1 返回第一維(行數)，x=2 返回第二維(行數)，以此類推。

(3) 返回行數或列數的最大值

語法如下：

```
length(p)
```

length(p)等價於 max(size(p))。

範例 4-13 計算矩陣的大小。

```
>> a=[1 2; 3 4]
a =
    1         2
    3         4
    5         6

>> ndims(a)            %得出維數
ans =
    2
```

```
>> size(a)              %得出各個維度的大小
ans =
     3         2

>> size(a,2)            %得出列的大小
ans =
     2

>> length(a)            %得出最大維度的大小
ans =
     3
```

4.3　重點回顧

在本章中，依順序向讀者介紹了變數和資料、矩陣和陣列等內容，這些內容是 MATLAB 數值運算的重要部分，其中，矩陣的分析和運算是其他操作的基礎內容，讀者應該特別加以重視，多加溫習，以便熟練地加以掌握。

第4章

習題

1. 要求在閉區間$[0, 2\pi]$產生具有 10 個等距抽樣點的一維陣列。試用兩種不同的指令執行。（提示：冒號生成法，定點生成法）

2. 由指令 rand('twister',0), A=rand(3,5)生成二維陣列 A，試求該陣列中所有大於 0.5 的元素的位置，分別求出它們的 "全下標" 和 "單下標"。（提示：find 和 sub2ind）

3. 在使用 123 作為 rand 隨機數發生器的起始化狀態的情況下，寫出產生長度為 1000 的 "等機率雙位（即取-1, +1）取值的隨機碼" 程式指令，並給出-1 碼的數目。（提示：rand, randn, randsrc 等都可以用來產生所需要的編碼。注意： "關係元==" 、 "求和指令 sum"的應用）。

4. 已知矩陣 $A = \begin{bmatrix} 1 & 2 \\ 3 & 4 \end{bmatrix}$，執行指令 B1=A.^(0.5), B2=A^(0.5)，可以觀察到不同運算方法所得結果不同。(1)請分別寫出根據 B1，B2 恢復原有矩陣 A 的程式。(2)用指令檢定所得的兩個恢復矩陣是否相等。（提示：陣列乘法、矩陣乘法。注意：範數指令 norm 的用途。）

5. 在時間區間$[0, 10]$中，繪製 y=1-e$^{-0.5}$tcos2t 曲線。要求分別採取純量循環運算法和陣列運算法編寫兩段程式繪圖。（注意：體驗陣列運算的簡捷性。）

6. 先執行 clear, format long, rand('twister', 1), A=rand(3,3)，要求分別採取純量循環運算法和陣列運自法編寫兩段程式繪圖。（注意：要深刻體驗陣列運算的簡捷性。）

7. 先運行指令 x-3*pi:pi/15:3*pi; y=x; [X,Y]=meshgrid(x,y); warning off ; Z=sin(X).*sin(Y)./X./Y ；產生矩陣 Z。(1)矩陣 Z 中有多少個 "非數" 資料？(2)用指令 surf(X,Y,Z)；shading interp 觀察所繪的圖形;(3)請寫出繪製相應的 "無裂縫" 圖形的全部指令。（指示：isnan, sum, eps）

8. 下面有一段程式，企圖用來解決如下計算任務；有矩陣

$$A_k = \begin{bmatrix} 1 & k+1 & \cdots & 9k+1 \\ 2 & k+2 & \cdots & 9k+2 \\ \vdots & \vdots & & \vdots \\ k & 2k & \cdots & 10k \end{bmatrix}$$，當 k 依次取 10, 9, 8, 7,6, 5, 4, 3, 2, 1 時，計算矩陣

Ak "各列元素的和"，並把此求和結果存放為矩陣 Sa 的第 k 行。例如 k=3 時，

A 矩陣為 $\begin{bmatrix} 1 & 4 & \cdots & 28 \\ 2 & 5 & \cdots & 29 \\ 3 & 6 & \cdots & 30 \end{bmatrix}$，此時它各列元素的和是一個$(1 \times 10)$行陣列[6 15 …

87]，並把它儲存為 Sa 的第 3 行。問題：該段程式的計算結果對嗎？假如計算如果不正確，請指出錯誤發生的根源，並改正之。

```
for k=10:01, 1
    A=reshape(1:10*k, k, 10);
    Sa(k,:)=sum(A);
end
sa
```

（提示：本題專為揭示 sum 對行陣列的功能而設計。仔細觀察下列程式執行之後所得到的 Sa 正確嗎？for k=10: -1:1; A=reshape(1:10*k, k, 10); Sa(k, :)=sum(A); end; Sa。）

9. 已知由 MATLAB 指令建立的矩陣 A=gallery(5)，試對該矩陣進行特徵值分解，並加以驗算來觀察發生的現象。（提示：condeig）

10. 求矩陣 Ax=b 的解，A 為 3 階魔方陣，b 是(3×1)的全 1 列向量。（提示：rref, inv, /體驗。）

11. 求矩陣 Ax=b 的解，A 為 4 階魔方陣，b 是(4×1)的全 1 列向量。（提示：rref, inv, /體驗。）

12. 求矩陣 Ax=b 的解，A 為 4 階魔術方陣，b= $\begin{bmatrix} 1 \\ 2 \\ 3 \\ 4 \end{bmatrix}$。（提示：用 rref, inv, /體驗。）

MATLAB 數值計算（下）

在研究與解決工程實際問題的過程中，往往會進行多樣化的數值計算（Numerical Computation），這些計算常常難以運用人工精確而快捷地加以處理，必須藉助於電腦編寫相應的程式來做近似計算（Approximation Calculation）。MATLAB 為解決此類問題提供了一個很好的計算平台，同時提供了相當豐富的數學函數，用以解決各種實際的數值計算問題，本章將詳細地介紹這些問題。

5.1 稀疏矩陣

在 MATLAB 中，系統一般使用兩種方法來儲存資料，也就是滿矩陣的格式和稀疏矩陣的格式，簡稱滿矩陣和稀疏矩陣。在很多情況下，一個矩陣中只有少數元素是非零的對於滿矩陣而言，MATLAB 會使用相同的空間來儲存零元素和非零元素，這種儲存方法對於大多數元素為零的稀疏矩陣而言，將會造成大量的浪費。因此，對於稀疏矩陣，MATLAB 提供特殊的儲存方法，同時提供特殊的操作函數和運算法則。

5.1.1 稀疏矩陣的建立

稀疏矩陣大部分的元素都是 0，只需儲存非零元素的下標和元素值，這種特殊的儲存方式可以節省大量儲存空間和不必要的運算。MATLAB R2011A 提供了多個指令來建立稀疏矩陣，經常使用的有 sparse、spdiags 和 spconvert 三種。

1. 使用 sparse 函數產生稀疏矩陣

Sparse 函數用於建立稀疏矩陣，或將一個全元素矩陣直接轉換成稀疏矩陣。其呼叫格式如表 5-1 所示。

表 5-1　sparse 函數呼叫格式

呼叫格式	說明
sparse(I,j,s,m,n)	直接建立稀疏矩陣。i、j 是非 0 元素的行、列下標；s 是非 0 元素所形成的向量；m、n 是 s 的行、列維數，可以省略掉；i、j、s 都是長度相同的向量，生成矩陣的元素 s(k) 下標分別是 i(k) 和 j(k)
sparse(p)	由全部元素矩陣 p 轉換為稀疏矩陣

範例　5-1　　產生稀疏矩陣。

```
>> a=eye(3);
>> a(4,:)=[-5 -2 -3]
a =
    1        0        0
    0        1        0
    0        0        1
   -5       -2       -3

>> b=sparse(a)                    %建立稀疏矩陣
b =
   (1,1)       1
```

```
        (4,1)    -5
        (2,2)     1
        (4,2)    -2
        (3,3)     1
        (4,3)    -3
>> c=sparse ([1 4 2 4 3 4], [1 1 2 2 3 3], [1 -5 1 -2 1 -3])
%建立與 b 相同的稀疏矩陣
c =
        (1,1)     1
        (4,1)    -5
        (2,2)     1
        (4,2)    -2
        (3,3)     1
        (4,3)    -3
```

與 sparse 函數相反，full 函數可將稀疏矩陣轉變為全元素矩陣，呼叫格式如表 5-2 所示。

表 5-2　full 函數呼叫格式

呼叫格式	説明
full(p)	將稀疏矩陣 p 轉變為全元素矩陣

在範例 5-1 的基礎上，將稀疏矩陣轉變為全元素矩陣。

```
>> full(b)
ans =
     1     0     0
     0     1     0
     0     0     1
    -5    -2    -3
```

2. 用 spdiags 函數陣列來建立稀疏矩陣

spdiags 函數是用對角線元素來建立一個稀疏矩陣，其呼叫格式如表 5-3 所示。

表 5-3　spdiages 函數呼叫格式

呼叫格式	説明
spdiags(D,k,m,n)	矩陣 D 的每一列代表矩陣的對角線向量；k 代表對角線的位置(0 代表主對角線，-1 代表向下位移一單位的次對角線，1 代表向上位移一單位的次對角線，以此類推)；m、n 分別代表矩陣的行、列維數

在範例 5-1 的基礎上，用 spdiags 函數建立稀疏矩陣。

```
>> D=[3 2 9; 2 4 9; 1 1 4]
D =
     3          2          9
     2          4          9
     1          1          4


>> d=[0 1 2];
>> s=spdiags(D,d,4,3)        %構成 4 行 3 列的稀疏矩陣
s =
    (1,1)     3
    (1,2)     4
    (2,2)     2
    (1,3)     4
    (2,3)     1
    (3,3)     1


>> full(s)
ans =
     3          4          4
     0          2          1
     0          0          1
     0          0          0
```

可以看出，矩陣 s 的三個非零對角線向量分別是 D 的三個列向量。主對角線為 "3 2 1"；向上位移一單位的次對角線為 "2 4 1"，但其中的 "2" 被移掉了；向上位移兩單位的次對角線為 "9 9 4"，但其中的 "9 9" 都被移掉了。

3. 用 spconvert 函數從外部檔案輸入稀疏矩陣

可以將 load 指令和 spconvert 函數整合起來，將文本檔案（如*.dat）呼叫到記憶體，然後將文本檔案的內容轉換成稀疏矩陣。也可以直接用 save 或 load 指令將稀疏矩陣儲存到 MAT 檔案中，或從 MAT 檔案呼叫到記憶體中。呼叫格式如表 5-4 所示。

表 5-4　spconvert 函數呼叫格式

呼叫格式	說明
spconvert(Filename)	Filename 為檔案名稱

在範例 5-1 的基礎上，用 load 指令和 spconvert 函數整合轉換稀疏矩陣。

用文本編輯器生成 ASCII 文本檔案，spr.dat 的內容可顯示如下：

```
1        1         1
4        1        -5
2        2         1
4        2        -2
3        3         1
4        3        -3
```

其中，第 1 列、第 2 列分別代表稀疏矩陣的行、列下標，第 3 列則是元素值。

在 MATLAB 指令行視窗輸入下列編碼：

```
>> load spr.dat              %載入文本檔案
>> b=spconvert(spr)          %轉換成稀疏矩陣
b =
     (1,1)     1
     (4,1)    -5
     (2,2)     1
     (4,2)    -2
     (3,3)     1
     (4,3)    -3

>> save spr b                %儲存 spr.mat 檔案
>> clear
>> load spr b                %載入 spr.mat 檔案
>> b
b =
     (1,1)     1
     (4,1)    -5
     (2,2)     1
     (4,2)    -2
     (3,3)     1
     (4,3)    -3
```

5.1.2 稀疏矩陣的儲存空間

MATLAB 提供了計算稀疏矩陣元素個數的函數，實際含義如表 5-5 所示。

表 5-5 MATLAB 計算稀疏矩陣元素個數的函數

函數名稱	含義
nnz	可返回稀疏矩陣的非零元素個數
nonzeros	返回一個包含所有非零元素的列向量
nzmax	返回最大的非零元素個數，當 nnz>nzmax 時，MATLAB 會動態調整增加記憶體給 nzmax，以儲存新增的非零元素
spy	用圖形觀察稀疏矩陣的非零元素分配情況

在範例 5-1 的基礎上，計算稀疏矩陣元素的個數。

```
>> nnz(b)                          %得出非零元素個數
ans =
     6

>> nonzeros(b)                     %得出非零元素
ans =
     1
    -5
     1
    -2
     1
    -3

>> nzmax(b)
ans =
     6

>> spy(b)
```

如圖 5-1 所示為用 spy 函數得出的稀疏矩陣分配圖。

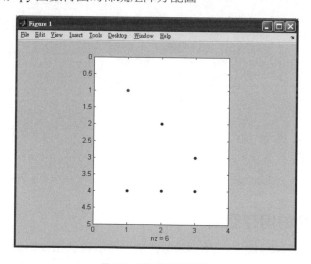

圖 5-1 稀疏矩陣分配圖

5.1.3 稀疏矩陣的運算

稀疏矩陣的標準數學運算按照下列原則：

❶ 如果函數的輸入參數是向量或純量，輸出的參數為矩陣，則輸出參數為全元素矩陣。

❷ 如果函數的輸入參數是矩陣，輸出的參數為矩陣，則輸出參數以輸入矩陣的方式來表示，即當輸入參數為稀疏矩陣時，輸出參數也是稀疏矩陣。

❸ 如果二元運算的兩個操作數中有一個是全元素矩陣，另一個是稀疏矩陣，則對於 "+"、
  "-"、"*"、"\"運算結果為全元素矩陣，而"&"、".*"運算結果為稀疏矩陣。

❹ 用 "cat"函數為 "[ ]"連接混合矩陣將產生稀疏矩陣。

5.2 多項式

　　多項式在很多學科的計算中具有十分重要的功能。眾多的方程式（Equation）和定理都是
多項式的格式。MATLAB R2011A 提供了標準多項式運算的函數，例如多項式的求值、求根
和微分等。另外，還提供了一些用於高階運算的函數，例如曲線撮合多項式（Polynomial）
的展開（Expansion）。

5.2.1 多項式的求值、求根和部分分式展開

1. 多項式求值（Value）

　　函數 polyval 可以用來計算多項式在給定變數時的值，是按照陣列運算規則來加以計算
的。該函數呼叫格式如表 5-6 所示。

表 5-6　polyval 函數呼叫格式

呼叫格式	說明
polyval(p,s)	P 為多項式，s 為給定矩陣

範例 **5-2**　計算 p(x)=x^3+21x^2+20x 多項式的值。

```
>> p1=[1 21 20 0];
>> polyval(p1,2)              %計算 x=2 時多項式的值
ans =
    132

>> x=0:0:5:3;
>> polyval(p1,x)             %計算 x 為向量時多項式的值
ans =
   0   15.3750   42.0000   80.6250   132.0000   196.8750   276.0000
```

2. 多項式求根（Root）

(1) roots 用來計算多項式的根，該函數呼叫格式如表 5-7 所示。

表 5-7　roots 函數呼叫格式

呼叫格式	說明
r=roots(p)	p 為多項式；r 為計算的多項式的根，以列向量的格式來加以儲存

(2) 與函數 roots 相反，根據多項式的根來計算多項式的係數可以用 poly 函數來執行。該函數呼叫格式如表 5-8 所示。

表 5-8　poly 函數呼叫格式

呼叫格式	說明
p=poly (r)	p 為多項式；r 為計算的多項式的根，以列向量的格式來加以儲存

在範例 5-2 的基礎上，計算多項式 $p1(x)=x^3+21x^3+20x$ 的根以及由多項式的根來得出係數。

```
>> roots (p1)                  %計算多項式的根
ans =
    0
   -20
   -1

>> poly ([0; -20; -1])         %計算多項式的係數
ans =
    1      21      20      0
```

3. 特徵多項式（Eigen polynomial）

對於一個方陣 s，可以用函數 poly 來計算矩陣的特徵多項式的係數。特徵多項式的根即為特徵值，用 roots 函數來計算。實際呼叫格式與表 4-23 中的相同，其中，s 必須為方陣，p 為特徵多項式。

下列是在範例 5-2 的基礎上，根據矩陣來計算特徵多項式的係數。

```
>> s=[1 2; 3 4]
s =
    1      2
    3      4
>> p2=poly(s)                  %計算特徵多項式
p2 =
    1.0000  -5.0000  -2.0000

>> roots (p2)                  %計算特徵值
```

```
ans =
     5.3723
    -0.3723
```

p2=x2-5x-2 為矩陣 s 的特徵多項式，5.3723 和-0.3723 為矩陣 s 的特徵值。這個結果也可以用 eig 函數來計算方陣 s 的特徵值向量的方法得出。

4. 部分分式展開

在 MATLAB 中，可以用 residue 函數來執行多項式的部分分式展開，實際格式如式子(4-5)所示。

$$\frac{B(s)}{A(s)} = \frac{r_1}{s-p_1} + \frac{r_2}{s-p_1} + \cdots + \frac{r_n}{s-p_n} + k(s)$$ (4-5)

rcsidue 的呼叫格式如表 5-9 所示。

表 5-9　residue 函數呼叫格式

呼叫格式	說明
[r,p,k]=residue(b,a)	b 和 a 分別是分子和分母多項式係數行向量；r 是[r1 r2...rn]的行向量；p 為[p1 p2..pn]極點行向量；k 為直項行向量

範例 **5-3**　將運算式 $\dfrac{100(s+2)}{s(s+1)(s+20)}$ 做部分分式展開。

```
>> p1=[1 21 20 0];
>> p3=[100 200];
>> [r,p,k]=residue(p3,p1)
r =
    -4.7368
    -5.2632
    10.0000
p =
    -20
    -1
     0
k =
    [ ]
```

最終，運算式 $\dfrac{100(s+2)}{s(s+1)(s+20)}$ 展開的結果為 $\dfrac{-4.7368}{s+20} + \dfrac{-5.2632}{s+1} + \dfrac{10}{s}$ 。

5.2.2 多項式的乘除法和微積分

1. 多項式的乘法和除法

多項式的乘法由函數 conv 來執行，該函數實際的呼叫格式如表 5-10 所示。

表 5-10 deconv 函數呼叫格式

呼叫格式	說明
p=deconv(p1,p2)	除法不一定去除盡，可能存在餘式。多項式 p1 被 p2 除的商為多項式 q，而餘式是 r

範例 5-4 計算運算式 s(s+1)(s+20)。

```
>> a1=[1 0];      %對應多項式 s
>> a2=[1 1];      %對應多項式 s+1
>> a3=[1 20];     %對應多項式 s+20
>> p1=conv(a1,a2)
P1 =
    1      1      0
>> p1=conv(p1,a3)            %計算 s(s+1)(s+20)
p1 =
    1      21     20      0

>> [p2,r]=deconv(p1,a3)      %計算多項式除法的商和餘式

p2 =
    1      1      0
r =
    0      0      0      0

>> conv(p2,a3)+r            %用商*除式+餘式驗算
ans =
    1      21     20      0
```

2. 多項式的微分和積分

(1) 多項式的微分

多項式的微分由 polyder 函數執行，該函數呼叫格式如表 5-11 所示。

表 5-11 polyder 函數呼叫格式

呼叫格式	說明
[p,q]=polyder(a,b)	P 是該導函數的分子係數，q 是該導函數的分母係數

(2) 多項式的積分

MATLAB 沒有專門的多項式積分函數，但可以用[p./length(p):-1:1,k]的方法來完成積分，其中，k 為常數。

下列是在範例 5-4 的基礎上，求多項式的微分和積分。

```
>> p4=polyder(p1)              %多項式微分
p4 =
     3        42       20

>> s=length(p4):-1:1
s =
     3         2        1
>> p1=[p4./s,0]               %多項式積分，常數 k=0
p1 =
     1        21       20        0
```

可以看出，多項式 p4(x)=3x²+42x+20 的積分是 p1(x)=x³+21x²+20x。

5.2.3 多項式撮合和插值

1. 多項式撮合

多項式曲線撮合是用一個多項式來逼近一組給定的資料，使用 polyfit 函數來執行。撮合的準則是最小二乘法，即找出使 $\sum_{i=1}^{n}\|f(x_i)-y_i\|^2$ 最小的 f(x)。

polyfit 函數的呼叫格式如表 5-12 所示。

表 5-12 polyfit 函數呼叫格式

呼叫格式	說明
p=polyfit(x,y,n)	x、y 向量分別為 N 個資料點的橫、縱坐標；n 是用來撮合的多項式階次；p 為撮合的多項式，p 為 n+1 個係數所構成的行向量

範例 5-5 對多項式 $y_1=2x_1^3-x_1^2+5x_1+10$ 曲線撮合。

```
>> x1=1:10;
>> p=[2 -1 5 10];
>> y0=polyval(p,x1)
y0 =
16   32   70   142   260   436   682   1010   1432   1960
>> p1=polyfit(x1,y0,1)              %一階撮合
p1 =
  204.8000   -522.4000
```

```
>> p2=polyfit(x1,y0,2)            %二階撮合
p2 =
  32.0000  -147.2000  181.6000

>> p3=polyfit[x1,y0,3]            %三階撮合
p3 =
  2.0000  -1.0000  5.0000    10.0000

>> y1=polyval(p1,x1)
>> y2=polyval(p2,x1);
>> y3=polyval(p3,x1);
>> polt(x1,y1,x1,y2,x1,y3)
```

經過一階、二階和三階撮合的曲線如圖 5-2 所示。

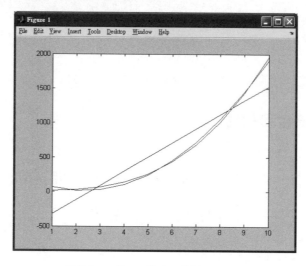

圖 5-2　一階、二階和三階撮合的曲線

2. 插值運算

在離散資料的基礎 上補插連續函數，使得這條連續曲線透過全部給定的離散資料點。插值是離散函數逼近的重要方法，利用它可透過函數在限個點處的取值狀況估算出函數在其他點處的近似值。

(1) 一維插值

一維插值是指對一個因變數的插值，interp1 函數是用來進行一維插值的。該函數的呼叫格式如表 5-13 所示。

表 5-13　interp1 函數呼叫格式

格式格式	說明
yi=interp1(x,y,xi,'method')	x、y 為行向量；xi 是插值範圍內任意點的 x 坐標，y1 則是插值運算之後的對應 y 坐標；method 是插值函數的類型："linear"為線性插值（預設），"nearest"為用最接近的相鄰點插值，"spline"為三次樣條插值，"cubic"為三次插值

範例 5-6　繪製出插值前後的曲線。

```
>> x=0:.2:pi;
>> y=sin(x);
>> pp=interp1(x,y, 'cubic', 'pp');          %三次插值
>> xi = 0:.1:p1;
>> yi = ppval(pp,xi);
>> plot(x,y,'ko'), hold on, plot (xi,yi, 'r:'), hold off
```

得到的結果如圖 5-3 所示。

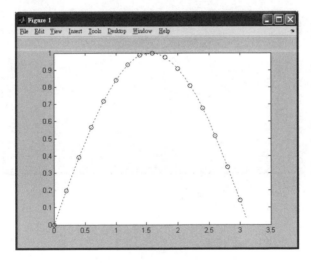

圖 5-3　範例 5-6 的執行結果

(2) 二維插值

　　二維插值是指對兩個因變數（Independent Variable）的插值，interp2 函數是用來進行二維插值的函數。該函數的呼叫格式如表 5-14 所示。

表 5-14　interp2 函數呼叫格式

呼叫格式	說明
zi=interp2(x,y,z,xi,yi,'method')	Method 是插值函數的類型，包括三種："linear"為雙線性插值（預設），"nearest"為用最接近的點插值，"cubic"為三次插值

繪製出插值前後的曲線。

```
>> [X,Y] = meshgrid(-3:.25:3);        %生成格網
>> Z = peaks (X,Y);                    %生成曲線
>> [XI, YI] = meshgrid (-3:.125:3);
>> ZI = interp2(X,Y,Z,XI,YI);          %二維插值
>> mesh(X,Y,Z), hold, mesh(XI, YI, ZI+15)
>> hold off
>> axis ([-3 3 -3 3 -5 20])
```

得到的結果如圖 5-4 所示。

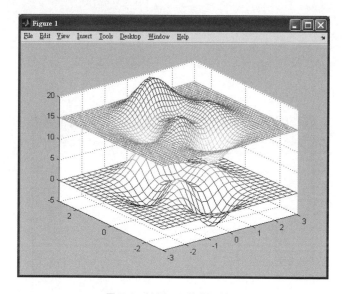

圖 5-4　範例 5-7 的執行結果

5.3　細胞陣列和結構陣列

MATLAB 的細胞陣列（Cell Array）和結構陣列（Structure Array）都能在一個陣列裡存放各種不同類型的資料。

5.3.1　細胞陣列

細胞陣列是 MATLAB 5.x 版本之後才支援的資料類型，它可以用來儲存任何類型和任何大小的陣列，而且同一個細胞陣列中各細胞的內容可以有所不同。

1. 細胞陣列的建立

細胞陣列中的基本組成是細胞，每一個細胞可以看成一個單元（Cell），用來儲存各種不同類型的資料。

(1) 直接使用{ }來建立

範例 **5-8**　　直接使用{ }來建立細胞陣列。

```
>> A={'This is the first Cell.", [1 2; 3 4]; eye(3), ('Tom', 'Jane')}
A =
    'This is the first Cell.'    [2x2  double]
          [3x3 double]    {1x2  cell    }

>> whos
Name        Size     Bytes Class      Attributes
 A          2x2       524 Cell
```

建立的細胞陣列中的細胞 A(1,1)是字元串，A(1,2)是矩陣，A(2,1)是矩陣，而 A(2,2)為一個細胞陣列。

(2) 由各細胞建立

在範例 5-8 的基礎上，運用建立各個細胞的方法來建立細胞陣列。

```
>> B(1,1)={'This is the second Cell.'}
B =
    'This is the second Cell.'

>> B(1,2)={5+3*i}
B =
    'This is the second Cell.'    [5.0000 + 3.0000i]
```

```
>> B(1,3) = {[1 2; 3 4; 5 6]}
B =
    'This is the second cell.'    [5.0000 + 3.0000i]    [3x2 double]
```

(3) 由各細胞陣列的內容顯示

在 MATLAB 指令視窗中輸入細胞陣列的名稱，並不直接顯示出細胞陣列的各元素內容值，而是顯示各元素的資料類型和維數。例如範例 5-8 中顯示細胞陣列 A：

```
>> A
A =
    [1x23 char  ]    [2x2 double]
    [3x3  double]    [1x2 cell  ]
```

(2)使用 celldisp 指令顯示細胞陣列的內容

```
>> celldisp(A)
A {1,1} =
This is the first cell.
A {2,1}=
    1    0    0
    0    1    0
    0    0    1
A{1,2}=
    1    2
    3    4
A{2, 2}{1}=
Tom
A{2,2}{2}=
Jane

>> celldisp(B)
B{1} =
This is the second Cell.
B{2} =
    5.0000 + 3.0000i
B{3} =
    1    2
    3    4
    5    6

>> celldisp (C)
C{1} =
This is the third Cell.
C{2} =
    16    2    3    13
     5   11   10    8
     9    7    6   12
     4   14   15    1
```

{ }表示細胞位元組的細胞元素內容，A{2,2}{1}表示第 2 行第 2 列的細胞元素中存放細胞位元組的第 1 個細胞元素的內容(2)使用 cellplot 指令以圖形顯示細胞位元組的內容。

在範例 5-8 的基礎上，用 cellplot 指令以圖形顯示細胞位元組的內容，如圖 5-5 所示。

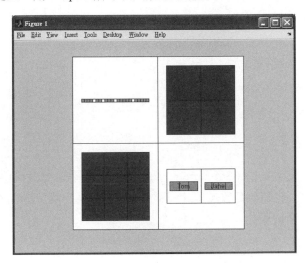

圖 5-5　運用圖形來顯示細胞陣列的內容

```
>> cellplot(A)
```

2. 細胞陣列內容的擷取

(1) 擷取細胞陣列的元素內容

在範例 5-8 的基礎上，擷取 A(1,2)細胞元素內內容以及矩陣中的元素內容。

```
>> x1=A{1,2}          %取 A(1,2) 細胞元素的內容，x1 是矩陣
x1 =
     1         2
     3         4

>> x2=A{1,2}(2,2)     %取 A(1,2)  細胞元素的矩陣第二行第二列內容，x2 是純量
x2 =
     4
```

(2) 擷取細胞陣列的元素

```
>> x3=A(1,2)          %  x3 是細胞陣列
x3 =
     [2x2 double]
```

(3) 使用 deal 函數取多個細胞元素的內容

```
>> [x4,x5,x6]=deal(A{[2,3,4]})
x4 =
     1        0        0
     0        1        0
     0        0        1
x5 =
     1        2
     3        4
x6 =
     'Tom'   "Jane'
```

5.3.2 結構陣列

結構陣列的基本組成是結構（Structure），每一個結構都包含多個欄位（Fields）。與細胞陣列一樣，結構陣列也能儲存各種類型的資料。從某種程度上講，結構陣列組織資料的能力比細胞陣列更強，更富於變化。

1. 結構陣列的建立

(1) 直接建立

範例 5-9 直接建立結構陣列來存放圖形物件。

```
>> ps(1).name='曲線'          %ps 是結構陣列，name 是欄位
ps =
    name: '曲線1'

>> ps(1). Color='red'         %ps(1)是結構 color 是欄位
ps =
    name: '曲線1"
    color: 'red'

>> ps(1).position=[0,0,300,300]
ps =
    name: '曲線1'
    color: 'red'
    position: [ 0 0 300 300]

>> ps(2).name= '曲線2';       %ps(2)是結構
>> ps(2).color='blue';
>> ps(2).position=[100, 100, 300, 300]   %position 是欄位
ps =
1x2  struct  array  with fields:
    name
    color
    position
```

(2) 利用 struct 函數建立

在範例 5-9 基礎上，利用 struct 函數來建立結構陣列。

```
>> ps(1)=struct('name','曲線1','color','red','position',[0,0,300,300]);
>> ps(2)=struct('name','曲線2','color', 'blue', 'position', [100, 100, 300, 300])
ps =
1x2 struct array with fields:
    name
    color
    position
```

2. 結構陣列資料的擷取和設定

(1) 使用 "." 符號擷取

在範例 5-9 的基礎上，擷取結構陣列資料。

```
>> x1=ps(1)                %x1 是一個結構
x1 =
    name: '曲線1'
    color: 'red'
    position: [0 0 300 300]
>> x2=ps(1).position       %x2 是矩陣
x2 =
    0        0        300       300

>> x3=ps(1).position(1,3)    %x3 是純量
x3 =
    300
```

(2) 用 getfield 來擷取結構陣列的資料

```
>> x4=getfield (ps, {1}, 'color')
x4 =
red
>> x5=getfield(ps, {1}, 'color', {1})
x5 =
r
```

(3) 用 setfield 設定結構陣列的資料

```
>> ps=setfield(ps,{1}, 'color', 'green';
>> ps(1)
ans =
    name: '曲線1'
    color: 'green'
    position: [0 0 300 300]
```

3. 結構陣列欄位的擷取

(1) 使用 fieldnames 來擷取結構陣列的所有欄位

```
>> x6=fieldnames(ps)
x6 =
    'name'
    'color'
    'position'
```

x6 是細胞陣列，各個變數在工作空間的資料類型如圖 5-6 所示。

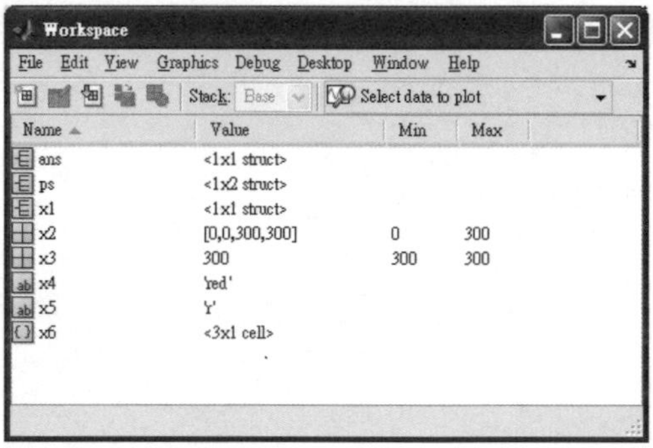

圖 5-6　MATLAB 工作空間

(2) 擷取結構陣列欄位的資料

❶ 使用 "[ ]" 合併相同欄位的資料並排成水平向量。

```
>> all_x=[ps.name]
All_x=
曲線 1 曲線 2
```

❷ 使用 cat 將其變成多維陣列。

```
>> cat(1,ps.position)        %沿著第一維排列
ans =
     0       0      300      300
   100     100      300      300
>> cat(2,ps.position)        %沿著第二維排列
ans =
     0     0     300     300     100     100     300     300
>> cat (3,ps.position)       %沿著第三維排列
ans (:,:,1) =
     0     0     300     300
ans(:,:,2) =
   100     100     300     300
```

5.4　資料統計和相關分析

相關分析包括計算異變數和相關係數（Correlation Coefficient），若相關係數越大，則相關性越強。

範例 5-10　用某一月份中連續四天的溫度資料構成 4×3 的矩陣 A，包括最高溫度、最低溫度和平均溫度，如表 5-15 所示，列為按照最高溫度、最低溫度和平均溫度來加以分類，而行是每天的溫度資料樣本。請對這組溫度資料加以統計分析。

表 5-15　某年一月份中連續 4 天的溫度

平均溫度	最高溫度	最低溫度
5.30	13.00	0.40
5.10	11.80	-1.70
3.70	8.10	0.60

對該矩陣進行簡單資料統計分析，MATLAB 資料統計分析函數如表 5-16 所示。

表 5-16　MATLAB 資料統計分析函數

函數名稱	含義
max(X)	矩陣中各列的極大值（Maximum）
min(X)	矩陣中各列的極小值（Minimum）
mean(X)	矩陣中各列的平均數（Average）
std(X)	矩陣中各個標準差，所指的是各個元素與該列平均數(mean)之差的平方和開方
median(X)	矩陣中各列的中間元素
var(X)	矩陣中各列的變異數
C=cov(X)	矩陣中各列之間的共變數（Covariance）
S=sorroef(X)	矩陣中各列之間的相關係數矩陣，與共變數 C 的關係為：$S(i,j)=C(i,j)/\sqrt{C(i,i)C(j,j)}$；對角線為 x 和 y 的自相關係數
[S,k]=sort(X,n)	沿著第 n 維按照模數增大來重新排序，k 為 s 元素的原有位置

利用上述函數，對資料加以分析：

```
>> t=[5.30, 13.00, 0.40;
5.10, 11.80, -1.70;
3.70, 8.10, 0.60];

>> max(t)                    %極大值
ans =
    5.3000  13.0000 0.6000

>> min(t)                    %極小值
ans =
    3.7000   8.1000  -1.7000

>> mean (t)                  %平均數
ans =
    4.7000  10.9667 -0.2333

>> std(t)                    %標準差
ans =
    0.8718   2.5541  1.2741

>> median(t)                 %中位數
ans =
    5.1000  11.8000 0.4000

>> C=cov(t)                  %共變數
C =
     0.7600 2.2100  -0.5200
     2.2100 0.65233 -1.1617
    -0.5200 -1.1617  1.6233

>> S=corrcoef(t)             %相關係數
S =
    1.0000   0.9925  -0.4682
    0.9925   1.0000  -0.3570
    -0.4682 -0.3570 1.0000

>> sort(t,1)                 %排序
ans =
    3.7000   8.1000  -1.7000
    5.1000  11.8000  0.4000
    5.3000  13.0000  0.6000
```

5.4.1 資料的差分與積分

MATLAB 可以透過函數對矩陣的差分和積分等加以便捷地運算。常用的差分和積分函數如表 5-17 所示。

表 5-17　MATLAB 資料差分和積分函數

函數名稱	含義
Diff(X,m,n)	沿第 n 維求第 m 階列向差分。差分是求相鄰行之間的差，結果會減少一行
[fx,fy]=gradient(Z)	對 Z 求 x、y 方向的數值梯度
sum(X)	矩陣各列元素的和
cumsum(X,n)	沿第 n 維求累計和
cumprod(X,n)	沿第 n 維求累計乘積
Trapz(X,y)	梯形法求積分近似於求元素和，把相鄰兩點資料的平均值乘以成長表示面積。X 為因變數，y 為應變數
Cumtrapz(X,y,n)	用梯形法沿第 n 維求應變數 y 對因變數 x 之累計積分

範例 5-11　已知 $y=e^{-0.2}\sin(t)$，其中 t 的範圍是[0 10]，計算 y 的微分和積分。y 的微分和積分曲線如圖 5-7 所示：

```
>> t=0:0.5:10;
>> y=exp(-0.2).*sin(t)
y =
    Columns 1 through 10
            0  0.3925  0.6889  0.8167  0.7445  0.4900  0.1155  -0.2872  -0.6196  -0.8003
    Columns 11 through 20
     -0.7851 -0.5776 -0.2288  0.1761  0.5379  0.7680  0.8100  0.6537  0.3374  -0.0615
    Column 21
     -0.4454

>> d=[0 diff(y)]              %計算微分
d =
    Columns 1 through 10
       0  0.3925  0.2964  0.1277 -0.0722 -0.2545 -0.3744 -0.4027  0.3324 -01807
    Columns 11 through 20
     0.0152  0.2075  0.3489  0.4049  0.3618  0.2301  0.0420 -0.1563 -0.3163 -0.3989
    Columns 21
     -0.3839

>> s1=0.5*cumsum(y)          %用矩形法計算積分，橫坐標兩點間隔為 0.5
s1 =
  Columns 1 through 10
    0  0.1963  0.5407  0.9491  1.3213  1.5663  1.6241  1.4805  1.1707  0.7705
  Columns 11 through 20
    0.3779  0.0891 -0.0253  0.0628  0.3317  0.7157  1.1207  1.4476  1.6163  1.5856
  Column 21
    1.3629
>> s2=cumtrapz(t,y)          %運用梯形法來計算積分
s2 =
Columns 1 through 10
    0  0.0981  0.3685  0.7449  1.1352  1.4438  1.5952  1.5523  1.3256  0.9706
Columns 11 through 20
```

```
        0.5742  0.2335  0.0319  0.0188  0.1973  0.5237  0.9182  1.2842  1.5320  1.6009
    Column 21
        1.4742
>> plot (t,y,t,s1,t,s2)
```

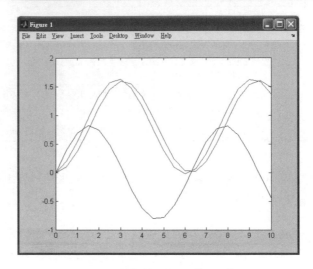

圖 5-7　原始資料、差分和積分曲線圖

5.4.2　卷積和快速傅麗葉變換

卷積和傅麗葉變換（Fourier transformation）是 MATLAB 訊號處理（Signal processing）中最基本也是最常用的工具。

1. 卷積（Convolution）

卷積和解卷是訊號與系統中常用的數學工。函數 conv 和 deconv 分別為卷積和解卷積函數，同時也是多項式乘法和除法函數。

Conv 和 deconv 函數的呼叫格式如表 5-18 所示。

表 5-18　conv 和 deconv 函數呼叫格式

呼叫格式	說明
conv(x,y)	計算向量的卷積。如果 x 是輸入訊號，y 是線性的脈衝（Impulse）過渡函數，則 x 和 y 的卷積為系統的輸出訊號
conv2(x,y)	計算二維卷積
[q,r]=deconvx,y)	解卷積運算

其中，解卷積和卷積的關係是：x=conv(y,q)+r。

2. 傅麗葉變換（Fourier transformation）

傅麗葉級數、傅麗葉變換和它們離散時間的相應部分構成了訊號處理（Signal processing）的基礎。其中，傅麗葉變換具有明確的實體意義，即變換欄位反映了訊號包含的頻率內容，因此，傅麗葉變換是訊息處理中最基本也是最常用的變換。

MATLAB 提供了 fft、ifft、fft2、ifft2 和 fftshift 等傅麗葉變換函數，這些函數可以幫助人們完成很多訊號處理任務，除此以外，還可以在選定的訊號處理工具箱中得到其他擴展的訊號處理工具。

在這裡，我們只介紹幾個典型的傅麗葉變換函數。

(1) 一維快速傅麗葉變換函數 fft

fft 用於執行一維快速傅麗葉變換，其呼叫格式如表 5-19 所示。

表 5-19　fft 函數呼叫格式

呼叫格式	說明
X=fft(x,N)	對離散序列進行離散傅麗葉變換。X 可以是向量、矩陣和多維陣列；N 為輸入變數 x 的序列長度，可省略，如果 X 的長度小於 N，則會自動補零；如果 X 的長度大於 N，則會自動截斷；當 N 取 2 的整數冪時，傅麗葉變換的計算速度最快。通常取大於又最靠近 x 長度的冪次

一般情況下，fft 求出的函數為複數，可用 abs 及 angle 分別求其模數值和相位。

(2) 一維快速傅麗葉逆變換函數 ifft

Ifft 是一維快速傅麗葉逆變換函數，該函數實際的呼叫格式如表 5-20 所示。

表 5-20　ifft 函數呼叫格式

呼叫格式	說明
X=ifft(x,/V	對離散序列進行離散傅麗葉逆變換。X 可以是向量、矩陣和多維陣列；N 為輸入變數 x 的序列長度，可省略，如果 X 的長度小於 N，則會自動補零；如果 X 的長度大於 N，則會自動截斷；當 N 取 2 的整數冪時，傅麗葉變換的計算速度最快。通常取大於又最靠近 x 長度的冪次

範例 **5-12** 利用傅麗葉變換和卷積公式求兩個離散序列的卷積。

已知：$A(n) = \begin{cases} 0 & \text{其他} \\ 1 & n=2,3,...,10 \end{cases}$ $B(n) = \begin{cases} 0 & \text{其他} \\ 1 & n=4,5,...,9 \end{cases}$

```
>> A=ones(1,10);
>> A(1)=0
A =
    0   1   1   1   1   1   1   1   1   1

>> B=ones(1,9);
>> B([1 2 3])=0
B =
    0   0   0   1   1   1   1   1   1

>> C=conv(A,B)                  %計算卷積
C =
    0  0  0  0  1  2  3  4  5  6  6  6  6  5  4  3  2  1

>> N=32;                        %序列長度為 32
>> AF=fft(A,N);                 %傅麗葉變換
>> BF=fft(B,N);
>> CF=AF.*BF;
>> CC=real(ifft(CF));           %過濾掉虛部
```

可以看到，直接計算的卷積結果 C 和用傅麗葉變換求卷積的 CC 結果相同。其中，序列長度 N 的取值應為 2 的整數冪，必須不小於 length(A)+length(B)-1。

5.4.3 向量及其運算

向量是組成矩陣的基本元素之一，我們可以把它看成一維陣列。MATLAB 中同樣提供功能強大的向量運算。

1. 向量的建立

向量的建立方法和陣列的建立方法類似，也可以透過指令行視窗直接輸入。

```
>> A1=[1 2 3 4 5 6 ]           %建立一個行向量
a1 =
    1       2       3       4       5       6

>> a2=[7;8;9]                  %建立一個列向量
a2 =
    7
    8
    9
>> a3=a2'                      %透過轉置操作元號執行行向量和列向量之間的轉換
a3 =
    7       8       9
```

當輸入的向量元素數量較多時，可以透過函數 linspace 或運算元 ":" 來建立向量，但是透過這兩種方法所建立的向量元素之間有相當程度的規律性存在。

範例 5-13 建立等差元素向量。

```
>> b1=0:2:20              %等差成長 n=2
b1 =
    0      2      4      6      8      10     12     14     16     18
    20

>> b2=linspace(0,10,5)    %在區間[0 10]生成五個元素
b2 =
    0      2.5000 5.000  7.5000 10.0000
```

2. 向量的基本運算

(1) 向量的四則運算

❶ 向量與常數的運算

向量中的每一個元素與常數做加、減、乘、除運算。

```
>> b2=linespace (0,10,5)
b2 =
    0      2.5000 5.0000 7.5000 10.0000

>> b3=(b2*5+1)/3
b3 =
    0.3333 4.5000 8.6667 12.8333 12.0000
```

❷ 向量之間的加法（減法）運算

向量中的每一個元素與另一個向量中相對應的元素來進行加法（減法）運算。

```
>> a1 = [1 2 3 4 5 6]
a1 =
    1      2      3      4      5      6

>> b1=0:2:20
b1 =
    0      2      4      6      8      10     12     14     16     18
    20

>> c1=a1+b1            %向量之間的操作必須具有相同的維數
??? Error using = => plus
Matrix dimensions must agree.

>> b1=2:2:12
b1 =
    2      4      6      8      10     12
>> c1=a1+b1
```

```
c1 =
    3       6       9      12      15      18
```

❸ 向量的內積（Inner product）運算

　　在高等數學中，兩個向量的內積等於一個向量的模與另一個向量在這向量方向上的投影的乘積，MATLAB R2011A 提供了函數 dot 來進行內積運算。在 MATLAB 中，向量內積運算的時候應該注意兩個向量的維度要保持一致性（Consistency）。

```
>> x1=[2 9 8 7]
x1 =
    2       9       8       7

>> x2=[6 5 1 4]
x2 =
    6       5       1       4

>> y=dot(x1,x2)
y =
   93

>> x3=[12 20 30 18 5]
x3 =
   12      20      30      18       5

>> y=dot(x1,x3)
??? Error using = => dot at 30
A and B must be same size.
```

　　當兩個向量的維數不一致的時候，將出現錯誤。

❹ 向量的外積（Outer Product）運算

　　在高等數學中，兩個向量的外積為兩個向量的交點，並與此兩向量所在平面垂直的向量，MATLAB R2011A 提供函數 cross 來進行外積運算。

```
>> x2 =[2 9 8 7]
x1 =
    2       9       8       7

>> x2=[6 5 1 4]
x2 =
    6       5       1       4

>> y1=cross(x1,x2)
??? Error using = => cross at 37
```

　　可以看出，和向量的內積運算一樣，向量的外積運算也要求參與運算的兩個向量的維數一致，而且必須是 3。

```
>> x1=[2 9 8]
x1 =
     2        9        8

>> y1=[6 5 1]
y1 =
     6        5        1

>> y1-cross(x1,y1)
y1 =
    -31       46      -44
```

(2) 向量的混合積運算

混合積的幾何意義為：它的絕對值表示以三個不平行向量為邊的平行六面體的體積。

混合積運算是透過函數 dot 和 cross 一起來完成的。在 MATLAB 中，做混合積運算的時候應該注意運算的先後順序不能顛倒。

```
>> x1 = [1 5 8]
x1 =
     1        5        8

>> x2=[3 6 9]
x2 =
     3        6        9

>> x3=[2 4 7]
x3 =
     2        4        7

>> y-dot(x3,cross(x1,x2)       %先用外積運算，再用內積運算
y =
    -9

>> y=cross(x3,dot (x1,x2))     %先用內積運算，再用外積運算
??? Error using = = > cross at 31
A and B must be same size.
```

5.5 重點回顧

在本章中，依次向讀者介紹了稀疏矩陣、多項式、細胞陣列和結構陣列、資料分析與統計等內容，這些內容是 MATLAB 數值運算的重要部分，其中，矩陣的分析和運算是其他操作的基礎內容，讀者應該特別加以重視，多加溫習，以便熟練地加以掌握。

第5章

習題

1. 求-0.6+t-10e$^{-0.i}$｜sin[sint]｜=0 的實數解。（提示：發揮作圖法之功能。）

2. 求二元函數方程組 $\begin{cases} \sin(x\text{-}y)=0 \\ \cos(x+y)=0 \end{cases}$ 的解。（提示：可嘗試運用符號法來求解；試用 contour 作圖求解，比較之。此題有無限個解。）

3. 假定某個窯瓷器的燒製成品合格率為 0.157，現在該窯燒製 100 件瓷器，請畫出產品數的機率分配曲線。（提示：二項式分配機率指令 binopdf; stem。）

4. 試問產品平均數為 4，標準差為 2 的(10000×1)的常態分配隨機陣列 a，分別用 hist 和 histfit 繪製陣列的頻率直方圖，觀察兩張圖形的差異。除 histfit 上的撮合紅線之外，如何使這兩個指令來繪出相同的頻率直方圖？（提示：體驗 normrnd；瞭解 hist (Y,m)指令格式。）

5. 已知有理分式 R(x)=$\dfrac{N(x)}{D(x)}$，其中 N(x)=(3x^3+x)(x^3+0.5)，D(x)=(x^2+2x-2)(5x^3+2x^2+1)；
(1)求該分式的商多項式 Q(x)和餘多項式 r(x)；(2)用程式驗算 D(x)Q(x)+r(x)=N(x)是否成立。（提示：採用範數指令 norm 來加以驗算。）

6. 已知系統衝激反應為 h(x)=[0.05, 0.24, 0.40, 0.24, 0.15, -0.1, 0.1]，系統輸入 u(n)由指令 randn('state',1)；u=2*(randn(1,100)>0.5-1 產生，該輸入訊號的起始功能時刻為 0。試用直桿圖（提示：用 stem 指令）畫出分別顯示該系統輸入、輸出訊號的兩張子圖，見圖 5-8 所示。（提示：注意輸入訊號尾部的處理；NaN 的使用。）

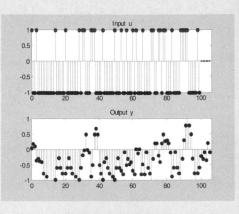

圖 5-8　系統衝激反應

MATLAB 符號計算（上）

在本書的前面章節中，介紹了 MATLAB 在數值計算中的應用，MATLAB 除了能夠進行數值運算之外，還可以進行各種符號的計算。在 MATLAB 中，符號計算可以用推理解析的方式來進行，從而避免數值計算所帶來的截斷誤差。而且，在 MATLAB 中呼叫符號計算的指令十分簡單，和讀者在教科書中所使用的公式符號大致相同，可以十分容易地被接受。

在 MATLAB R2011 中符號數學工具箱（Symbolic Math Toolbox）中的工具都是建立在數學計算軟體 Maple 的基礎上的。如果在 MATLAB 中進行符號計算，MATLAB 會呼叫 Maple 來進行運算，然後將結果返回到 MATLAB 指令行視窗中。正是因為這個原因，當 MATLAB 進行軟體升級或者符號計算核心 Maple 的升級時，符號計算工具箱也隨之升級，這些升級內容對於普遍使用者來說，差別還是比較小的。

6.1 符號運算式的建立

　　與在 MATLAB 中使用數值計算一樣，使用數值運算式的變數必須首先進行變數賦值（Variable valuation），否則 MATLAB 會返回變數錯誤資訊。符號數學工具箱也沿用該規則，在進行符號計算之前，首先需要定義符號常數和符號物件，然後利用這些符號常量和符號物件建立符號運算式，最後才能進行符號計算。

6.1.1　建立符號物件

　　符號常數是不含變數的符號運算，用 sym 指令來建立符號常數。語法如下：

```
sym('常數')                     %建立符號常數
```

　　例如，建立符號常數，這種方式是對準確的符號數值表示：

```
>> a=sym('sin(2)')
a =
sin(2)
```

　　sym 指令也可以把數值轉換成某種格式的符號常數。

　　語法如下：

```
Sym(常數，參數)                    %把常數按某種格式轉換為符號常數
```

　　參數可以選擇為'd'、'f'、'e'或'r'四種格式，也可省略，其功能如表 4-1 所示。

表 6-1　參數設定及其含義

參數	功能
d	返回最接近的十進位數值（預設位數為 32 位）
f	返回該符號值最接近的浮點表示
r	返回該符號且接近的有理數型（為系統預設方式），可表示為 p/q、p*q、10^q、pi/q、2^q 和 sqrt(p)形式之一
e	返回最接近的帶有機器浮點誤差的有理值

例如，把常數轉換為符號常數，按照系統預設格式來加以轉換：

```
>> a=sym(sin(2))
a =
4095111552621091/4503599627370496
```

範例 **6-1**   建立數值常數和符號常數。

```
>> a1=2*sqrt(5)+pi    %建立數值常數
a1 =
    7.6137

>> a2=sym('2*sqrt(5)+pi')    %建立符號運算式
a2 =
pi + 2*5%(1/2)

>> a3=sym(2*sqrt(5)+pi)    %按最接近的有理數型表示符號常數
a3 =
2143074082783949/281474976710656

>> a4=sym(2*sqrt(5)+pi,'d')    %按最接近的十進位浮點數表示符號常數
a4 =
7.6137286085893727261009189533307

>> a31=a3-a1    %數值常數和符號常數的計算
a31 =
0

>> a5='2+sqrt(5)+pi'    %字元串常數
a5 =
2*sqrt(5)+pi
```

可以透過查閱工作空間（Work space）來查閱各個變數的資料類型和儲存空間（Storage space），工作空間如圖 6-1 所示。

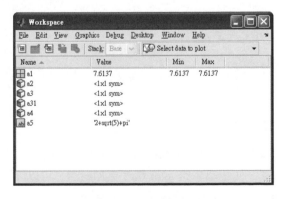

圖 6-1 工作空間視窗

6.1.2 建立符號物件和運算式

建立符號物件是進行符號運算的基礎,MATLAB 提供多種建立符號物件的指令。數值、字元串、符號物件是 MATLAB 中常見的三種變數,MATLAB 提供將數值或者字元串變數轉換為符號物件的方法,同時提供將符號物件轉換為數值或者字元串變數的方法。

建立符號物件和符號運算式可以使用 sym 和 syms 指令。

1. 使用 sym 指令建立符號物件和運算式

使用 sym 建立符號對象的法如下:

```
Sym('變數',參數)                      %把變數定義為符號物件
```

參數用來設定限定符號物件的數學特性,可以選擇'positive'、'real'和'unreal',其中,"positive" 表示為 "正、實" 符號物件,"real" 表示為 "實數" 符號物件,'unreal'表示為 "非實數" 符號物件。如果不限定,則參數可省略。

範例 **6-2** 建立符號物件,用參數設定其特性。

```
>> syms x y real           %建立實數符號物件
>> z=x+1*y;                 %建立 z 為複數符號物件
>> real(z)                 %複數 z 的實部為實數 x
ans =
x

>> sym('x','unreal');      %清除符號物件的實數特性
>> real(z)                 %複數 z 的實部
ans =
x/2+coj(x)/2
```

使用 sym 建立符號運算式的語法如下:

```
sym('運算式')
```

在範例 6-2 的基礎上,建立符號運算式:

```
>> f1=sym('a*x^2+b*x+c')
f1 =
a*x^2 + b*x +c
```

2. 使用 sym 指令來建立符號物件和符號運算式

除了前面介紹的 sym 指令之外,MATLAB 還提供 syms 指令來建立符號物件和運算式。這個指令是 sym 指快捷方式,使用起來比 sym 指令更加簡潔,可以同時將多個變數建立為符號物件。

syms 指令的語法（Syntax）如下：

```
syms('arg1','arg2',…,參數)      %把字元變數定義為符號物件
syms arg1 arg2…參數              %把字元變數定義為物件的簡潔形式
```

syms 用來建立多個符號物件，這兩種方式建立的符號物件是相同的。參數設定和前面的 sym 指令相同。省略時，符號運算式直接由各個符號物件所組成。

在範例 6-2 的基礎上，使用 syms 指令建立符號物件和符號運算式：

```
>> syms a b c x                  %建立多個符號物件
>> f2=a*x^2+b*x+c
f2 =
a*x^2 + b*x + c
>> syms('a','b','c','x')
>> f3=a*x^2+b*x+c;               %建立符號運算式
```

這段編碼既建立了符號物件 a、b、c、x，又建立了符號運算式，f2、f3 和 f1 符號運算式相同。

6.1.3 符號矩陣

用 sym 和 syms 指令也可以建立符號矩陣。

```
>> A=sym('[a,b;c,d]')
A =
[ a, b]
[ c, d]
```

例如，使用 syms 指令建立相同的符號矩陣：

```
>> syms a b c d
>> A=sym('[a,b;c,d]')
A =
[ a, b]
[ c, d]
```

範例 6-3　　比較符號矩陣與字元串矩陣的不同之處。

```
>> A=sym ('[a,b;c,d]')          %建立符號矩陣
A =
[ a, b]
[ c, d]

>> B='[a,b;c,d]'                %建立字元矩陣
B =
[ a, b]
```

```
[ c, d]

>> C=[a,b;c,d]                %建立數值矩陣
C =
[ a, b]
[ c, d]

>> C=sym (B)'）                %轉換為符號矩陣
C =
[ a, b]
[ c, d]

>> whos
    Name      Size      Bytest Class     Attributes
    A         2x2       60 sym
    B         1x9       18 char
    C         2x2       60 sym
    a         1x1       60 sym
    a1        1x1       8 double
    a2        1x1       60 sym
    a3        1x1       60 sym
    a31       1x1       60 sym
    a4        1x1       60 sym
    a5        1x12      24 char
    ans       1x1       60 sym
    b         1x1       60 sym
    c         1x1       60 sym
    d         1x1       60 sym
    f1        1x1       60 sym
    f2        1x1       60 sym
    f3        1x1       60 sym
    x         1x1       60 sym
    y         1x1       60 sym
    z         1x1       60 sym
```

6.2 符號運算式的操作與代數運算

符號運算與數值運算的區別主要有下列幾個要點：

❶ 傳統的數值運算因為要受到電腦所保留的有效位元的限制，它的內部表示法總是採用電腦硬體提供的 8 位元浮點表示法。因此，每一次運算都會有一定的截斷誤差，重複的多次數值運算就可能會造成很大的累積誤差。符號運算不需要進行數值運算，不會出現截斷誤差，因此，符號運算是非常準確的。

❷ 符號運算可以得出完全的封閉解或任意精確度的數值解。

❸ 符號運算時間較長，而數值型運算速度快。

6.2.1 符號運算的代數運算

符號運算式的運算元和基本函數都與數值計算中的幾乎完全相同。

1. 符號運算中的運算元

(1) 基本運算元

在 MATLAB 中，符號運算中的基本運算元及其功能如表 6-2 所示。

表 6-2　符號運算元及其功能

符號運算元	功能	符號運算元	功能
+	符號矩陣的加	.*	符號陣列的乘
-	符號矩陣的減	./	符號陣列的左除
*	符號矩陣的乘	.\	符號陣列的右除
\	符號矩陣的左除	.^	符號陣列的求冪
/	符號矩陣的右除	'	符號矩陣的共軛轉置
^	符號矩陣的求冪運算	.'	符號矩的非共軛轉置

(2) 關係運算元

❶ 在符號物件的比較中，沒有 "大於"、"大於或等於"、"小於"、"小於或等於" 的概念，只有是否 "等於" 的概念。

❷ 運算符號 "= =" 、 "~="分別對運算符號兩邊的符號物件進行 "相等" 、 "不等" 的比較。當為 "真" 時，比較結果用表示；當為 "假" 時，比較結果則用 0 表示。

2. 函數運算

(1) 三角函數和雙曲函數

三角函數包括 sin、cos、tan；雙曲函數包括 sinh、cosh、tanh；三角反函數除了 atan2 函數僅能用於數值計算之外，其餘的 asin、acos、atan 函數在符號運算中與數值計算的使用方法相同。

(2) 指數和對數函數

指數函數 sqrt、exp、expm 的使用方法與數值計算的完全相同；對數函數在符號計算中只有自然對數 log（以 ln 來表示），而沒有數值計算中的 log2 和 log10。

(3) 複數函數

複的共軛 conj、求實部 real、求虛部 imag 和求模 abs 函數與數值計算中的使用方法相同。注意，在符號計算中，MATLAB 沒有提供求相位角的指令。

(4) 矩陣代數指令

MATLAB 提供的常用矩陣代數指令有 diag、triu、tril、inv、det、rank、poly、expm、eig 等，它們的用法幾乎與數值計算中的情況完全一樣。

範例 6-4　　求矩陣

$$A=\begin{bmatrix} a_{11} & a_{12} \\ a_{21} & a_{22} \end{bmatrix}$$ 的行列式值、非共軛轉置和特徵值。

```
>> syms a11 a12 a21 a22          %建立符號矩陣
>> A=[a11 a12;a21 a33]
A =
[ a11, a12]
[ a21, a22]

>> det(A)                        %計算行列式 1
ans =
a11*a22 - a12*a21

>> A.'                           %計算非共軛轉置
ans =
[ a11, a21]
[ a21, a22]
```

```
>> eig(A)                      %計算特徵值
ans =
 a11/2 + a22/2 - (a11^2 - 2*a11*a22 + a22^2 + 4*a12*a21)^(1/2)/2
 a11/2 + a22/2 + (a11^2 - 2*a11*a22 + a22^2 + 4*a12*a21)^(1/2)/2
```

範例 6-5 符號運算式 $f=2x^2+3x+4$ 與 $g=5x+6$ 的代數運算。

```
>> f=sym('2*x^2+3*x+4')
f =
2*x^2 + 3*x + 4

>> g=sym('5*x+6')
g =
5*x + 6
>>f+g                          %符號運算式相加
ans =
2*x^2 + 8*x + 10

>> f*g                         %符號運算式相乘
ans =
(5*x + 6) * (2*x^2 + 3*x + 4)
```

6.2.2 符號數值任意精確度控制和運算

前面已經介紹了符號計算的一個重要特點就是計算流程中不會出現捨入誤差，可以得到任意精確度的計算。也就是說，如果希望計算結果精確，那麼就應該犧牲計算時間和儲存空間，使用符號計算來得到足夠高的計算精確度。

1. Symbolic Math Toolbox 中的算術運算方式

在 Symbolic Math Toolbox 中有三種不同的算術運算。

❶ 數值型：MATLAB 的浮點運算（Floating point compution）。

❷ 有理數型：Maple 的精確符號運算。

❸ VPA 型：Maple 的任意精確度運算。

2. 任意精確度控制

任意精確度的 VPA 型運算可以使用 digits 和 vpa 指令來加以執行。

digits 指令語法如下：

```
digits(n)            %設定預設的精確度
```

其中，n 為所期望的有效位元。

可以利用 digits 函數改變預設的有效位元來改變精確度，隨後的每一個進行 Maple 函數的計算都以新精確度為準。當有效位數增加時，計算時間和占用的記憶體也相對地增加。指令 "digits" 用來顯示預設的有效位數，預設為 32 位數。

Vpa 指語法如下：

```
S=vpa(s,n)              %將 s 表示為 n 位有數位元的符號物件
```

其中，s 可以是數值物件或符號物件，但計算的結果 S 一定是符號物件；當參數 n 省略時，則以給定的 digits 指定精確度。

Vpa 指令只對指定的符號物件 s 所新精確度進行計算，並以同樣的精確度顯示計算結果，但並不改變整體的 digits 參數。

範例 6-6　對運算式 $2\sqrt{5}+\pi$ 來進行任意精確度控制的比較。

```
>> a=sym('2*sqrt(5)+pi')
a =
pi + 2*5^(1/2)
>> digits                        %顯示預設的有效位元
Digits = 32

>> vpa(a)                        %用預設的位元計算並顯示
ans =
7.6137286085893726312809907207421
>> vpa(a,20)%按指定的精確度計算並顯示
ans =
7.6137286085893726313

>> digits(15)                    %改變預設的有效位元
>> vpa(a)                        %按 digits 指定的精確度計算並顯示
ans =
7.61372860858937
```

3. Symbolic Math toolbox 中的三種運算方式的比較

在範例 6-6 的基礎上，運用三種運算方式運算式來比較 2/3 的結果。

```
>> a1=2/3                        %數值型
a1 =
    0.6667

>> a2 = sym(2/3)                 %有理數型
a2 =
2/3
 >> a3 = vpa('2/3, 32)           %VPA 型
```

```
a3 =
0.66666666666666666666666666666666667
```

程式分析：

❶ 三種運算方式中，數值型運算的速度最快。

❷ 有理數型符號運算的計算時間和佔用記憶體空間是最大的，其所產生的結果是非常準確的。

❸ VPA 型的任意精確度符號運算比較靈活，可以設定任意有效精確度，當保留的有效位元增加時，每次運算的時間和使用的記憶體也會增加。

❹ 數值型變數 a1 結果顯示的有效位元並不是儲存的有效位元，在第 1 章中介紹顯示的有效位元由"format"指令控制。例如下面所修改的"format"指令，就改變了顯示的有效位元：

```
>> format long
>> a1
a1 =
0.666666666666667
```

6.2.3 符號物件與數值物件的轉換

在 MATLAB 中，可以執行符號物件與數值物件的相互轉換。

1. 將數值物件轉換為符號物件

Sym 指令可以把數值型物件轉換成有理數型符號物件，vpa 指令可以將數值型物件轉換為任意精確度的 VPA 型符號物件。

這兩個指令在前面已經詳細介紹過，在此就不再贅述。

2. 將符號物件轉換為數值物件

使用 double、numeric 函數可以將有理數型和 VPA 型符號物件轉換成數值物件。這兩個函數的使用語法如下：

```
  N=double(S)
%將符號物件 S 轉換為數值變數 N
  N=numeric(S)
%將符號物件 S 轉換為數值變數 N
```

範例 **6-7** 將符號物件 $2\sqrt{5}+\pi$ 與數值變數加以轉換。

```
>> clear
>>a1=sym('2*sqrt(5)+pi')
a1 =
pi + 2*5^(1/2)

>> b1=double(a1)              %轉換為數值變數
b1 =
      7.613728608589373

>> a2=vpa(sym('2*sqrt(5)+pi'), 32)
a2=
7.6137286085893726312809907207421

>> b2=numeric (a2)           %轉換為數值變數
b2 =
      7.6137
```

在範例 6-7 的基礎上,由符號物件得出數值結果。

```
>> b3=eval(a1)
b3 =
      7.613728608589373
```

用 "whos" 指令查看變數的類型,可以看到,b1、b2、b3 都轉換為了雙精確度型。

```
>> whos
    Name     Size    Bytest Class    Attributes
    a1       1x1     60 sym
    a2       1x1     60 sym
    b1       1x1     8 double
    b3       1x1     8 double
```

6.3 符號運算式的操作和轉換

　　從前面的內容中,讀者可以發現符號計算的結果一般比較複雜,並不直覺化。為此,MATLAB 為使用者提供了處理符號運算式和函數的操作指令,例如:因式分解、展開、簡化等,這些指令都可以增加符號運算式的可讀性。

6.3.1 符號運算式中自由變數的確定

1. 自由變數的確定原則

在下列三種情況下，MATLAB 將選擇一個自由變數（Free variable）：

❶ 小寫字母 i 和 j 不能作為自由變數。

❷ 符號運算式中，如果有多個字元變數，則按照下列順序來選擇自由變數：首先選擇 x 作為自由變數；如果沒有 x，則選擇在字母順序中最接近 x 的字元變數；如果與 x 相同的距離，則在 x 後面的優先。

❸ 大寫字母比所有的小寫字母都靠後。

2. findsym 函數

如果不確定符號運算式中的自由符號物件，可以用 findsym 函數來自動確定。該函數的呼叫格式如表 6-3 所示。

表 6-3　findsym 函數呼叫格式

呼叫格式	説明
Findsym(EXPR,n)	確定自由符號物件。EXPR 可以是符號運算式或符號矩陣；n 為按照順序得出符號物件的個數，當 n 省略時，則不按照順序得出 EXPR 中所有的符號物件

範例 **6-8**　計算運算式中的符號物件。

```
>> f=sym('a*x^2+b*x+c')
f =
a*x^2 + b*x +c

>> findsym(f)              %得出所有的符號物件
ans =
a, b, c, x

>> g=sym('sin(z)+cos(v)')
g =
cos(v) + sin(z)

>> findsym(g,1)            %得出第一個符號物件
ans =
z
```

在這段編碼中，符號物件 z 和 v 距離 x 相同，在 x 後面的 z 為自由符號物件。

6.3.2 符號運算式的化簡

MATLAB 提供多個符號運算式操作函數,如 pretty、collect、expand、horner、factor、simplify 和 simple 等,靈活使用這些指令,可以增加符號運算式結果的可讀性。

同一個數學函數的符號運算式可以表示成三種形式,例如,以下的 f(x)就可以分別表示為:

❶ 多項式形式的表達方式:$f(x)=x^3+6x^2+11x-6$

❷ 因式形式的表達方式:$f(x)=(x-1)(x-2)(x-3)$

❸ 嵌套形式的運算方式:$f(x)=x(x(x-6)+11)-6$

範例 6-9 三種形式符號運算式的表示法。

```
>> f=sym('x^3-6*x^2+11*x-6')        %多項式形式
f =
x^3 - 6*x^2 + 11*x - 6

>> g= sym('(x-1)*(x-2)*(x-3)')       %因式形式

g =
(x-1)*(x-2)*(x-3)

>> h=sym('x*(x*(x-6)+11)-6')         %嵌套形式
h =
x* (x* (x - 6) + 11) - 6
```

1. pretty 函數

在 MATLAB 中,pretty 函數主要用於將運算式以常用形式來顯示。該函數的呼叫格式如表 6-4 所示:

表 6-4 pretty 函數呼叫格式

呼叫格式	說明
pretty(S)	將符號運算式用書寫方式顯示出來,使用預設的寬度 79
pretty(S)	將符號運算式用書寫方式顯示出來,使用指定的寬度 n

在範例 6-9 的基礎上,利用 pretty 函數給出相應的符號運算式形式。

```
>> pretty(f)
    3        2
   x - 6x + 11x - 6
```

2. collect 函數

在 MATLAB 中，collect 函數執行的功能使符號運算式中的同類項合併。該函數的呼叫格式如表 6-5 所示。

表 6-5　collect 函數呼叫格式

呼叫格式	説明
R=collect(S)	將運算式 S 中相同次冪的項合併，S 可以是運算式或者符號矩陣
R=collect(S,v)	將運算式 S 中 v 的相同次冪項合併，v 的預設值是 x

在範例 6-9 的基礎上，利用 collect 函數給出相應的符號運算式形式。

```
>> collect(g)
ans =
x^3 - 6*x^2 + 11*x - 6
```

當有多個符號物件時，可以指定按某個符號物件來合併同類項。下面有 x、y 符號物件的運算式：

```
>> f1=sym('x^3+2*x^2*y+4*x*y+6')
f1 =
x^3 + 2*y*x^2 + 4*y*x + 6
>> collect (f1,'y')            %按 y 來合併同類項
ans =
(2*x^2 + 4*x) *y + x^3 + 6
```

3. expand 函數

在 MATLAB 中，expand 函數的功能是將符號運算式進行展開，主要用於多項式（polynomial）、三角函數（Trinometry function）、指數函數（Exponential function）和對數函數（Logrithm function）。該函數的呼叫格式如表 6-6 所示。

表 6-6　expand 函數呼叫格式

呼叫格式	説明
R=expand(S)	運算式 S 中如果包含函數，MATLAB 會利用恆等式變形將其寫成相應的形式

在範例 6-9 的基礎上，利用 expand 函數給出相應的符號運算式形成。

```
>> expand (g)
ans =
x^3 - 6*x^2 + 11*x - 6
```

4. horner 函數

在 MATLAB 中，horner 函數的功能是將符號運算式轉換（Transform）為嵌套形式。該函數接收的呼叫格式如表 6-7 所示。

表 6-7　horner 函數呼叫格式

呼叫格式	說明
R=horner(P)	P 是符號多項式矩陣

在範例 6-9 的基礎上，利用 horner 函數給出符號運算式的嵌套形式。

```
>> horner(f)
ans =
x* (x* (x - 6) + 11) - 6
```

5. factor 函數

在 MATLAB 中，factor 函數的功能是將符號多項式進行因式分解。該函數的呼叫格式如表 6-8 所示。

表 6-8　factor 函數呼叫格式

呼叫格式	說明
factor(S)	S 是多項式或者多項式矩陣，係數是有理數，MATLAB 會將運算式 S 表示成係數為有理數的低階多項式相乘的形式；如果多項式 S 不能在有理範圍內進行因式分解，該函數會返回 S 本身

在範例 6-9 的基礎上，利用 factor 函數給出符號運算式因式形式。

```
>> factor (f)
ans =
 (x- 3) * (x - 1) * (x - 2)
```

6. simplify 函數

在 MATLAB 中，simplify 函數的功能是根據一定的規則，對符號運算式來加以簡化。該函數的呼叫格式如表 6-9 所示。

表 6-9　simplify 函數呼叫格式

呼叫格式	說明
R=simplify(S)	S 是多項式或者多項式矩陣，R 是經過簡化之後的符號運算式

在範例 6-9 的基礎上，利用三角函數來簡化符號運算式 $\cos^2 x - \sin^2 x$。

```
>> y=sym('cos(x)^2 - sin(x)^2')
y =
cos(x) ^2 - sin(x)^2

>> simplify (y)
ans =
  cos(2*x)
```

7. simple 函數

在 MATLAB 中，simple 函數的功能是運用包括 simplify 在內的各種指令將符號運算式轉換為最為簡潔的形式。該數的呼叫格式如表 6-10 所示。

表 6-10　simplify 函數呼叫格式

呼叫格式	說明
R=simple(S)	該函數公式的功能是使用不同的變換簡化規則來對符號運算式進行簡化，返回運算式 S 的最簡潔形式。如果 S 是符號運算式矩陣，則返回運算式矩陣成最短的形式，而一定是使每一項都最短；如果不給定輸出參數 R，該函數將顯示所有使運算式 S 變短的最簡化形式，並返回其中最短的一個運算式
[R,how]=simple(S)	不顯示簡化的中間結果，只是顯示尋找到的最短形式以及所有可以使用的簡化形式。R 是符號運算式的結果，how 則是使用的方法

在範例 6-9 的基礎上，利用 simple 簡化符號運算式 cos2x-sin2x。

```
>> simple(y)
simplify;
cos(2*x)

radsimp:
cos(x)^2 - sin(x)^2
simplify(100):
cos(2*x)

combine(sincos):
cos (2*x)
combine(sinhcosh):
cos(x)^2 - sin(x)^2

combine(ln):
cos(x)^2 - sin(x)^2

factor:
(cos(x) - sin(x)) * (cos(x) + sin(x))
```

```
expand:
cos(x)^2 - sin(x)^2

combins:
cos(x)^2 - sin(x)^2

rewrite(exp):
((1/exp(x*i))/2 + exp(x*1)/2)^2 - (1/2*i*exp(1*x) - 1/2*1*exp(-i*x))^2

rewrite(sincos):
cos(x)^ - sin(x)^2

rewrite(sinhcosh):
cosh(-x*1)^2 + sinh(-x*1)^2

rewrite(tan):
(tan(x/2)^2 - 1)^2/(tan(x/2)^2 + 1)^2 - (4*tan(x/2)^2)/(tan(x/2)^2 + 1)^2

nwcos2sin:
1 - 2*sin(x) ^2

collect(x):
cos(x)^2 - sin(x)^2

ans =
cos (2*x)
```

得最簡化的符號運算式為 cos (2*x)。

6.3.3　符號運算式的變換

在 MATLAB 中，符號計算的結果一般比較複雜，顯得比數值計算繁瑣一些，其中一個重要原因是有些子運算式多次出現在不同的地方。為了解決這個問題，MATLAB 提供了透過符號變換的方式來使得所呈現的輸出形式更為簡化，進而得到比較簡單的運算式。

在 MATLAB 符號工具中，提供了兩個函數 subexpr 和 subs，用於執行符號運算式的替換。

1. subexpr 函數

在 MATLAB 中，subexpr 函數的功能是將運算式中重複出現的字元串用變數變換。該函數的呼叫格式如表 6-11 所示。

表 6-11　subexpr 函數呼叫格式

呼叫格式	說明
[Y,SIGMA]=subexpr(X,SIGMA)	指定用變數 SIGMA(該變數必須是符號物件)來替代符號運算式中重複出現的字元串。替換的結果由變數 Y 返回，被替換的字元串則由變數 SIGMA 來代替
[Y,SIGMA]=subexpr(X,'SIGMA')	這種形式和上一種形式的區別在於，第二個輸入參數是字元或字元串串，它用來替換符號運算式中重複出現的字元串

範例 6-10　用 subexpr 函數簡化 $\begin{bmatrix} a & b \\ c & d \end{bmatrix}$ 的特徵值運算式。

```
>> syms a b c d x
>> s=eig([a b;c d])          %計算特徵值
s =
 a/2 + d/2 - (a^2 - 2*a*d + d^2 + 4*b*c) ^ (1/2)/2
 a/2 + d/2 + (a^2 - 2*a*d + d^2 + 4*b*c) ^ (1/2)/2

>> subexpr(s,x)              %用 x 替換子運算式
x =
(a^2 - 2*a*d + d^2 + 4*b*c) ^ (1/2)
ans =
a/2 +d/2 - x/2
 a/2 + d/2 + x/2
```

2. subs 函數

在 MATLAB 中，subs 函數的功能是使用指定符號替換符號運算式中的某一特定符號。相於 subexpr 指令來說，subs 指令是一個適用的替換指令。該函數的呼叫格式如表 6-12 所示。

表 6-12　subs 函數呼叫格式

呼叫格式	說明
R=subs(S)	用工作空間中的變數來替換符號運算式 S 中的所有符號變數，如果沒有指定某符號變數的值，則返回值中該符號變數不被替換
R=subs(S,new)	用新的符號變數 new 來替換原來符號運算式 S 中的預設變數。確定預設變數的規則和函數 findsym 規則相同
R=subs(S,old,new)	用新的符變數 new 替換原來符號運算式 S 中的變數 old，當 new 是數值形式的符號時，實際上用數值替換原來的符號來計算運算式的值，只是所得結果還是字元串形式

在範例 6-10 的基礎上，使用 subs 函數對符號運算式(x+y)2+3(x+y)+5 來加以替換。

```
>> f=sym('(x+y)^2+3*(x+y)+5')      %建立符號運算式
f =
3*x + 3*y + (x + y)^2 + 5
```

```
>> x=5;
>> f1=subs(f)                          %用工作空間的給定值替換 x
f1 =
3*cos(x)^2 - 3*sin(x)^2 + (cos(x)^2 - sin(x)^2 + 5)^2 + 20

>> f2=subs(f, 'x+y', 's')              %用 s 來替換 x+y
f2 =
s^2 + 3*x + 3*y + 5

>> f3 = subs (f, 'x+y', 5)             %用常數 5 來替換 x+y
f3 =
3*x + 3*y +30

>> f4=subs (f, 'x', 'z')               %用 z 替換 x
f4 =
3*y + 3*z + (y + z)^2 + 5
```

6.3.4　求反函數及合成函數

在 MATLAB R2011 的符號工具箱中，提供了關於符號函數的反函數和合成函數。

1. 求反函數

在 MATLAB 中，finverse 函數可以求得符號函數的反函數。該函數的呼叫格式如表 6-13 所示。

表 6-13　finverse 函數呼叫格式

呼叫格式	説明
finverse(f,v)	對指定因變數 v 的函數 f(v)求反函數。當 v 省略時，則對預設的自由符號物件求反函數

範例 **6-11**　求 te^x 的反函數。

```
>> f=sym('t*e^x')      %原有函數
f =
e^x*t

>> g=finverse(f)       %對預設自由變數求反函數
g =
log(x/t) / log(e)
>> g=finverse(f, 't')          %對 t 求反函數
g =
t/e^x
```

如果先定義 t 為符號物件，則參數't'的單引號可去掉。

```
>> syms t
>> g=finverse(f,t)
g =
t/e^x
```

2. 求合成函數（Composite function）

合成函數是數學分析中所經常遇到的問題，其基本概念為：對於函數 f(x) 和 x=g(y)，兩個函數的合成函數就是 f(g(y))。

在 MATLAB 中，composite 函數的功能是產生合成函數。該函數的呼叫格式如表 6-14 所示。

表 6-14　composite 函數呼叫格式

呼叫格式	說明
composite(f,g)	對 f(x) 和 u=g(x) 求的合成函數 fg=f(g(x))
composite(f,g,x,y,z)	對函數 f(x) 和 v=g(y)，求得合成函數 fg–f(g(y))

範例 6-12　計算 tex 與 ay2+by+c 的合成函數。

```
>> f=sym('t*e^x');          %建立符號運算式
>> g=sym('a*y^2+b*y+c');    %建立符號運算式
>> h1=composite (f, g)      %計算 f(g(x))
h1 =
e^(a*y^2 + b*y + c) *t

>> h2 = composite(g, f)     %計算 g(f(x))
h2 =
c + a*e^(2*x)* t^2 + b*e^x*t

>> h3=composite (f,g,'z')   %計算 f(g(z))
h3 =
e^(a*z^2 + b*z + c)*t
```

在範例 6-12 的基礎上，計算得出 tex 與 y2 的合成函數。

```
>> f1=sym('t*e^x');
>> g1=sym('y^2');
>> h1=composite(f1,g1)
h1 =
e^ (y^2) *t

>> h2=composite (f1, g1, 'z')            %計算 f(g(z))
h2 =
e^ (z^2) *t
```

```
>> h3 = composite (f1, g1, 't', 'y')          %以 t 為因變數來計算 f(g(z))
h3 =
e^x*y^2

>> h4 = composite (f1, g1, 't', 'y', 'z')     %以 t 為因變數來計算 f(g(z))，並用 z 來替換 y
h4 =
e^x*z^2

>> h5 = subs(h3, 'y', 'z')                     %用替換的方法來執行 h5 與 h4 相同的結果
h5 =
e^x*z^2
```

6.3.5　符號運算式的轉換

1. 符號運算式與多項式的轉換

構成多項式的符號運算式 f(x)可以與多項式係數構成的行向量進行相互轉換，MATLAB 提供了函數 sym2poly 和 poly2sym 執行相互轉換。

(1) sym2poly 函數

在 MATLAB 中，sym2poly 函數的功能是將符號運算式轉化為多項式。該函數的呼叫格式如表 6-15 所示。

表 6-15　sym2poly 函數呼叫格式

呼叫格式	説明
c = sym2poly(s)	返回符號運算式 s 的數值係數行向量 c。多項式因變數次數的係數按照降冪來排列，即行向量 c 的第一分量 c1 為多項式 s 的最高次數項的係數，c2 為第二高次數項的係數，以此類推

範例 6-13　　將符號運算式 $2x+3x2+1$ 轉換爲行向量。

```
>> f=sym ('2*x+3*x^2+1')
f =
3*x^2 + 2*x + 1

>> sym2poly(f)              %轉換為按照降冪排列的行向量
ans =
     3      2      1
>> f1=sym('a*x^2+b*x+c')
f1 =
a*x^2 + b*x + c

>> sym2poly(f1)
??? Error using = = > sym.sym2poly at 22
Input has more than one symbolic variable.
```

只能對含有一個變數的符號運算式進行轉換，否則會出現錯誤。

(2) poly2sym 函數

在 MATLAB 中，poly2sym 函數的功能是將多項式係數向量轉化為符號運算式。該函的呼叫格式如表 6-16 所示。

表 6-16　poly2poly 函數呼叫格式

呼叫格式	說明
r = poly2sym(c)	將係數在數值向量 c 中的多項式轉化成相應的帶符號變數的多項式（按照次數的降冪排列）。預設的符號變數為 x
r = polys2sym(c,v)	V 表示符號變數

poly2sym 使用指令 sym 的預設轉換模式（有理形式）將數值型係數轉換為符號常數。該模式將數值轉換成接近的整體比值的運算式，否則用 2 的冪指數表示。若 x 有一數值值，且指令 sym 能將 c 的元素精確表示，則 eval(poly2sym(c)) 的結果與 polyval(c,x) 相同。

在範例 6-13 的基礎上，將行向量轉換為符號運算式。

```
>> g=poly2sym([1 3 2]              %預設 x 為符號物件的符號運算式
g =
x^2 + 3*x + 2

>> g=poly2sym([1 3 2], sym('y'))    %y 為符號物件的符號運算式
g =
y^2 + 3*y +2
```

2. 擷取分子和分母

如果符號運算式是一個有理分式（兩個多項式之比），可以利用 numden 函數來擷取分子或分母，還可以進行通分運算。

在 MATLAB 中，numden 函數的功能是擷取運算式的最小分母公因式和分子多項式。該函數的呼叫格式如表 6-17 所示。

表 6-17　numden 函數呼叫格式

呼叫格式	說明
[N,D]=numden(A)	A 是符號多項式，N 是計算得到的最小分母公因式，D 是計算的反應分子多項式

範例 6-14 用 NUMDEN 函數來提取符號運算式 $\dfrac{1}{s^2+3s+2}$ 和 $\dfrac{1}{s^2}+3s+2$ 的分子、分母。

```
>> f1=sym('1/(s^2+3*s+2)')
f1 =
1/(s^2 + 3*s + 2)

>> f2=sym('1/s^2+3*s+2')
f2 =
3*s + 1/s^2 + 2

>> [n1,d1]=numden(f1)
n1 =
1
d1 =
s^2 + 3*s + 2

>> [n2,d2]=numden(f2)
n2 =
3*s^3 + 2*s^2 + 1
d2 =
s^2
```

6.4 重點回顧

　　本章較為詳細地介紹了關於符號計算的內容，包括符號物件、符號運算式、符號操作等。在 MATLAB 中，符號計算品質上屬於數值計算的補充部分，並不能算是 MATLAB 核心內容。但是，關於符號計算的指令、符號計算結果的圖形顯示、計算程式的編寫者或協助系統等，都是十分完整和便捷的。在瞭解了這些內容之後，讀者基本上就可以在 MATLAB 中利用符號計算來解決科學計算和工程問題了。

第6章

習題 _____

1. 說出以下 4 條指令產生的結果各屬於哪種資料類型，是 "雙精確度" 物件，還是 "符號" 物件？

   3/7+0.1; sym(3/7+0.1); vpa(sym(3/7+0.1), 4); vpa(sym (3/7+0.1)

2. 在不加專門指定的情況下，下列符號運算中哪一個被認為是獨立自由變數。

   Sym('sin(w*t)'), sym('a*exp(-x)'), sym('z*exp(j*th)')

筆記頁

MATLAB 符號計算（下）

在本書的前面章節中，介紹了 MATLAB 在數值計算中的應用，MATLAB 除了能夠進行數值運算之外，還可以進行各種符號的計算。在 MATLAB 中，符號計算可以用推理解析的方式來進行，從而避免數值計算所帶來的截斷誤差。

在 MATLAB R2011 中符號數學工具箱（Symbolic Math Toolbox）中的工具都是建立在數學計算軟體 Maple 的基礎上的。

MATLAB 符號計算（下）的核心內容為介紹符號微積分、符號積分的變換、符號方程（Symbolic equation）的求解、視覺化符號分析（Visualization symbolic analysis）及 Maple 函數的使用等功能。

7.1 符號微積分（Symbolic calculus）

在數學分析中，微積分（Calculus）一直是十分重要的內容，整個高等數學就是建立在微積分運算的基礎上，同時，微積分也是微分方程系統的基礎內容。在 MATLAB 中，提供了一些常見的函數來支援這些微積分運算，所涉及的領域包括極限（Limit）、微分（Derivative）、積分（Integral）和級數（Series）等各個層面。

和數值計算相比，儘管符號計算一般需要消耗更多的資源，但是這並不意味著符號計算沒有使用的場合。在有些情況下，符號計算比數值計算更加便捷。

7.1.1 符號極限

根據高等數學的基本知識，運算式的極限是微分的基礎。極限的定義則是當因變數超於某個範圍或者數值時，函數運算式的數值。無窮逼近也是微積分的基礎方法，因此，極限是整個微積分的基礎。

求符號運算式的極限是比較常見的操作，MATLAB 符號數學工具箱提供了求解符號運算式極限的函數 limit。該函數的呼叫格式如表 7-1 所示：

表 7-1　limit 函數呼叫格式

呼叫格式	說明
limit(f)	對 x 求趨近於 0 的極限
limit(f,x,a)	對 x 求趨近於 a 的極限，當左右極限不相等時，則極限不存在
limit(f,x,a,left)	對 x 求由左邊趨近於 a 的左極限
limit(f,x,a,right)	對 x 求由右邊趨近於 a 的右極限

範例 7-1　分別求 1/x 在 0 處從兩邊趨近、從左邊趨近和從右邊趨近的三個極限值。

```
>> f=sym('1/x')
f =
1/x

>> limit(f)                    %對 x 來趨近於 0 的極限
ans =
NaN

>> limit (f, 'x', 0)           %對 x 求趨近於 0 的極限
ans =
```

```
NaN

>> limit (f, 'x', 0, 'left')          %由左邊趨近於 0
ans =
-Inf

>> limit (f, 'x', 0, 'right')         %由右邊趨近於 0
ans =
Inf
```

當左右極限不相等，運算式的極限不存在為 NaN。

採用極限方法也可以用來求函數的導數：。

在範例 7-1 的基礎上，求函數 cos(x)的導數。

```
>> syms t x
>> limit((cos(x+t)-cos(x))/t, t, 0)
ans =
-sin(x)
```

7.1.2　符號微分

在 MATLAB 中，函數 diff 用來求符號運算式的微分。該函數的呼叫格式如表 7-2 所示。

表 7-2　diff 函數呼叫格式

呼叫格式	說明
diff(f)	求 f 對自由變數的一階微分
diff(f,t)	求 f 對符號物件 t 的一階微分
diff(f,n)	求 f 對自由變數的 n 階微分
diff(f,t,n)	求 f 對符號物件 t 的 n 階微分

範例 7-2　　已知 $f(x)=ax^2+bx+c$，求 f(x)的微分。

```
>> f=sym('a*x^2+b*x+c')
F =
A*x^2 + b*x + c

>> diff(f)             %對預設自由變數 x 求一階微分
ans =
b + 2*a*x
>> diff (f, 'a')       %對符號物件 a 求一階微分
ans =
x^2

>> dif(f, 'x', 2)      %對符號物件 x 求二階微分
```

```
ans =
2*a

>> diff(f,3)          %對預設自由變數 x 求三階微分
ans =
0
```

微分函數 diff 也可以用於符號矩陣，其結果是對矩陣的每一個元素來進行微分運算。

在範例 7-2 的基礎上，對符號矩陣 $\begin{bmatrix} 2x & t^2 \\ t\sin(x) & e^x \end{bmatrix}$ 求微分。

```
>> sym t x
>> g=[2*x t^2; t*sin(x) exp(x)]     %建立符號矩陣
g =
[ 2*x, t^2]
[ t*sin(x), exp(x)]

>> diff(g)                          %對預設自由變數 x 求一階微分
ans =
[ 2, 0]
[ t*cos(x), exp(x)]

>> diff (g,'t')                     %對符號物件 t 求一階微分
ans =
[ 0, 2*t]
[ sin(x), 0]

>> diff(g,2)                        %對預設自由變數 x 求二階微分
ans =
[ 0, 0]
[ -t*sin(x), exp(x)]
```

Diff 還可以用於對陣列中的元素來進行逐項求差項。

在範例 7-2 的基礎上，使用 diff 計算向量之間元素的差值。

```
>> x1=0:0.5:2;
>> y1=sin(x1)
y1 =
    0      0.4794   0.8415   0.9975   0.9093

>> diff(y1) %計算元素差
ans =
    0.4794   0.3620   0.1560   -0.0882
```

計算出的差值比原來的向量少一列。

7.1.3　符號積分

在數學分析中，積分和微分是一種互逆的運算。積分包括不定積分、定積分、旁義積分和重積分等。一般來講，積分比微分更難求解。

在 MATLAB 符號數學工具箱中，提供了函數 int 來求解符號積分。Int 指令可以直接連接 Maple，來進行十分有效的積分求解。

在數值積分相比，符號積分的指令（Command），適應性比較強，但是可能會占用較長的時間。有時符號積分可能會給出比較冗長的符號運算式。如果求解的是不可積的運算式，int 指令會返回積分的原式並顯示警告或錯誤資訊。

int 函數的呼叫格式如表 7-3 所示。

表 7-3　int 函數呼叫格式

呼叫格式	說明
int(f,'t')	求符號物件 t 的不定積分。t 為符號物件，當 t 省略時，則為預設自由變數
int(f,'t',a,b)	求符號物件 t 的積分。a 和 b 為數值，[a,b]為積分區間
int(f,'t','m','n')	求符號物件 t 的積分。m 和 n 為符號物件，[m,n]為積分區間；與符號微分相比，符號積分複雜得多

範例 7-3　求積分 $\int \cos(x)$ 和 $\iint cox(x)$。

```
>> f=sym('cos(x)');
>> int(f)                 %求不定積分
ans =
sin(x)

>> int (f, 0, pi/3)       %求定積分
ans =
3^(1/3) / 2

>> int(f, 'a', 'b')       %求定積分
ans =
sin(b) - sin(a)

>> int(int(f))            %求多重積分
ans =
-cos(x)
```

diff 和 int 指令也可以直接對字元串 f 來進行運算；

```
>> f='cos(x)'
f =
cos(x)
```

在範例 7-3 的基礎上，求符號矩陣 $\begin{bmatrix} 2x & t^2 \\ t\sin(x) & e^2 \end{bmatrix}$ 的積分。

```
>> syms t x
>> g=[2*x t^2; t*sin(x) exp(x)]        %建立符號矩陣
g =
[   2*x,   t^2]
[ t*sin(x), exp(x)]

>> int(g)                              %對 x 求不定積分
ans =
[   x^2, t^2*x]
[-t*cos(x), exp(x)]

>> int(g, 't')                         %對 t 求不定積分
ans =
[   2*t*x,   t^3/3]
[ (t^2*sin(x))/2, t*exp(x)]

>> int (g, sym('a'), sym('b'))         %對 x 求定積分
ans =
[   b^2 - a^2,  -t^2*(a - b)]
[ t*(cos(a) - cos(b)), exp(b) - exp(a)]
```

7.1.4 符號級數

在數學分析中，級數是一項重要內容，MATLAB 提供 SYMSUM 和 TAYLOR 函數來求解級數。

1. symsum 函數

symsum 函數的呼叫格式如表 7-4 所示。

表 7-4 symsum 函數呼叫格式

呼叫格式	說明
symsum(s,x,a,b)	計算運算式 s 的級數和。x 為因變數，若 x 省略，則預設為對自由變數求和；s 為符號運算式；[a,b]為參數 x 的取值範圍

範例 **7-4**   求級數 $1+\dfrac{1}{2^2}+\dfrac{1}{3^2}+\cdots+\dfrac{1}{k^2}+\cdots$ 和 $1+x+x^2+\ldots+x^k+\ldots$ 的和。

```
>> syms x k
>> s1=symsum (1/k^2, 1, 10)            %計算級數的前 10 項和
s1 =
1968329 / 1270080

>> s2=symsun(1/k^2, 1, inf)           %計算級數和
```

```
s2 =
pi^2/6
>> s3=symsum (x^k, 'k', 0, inf)        %計算對 k 為因變數的級數和
s3 =
piecewise ([1 <= x, Inf], [abs(x) < I, -1/(x - 1)])
```

2. taylor 函數

taylor 函數的呼叫格式如表 7-5 所示。

表 7-5　taylor 函數呼叫格式

呼叫格式	說明
taylor(f,x,n)	求泰勒級數展開。x 為因變數，f 為符號運算式；對 f 進行泰勒級數展開至 n 項，參數 n 省略掉，則預設展開前 5 項

在範例 7-4 的基礎上，求 ex 的泰勒展開式為：$1+x+\dfrac{1}{2}\cdot x^2+\dfrac{1}{2\times3}\cdot x^3+\cdots+\dfrac{1}{k!}\cdot x^{k-1}+\cdots$。

```
>> syms x
>> s1=taylor(exp(x), 8)        %展開前 8 項
s1
x^7/5040 + x^6/720 + x^5/120 + x^4/24 + x^3/6 + x^2/2 + x + 1

>> s2=taylor(exp(x))           %預設展開前 5 項
s2 =
x^5/120 + x^4/24 + x^3/6 + x^2/2 + x + 1
```

7.2　符號積分變換

透過數學變換可以將複雜的計算轉換為簡單的計算。其中，積分變換是數學變換中的一項重要內容。所謂積分變換，就是透過積分計算，把一類函數 A 變換為另一類函數 B，函數 B 一般是含有參數 a 的積分。這一變換的目的就是將函數類 A 中的函數透過積分運算變成另一個函數類 B 中的函數。

積分變換的方法在自然科學和實際工程中具有廣泛的應用，是一個不可或缺的運算工具。在本節中，將介紹三個主要的積分變換：傅麗葉（Fourier）變換、拉普拉斯（Laplace）變換和 Z 變換。

7.2.1 傅麗葉（Fourier）變換及其逆變換

傅麗葉（Fourier transformation）變換和傅麗葉（Fourier Inverse transformation）逆變換可以利用積分函數 int 來執行，也可以直接使用 fourier 或 ifourier 函數執行。

1. 傅麗葉變換

傅麗葉變換可以透過 fourier 函數執行，該函數叫格式如表 7-6 所示。

表 7-6　fourier 函數呼叫格式

呼叫格式	説明
F=fourier(f,t,w)	求時域函數 f(t)的 fourier 變換 F。返回結果 F 是符號物件 w 的函數，當省略參數 w 時，預設返回結果為 w 的函數；f 為 t 的函數，當省略參數 t 時，預設自由變數為 x

2. 傅麗葉逆變換

傅麗葉逆變換可以透過 ifourier 函數來執行，該函數的呼叫格式如表 7-7 所示。

表 7-7　ifourier 函數呼叫格式

呼叫格式	説明
f=ifourier(F)	求頻域函數 F 的 fourier 逆變換 f(t)。參數的含義同表 6-23
f=ifourier(F,w,t)	參數的含義同表 6-23

Ifourier 函數的用法與 fourier 函數相同。

範例 **7-5**　計算 $f(t) = \dfrac{1}{t}$ 的 fourier 變換 F 以及 F 的 fourier 逆變換。

```
>> syms t w
>> F=fourier(1/t, t, w)      %fourier 變換
F =
pi * (2*Heaviside(-w) - 1)*1

>> f = ifourier(F,t)         %fourier 逆變換
f =
1/t

>> f=ifourier(F)             %fourier 逆變換預設 x 為因變數
f =
1/x
```

其中，Heaviside(t)是以數學家 Heaviside 的名字命名的單位階梯函數 $\begin{cases} 1, t \geq 0 \\ 0, t < 0 \end{cases}$ 。

在範例 7-5 的基礎上，求單位階梯函數的 fourier 變換。

```
>> fourier (sym('Heaviside(t)'))
ans =
transform::fourier(Heaviside(t), t, -w)
```

7.2.2　拉普拉斯（Laplace）變換及其逆變換

拉普拉斯(Laplace)也是以積分來定義的，因此，可以用 int 指令直接求解拉普拉斯變換。同時，MATLAB 中提供了專門的拉普拉斯變換程式：laplace 和 ilaplace 指令。

1. 拉普拉斯變換

拉普拉斯變換可以透過 Laplace 函數來加以執行，該函數的呼叫格式如表 7-8 所示。

表 7-8　Laplace 函數呼叫格式

呼叫格式	說明
F=laplace(f,t,s)	求時域函數 f 的 laplace 變換 F。返回結果 F 為 s 的函數，當參數 s 省略，返回結果 F 預設為 s'的函數：f 為 t 的函數，當參數 t 省略，預設自由變數為 "t"

範例 7-6　求 sin(at)和階梯函數的 laplace 變換。

```
>> syms a t s
>> F1=laplace (sin(a*t), t, s)        %求 sinat 的 laplace 變換
F1 =
a/(a^2 + s^2)

>> F2=laplace(sym('Heaviside(t)'))   %求階梯函數的 laplace 變換
F2 =
laplace (Heaviside(t), t, s)
```

2. 拉普拉斯逆變換

拉普拉斯逆變換可以透過 ilaplace 函數來執行，該函數的呼叫格式如表 7-9 所示。

表 7-9　ilaplace 函數呼叫格式

呼叫格式	說明
f=ilaplace(F,s,t)	求 F 的 laplace 逆變換 f。參數與表 6-25 相同

在範例 7-6 的基礎上，求 $\dfrac{1}{s+a}$ 和 1 的 Laplace 逆變換。

```
>> syms s a t
>> f1=ilaplace(1/(s+a), s, t)         %求 1/s+a 的 Laplace 逆變換（Inverse transformation）
f1
```

```
1/exp(a*t)

>> f2=ilaplace (1,s,t)                %求 1 的 Laplace 逆變換是脈衝函數（Impulse function）
f2 =
dirac (t)
```

7.2.3　Z 變換及其逆變換

　　與傅麗葉變換和拉普拉斯變換不同，Z 變換適用於離散的因果系列。Z 變換有很多具體的計算方法：冪級數展開、部分分式展開和圍線積分法（Contour integral）等。在 MATLAB 之中，和 Z 變換相關的指令所採用的是圍線積分法。

1. Z 變換

　　Z 變換可以透過 ztrans 函數執行，該函數的呼叫格式如表 7-10 所示。

表 7-10　ztrans 函數呼叫格式

呼叫格式	說明
F=ztrans(f,n,z)	求時域序列 f 的 Z 變換 F。返回結果 F 是以符號物件 z 為因變數；當參數 n 省略，預設因變數為'n'；當省略參數 z 時，則返回結果預設為'z'的函數

範例　**7-7**　　求階梯函數、脈衝函數和 e-at 的 Z 變換。

```
>> syms a n z t
>> Fz1=ztrans (sym('Heaviside(t)'), n, z)    %求階梯函數的 z 變換
Fz1 =
(z*Heaviside(t))/(z - 1)

>> f2=iztrans (Fz2, z, n)
f2 =
Dirac(1)*kronekerDelta(n, 0) - Dirac(t)*(kroneckerDelta(n, 0) - 1)

>> f3=iztrans(Fz3,z,n)
f3 =
kroneckerDelta(n, 0)/exp(a*t) - (kroneckerDelta(n, 0) - 1)/exp(a*t)
```

在代數和數學分析中，求解方程不止是一項基本內容，更是一項十分重要的內容。

7.3.1 代數方程

當方程不存在解析解，又無其他自由參數時，MATLAB 可以用 solve 指令給出方程的數值解。該函數的呼叫格式如表 7-11 所示。

表 7-11 solve 函數呼叫格式

呼叫格式	說明
g=solve(eq)	求解 eq=0 的方程，eq 可以是符號運算式或不帶符號的字元串形式；因變數採用預設變數，透過函數 findsym 函數來加以確定
g=solve(eq,v)	求解 eq=0 的方程，因變數由 v 指定。其中 eq 和上一種呼叫方式相同；返回值 g 是由方程的所有解所構成的列向量
g=solve(eq1,eq2,...,eqn)	求解符號運算式或不帶符號的字元中的運算式，eq1、eq2、...、eqn 所構成的方程式，其中因變數採用預設變數，可以透過函數 findsym 函數來確定
G=solve(eq1,eq2,...eqn, v1, v2, ..., vn)	求解符號運算式或不帶符號的字元串運算式 eq1、eq2、...、eqn 所構成的方程式，其中因變數由參數 v1、v2、...、vn 確定

範例 **7-8** 求方程式 $ax^2+bx+c=0$ 和 $sinx=0$ 的解。

```
>> f1=sym('a*x^2+b*x+c')        %無等號
f1 =
a*x^2 + b*x + c

>> solve(f1)           %求方程式的解 x
ans =
 -(b + (b^2 - 4*a*c)^(1/2) / (2*a)
 -(b - (b^2 - 4*a*c)^(1/2) / (2*a)
>> f2=sym('sin(x)')
f =
sin(x)

>> solve(f2, 'x')
ans =
 0
```

當 $sinx=0$，且有多個解時，只能得出 0 附近的有限幾個解。

範例 **7-9**　求三元非線性方程組

$$\begin{cases} x^2 + 2x + 1 = 0 \\ x + 3z = 4 \\ y * z = -1 \end{cases} \quad \text{的解。}$$

```
>> eq1=sym('x^2+2*x+1');
>> eq2=sym('x+3*z=4');
>> eq4=sym ('y*z=-1');
>> [x,y,z]=solve(eq1, eq2, eq3)        %解方程組並賦值給 x, y, z
x =
-1
y =
-3/5
z =
5/3
```

輸出結果為 "結構物件"，如果最後一行指令變為 "S=solve(eq1,squ2, sq3)，則結果為：

```
>> S=solve(eq1, eq2, eq3)
S =
    x: [1x1 sym]
    y: [1x1 sym]
    z: [1x1 sym]
```

7.3.2　符號微分方程

相對於符號線性代數方程組的求解，微分方程的求解稍微複雜一些。限於篇幅，本章只介紹如何使用 MATLAB 求解常用的微分方程組。MATLAB 同樣可以求解偏微分方程組，但是過程十分複雜。

前面已經介紹了微分方程的數值求解方法，與初值問題求解相比，微分方程邊界值的求解顯得複雜和困難。但是，對於符號求解而言，不論是起始值問題還是邊界值問題，其求解微分方程的指令都很簡單。另一方面，符號微分方程的計算可能會花費較多的時間，可能得不到簡單的解析解，可能得不到封閉形式的解，甚至可能得不到解。從這個角度而言，求解微分方程的數值解和解析解是互補的方法。

MATLAB 提供了 dsolve 指令用於對符號分方程來進行求解。該函數的呼叫格式如表 7-12 所示。

表 7-12　desolve 函數呼叫格式

呼叫格式	說明
dsolve(eq,con,v)	求解微分方程。eq 為微分方程；com 是微分起始條件，可省略；v 為指定自由變數，省略時，則 x 或 t 預設為自由變數；輸出結果為結構陣列類型
Dsolve(eq1,eq2…, con1, con2…, y1, y2)	求解微分方程組。參數含義同上

關於該函數的內容，有下列幾個要點需要加以注意：

❶ 當 y 是應變數（Dependent variable）時，微分方程'eq'的表述規定為：

y 的一階導數 $\dfrac{dy}{dx}$ 或 $\dfrac{dy}{dt}$ 表示為 Dy。

y 的 n 階導數 $\dfrac{d^n y}{dx^n}$ 或 $\dfrac{d^n y}{dt^n}$ 表示為 Dny。

❷ 微分起始條件'con'應寫成'y(a)=b, Dy(c)=d'的格式；當起始條件少於分方程數時，在所得解中將出現任意常數符 C1, C2…，解中任意常數符的數目等於所缺少的起始條件數。

範例 7-10　求微分方程 $x\dfrac{d^2 y}{dx^2} - 3\dfrac{dy}{dx} = x^2$，y(1)=0，y(0)=0 的解。

```
>> y=dsolve('x*D2y-3*Dy=x^2', 'x')   %求微分方程的通解
y =
C3*x^4 - x^3/3 + C2

>> y=dsolve('x*D2y-3*Dy=x^2)', 'y(1)=0, y(5)=0', 'x')  %求微分方程的特解
y =

(31*x^4) / 468 - x^3/3 + 125/468
```

範例 7-11　求微分方程組 $\dfrac{dx}{dt} = y$，$\dfrac{dy}{dt} = -x$ 的解。

```
>> [x,y]=dsolve('Dx=y, Dy=-x')
x =
C8*cos(t) + C7*sin(t)
y =
C7*cos(t) - C8*sin(t)
```

預設的自由變數是 t，C1、C2 為任意常數，程式也可以指定自由變數，結果相同。

```
>> [x,y]=dsolve('Dx=y, Dy=-x', 't')
x =
C8*cos(t) + C7*sin(t)
y =
C7*cos(t) - C8*sin(t)
```

7.4 視覺化符號分析

在 MATLAB 中，符號工具箱為符號函數的視覺化提供了一組簡易的指令，本節將著重介紹兩個數學分析的視覺化介面：單變數函數分析介面和泰勒級數逼近分析介面。其中，單一變數函數分析介面由指令 funtool 引出，泰勒級數逼近分析介面由指令 taylortool 引出。引出介面之後，後續的所有操作都可以直接在介面上進行。

7.4.1 單變數函數分析介面

在 MATLAB 中，單變數函數分析介面主要用來分析單變數函數的關係，最多可以分析兩個函數之間的關係。對於習慣使用電腦或者只做一些簡單的符號計算和圖形處理的使用者，該分析介面是一個很好的選擇。該電腦功能簡單，操作方便，可視性強。在 MATLAB 指令行視窗輸入如下指令：

```
>> funtool
```

得到如圖 7-1 所示的介面。

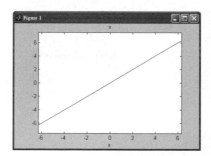
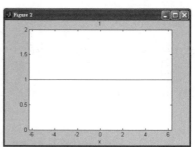
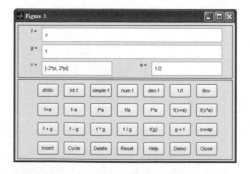

圖 7-1　單變數函數分析的預設介面

圖 7-1 所示的介面是 MATLAB 呼叫單變數函數分析的預設介面。可以看出，在預設情況下，函數 f=x，g=1，同時因變數 x 的取值範圍是[-2*pi, 2*pi]，常數是 a=1/2。同時可以看出，這個函數介面由兩個圖形視窗和一個函數運算控制視窗共三個獨立視窗組成。在任何時候，兩個圖形視窗只有一個處於啟動狀態，而函運算控制視窗上的操作只能對被啟動的圖形視窗發揮功能。

為了展示如何使用該運算介面，本節將修改 f 和 g 的函數運算式，查閱各種操作的結果和圖形的變化，修改之後的介面如圖 7-2 所示。

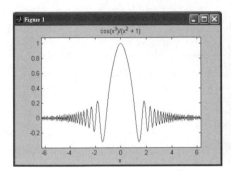
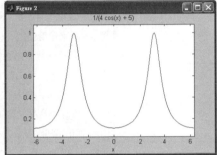

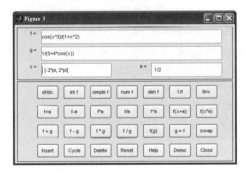

圖 7-2　修改函數運算式和範圍

在函數操作介面中，有一個控制按鈕區域，按下該區域的按鈕，將對函數 f 轉換成不同的形式與執行不同的操作。各個按鈕的含義如表 7-13 所示。

表 7-13　控制區按鈕及其功能

名稱	功能
df/dx	函數 f 的導數
intf	導數 f 的積分(沒有常數的一個原有函數)，當函數 f 的原有函數不能用初等函數來表示時，操作可能產生失敗
simple f	化簡函數 f
num f	函數 f 的分子

名稱	功能
den f	函數 f 的分母
1/f	函數 f 的倒數
finv	函數 f 的反函數，若函數 f 的反函數不存在，操作可能失敗
f+a	用 f(x)+a 來代替函數 f(x)
f-a	用 f(x)-a 來代替函數 f(x)
f*a	用 f(x)*a 來代替函數 f(x)
f/a	用 f(x)/a 來代替函數 f(x)
f^a	用 f(x)^a 來代替函數 f(x)
f(x+a)	用 f(x+a) 來代替函數 f(x)
f(x*a)	用 f(x-a) 來代替函數 f(x)
f+g	用 f(x)+f(g) 來代替函數 f(x)
f-g	用 f(x)-f(g) 來代替函數 f(x)
f*g	用 f(x)*f(g) 來代替函數 f(x)
f/g	用 f(x)/f(g) 來代替函數 f(x)
g=f	用函數 f(x) 來代替函數 g(x)
swap	函數 f(x) 與 g(x) 互換
Insert	將函數 f(x) 儲存到函數記憶體中的最後面
Cycle	用記憶體函數列表中的第二項來代替函數 f(x)
Delete	從記憶體函數列表中刪除函數 f(x)
Reset	重新設定電腦為起始狀態
Help	顯示線上關於電腦的協助
Demo	執行該電腦的展示程式
Close	關閉電腦的三個視窗（Windows）

　　該介面實際上是一個已經製作好的 GUI 介面，如果讀者希望查看其原始碼，或者在其基礎上進行修改，可以按一下介面中的 "Help"按鈕，MATLAB 會呼叫相關的指令，打開單一變數函數分析介面協助視窗，如圖 7-3 所示。

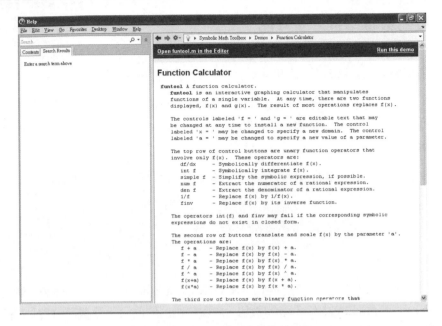

圖 7-3　單一變數函數分析介面協助視窗

在圖 7-3 所示的視窗中，按一下 "View code for funtool" 超級鏈結（Hyper link），就可以看見該 GUI 介面所對應的 M 檔案，如圖 7-4 所示。

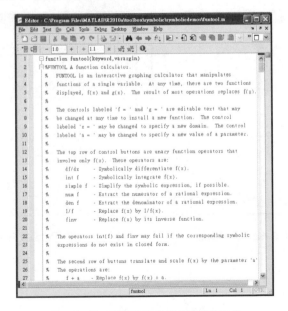

圖 7-4　單一變數函數分析介面原始程式

7.4.2 泰勒級數逼近分析介面

在 MATLAB 的符號工具箱中，為使用者提供了 "taylor" 指令來求解符號運算的泰勒級數展開式，使用該指令可以求解任何符號運算式在任意資料點的泰勒級數展開式。

泰勒級數逼近是一種十分常見的函數分析方法，該工具的功能主要是分析某範圍內的函數形態。因此，如果能夠繪對應範圍內的函數圖形，可以更加直觀地分析函數的泰勒級數逼近和原來函數的形態。

為了滿足上面的條件，MATLAB 提供了泰勒級數逼近分析介面，在 MATLAB 指令行視窗輸入如下指令：

```
>> taylortool
```

得到如圖 7-5 所示的介面。

在上面的介面中，a 表示級數的展開點；N 表示級數展開的級數，可以透過右側的按鈕來改變數值，也可以在編輯框中輸入階的數值。函數級數展開的預設範圍是(-2*pi, 2*pi)，可以在對應的編輯框中修改範圍的數值。

在圖 7-5 所示的介面中，使用者可以修改級數展開（Series expansion）的所有參數（Parameter），查閱介面的對應變化，如下圖所示：

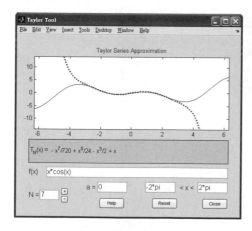

圖 7-5　泰勒級數逼近分析預設介面

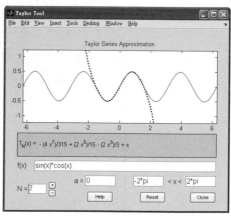

圖 7-6　對不同的函數來進行泰勒級數展開

7.5　Maple 函數的使用

在 Maple 軟體中，有 2000 多條符號計算指令。前面已經多次使用 Maple 的相關指令，但是這些都只涉及最常見的操作。在 MATLAB 中，為了進一步利用 Maple 軟體的符號計算能力，可以利用多種 MATLAB 和 Maple 中的介面程式。其中，sym 和 maple 指令可以直接呼叫 Maple 中的計算程式，而 mhelp、mfun 等指令則可以對 Maple 的相關函數來進行查詢和查看等。

7.5.1　存取 Maple 函數

Maple 具有很強大的符號計算功能和豐富的經典應用數學函數，這些資源以庫的形式提供給 MATLAB，由於不是 M 文件，因此，不能直接在 MATLAB 中使用。MATLAB 為此提供了專用的函數作為介面，透過這些介面函數訪問 Maple 的核心，從而可以很容易地呼叫 Maple 的絕大多數功能。

1. maple 函數

利用符號工具箱中的 maple 函數可以直接訪問 Maple 中的任何函數。這個函數採用符號物件、字元串、雙精確度數作為輸入。返回與輸入相對應的物件、字元串和雙精度數。也可以使用 maple 函數呼叫使用者編寫的符號計算程式。

Maple 函數的呼叫格式如 7-14 所示。

表 7-14　maple 函數呼叫格式

呼叫格式	說明
r=maple(statement)	將參數指令 statement 傳遞給 Maple 核心，返回計算結果。在必要時，可以在參數 statement 後面加上分號(;)
r=maple('fun',arg1,arg2…)	該指令接受任何帶引號的函數名稱'fun'，與相關的輸入參數 arg1、arg2、…。在必要時，要將輸入參數轉換為符號運算式。如輸入參數為 syms，則 maple 返回一個 sym，否則返回一個類型為 char 的結果
[r,status]=maple(…)	有條件地返回警告或錯誤資訊。當敘述能順利執行時，則 r 為計算結果，status 為 0；若敘述不能透過執行，則 r 為相應的警告或錯誤資訊，而 status 為一正整數
maple('traceon'),maple traceon, maple trace on	將顯示後面所有的 Maple 敘述及其相應的操作特性
maple('traceoff'), maple traceoff, maple trace off	將關閉上面的操作特性

範例 7-12 利用 Maple 的 discrim 函數，計算多項式的判別式。

```
>> maple('discrim(a*x^2+b*x+c,x)')
ans =
-4*a*c+b^2
也可以用敘述執行：
>> syms a b c x
>> maple ('discrim', a*x^2+b*x+c, 'x')
ans =
-4*a*c+b^2
```

2. mfun 函數

在符號工具箱中，有 50 多個經典的應用數學的特殊函數可供呼叫，其中絕大部分在 MATLAB 中並不能直接加以求解。這些函數可以透過 mfun 函數的訪問（Visit），其呼叫格式如表 7-15 所示。

表 7-15　mfun 函數呼叫格式

呼叫格式	説明
Mfun('fun',p1,p2,…)	'fun'為函數名稱：p1, p2…為函數的參數

範例 7-13 利用 gcd 函數來計算最大公約數。

```
>> mfun ('gcd', 20, 30)
ans =
    10
```

7.5.2　獲得 Maple 的協助

上面已經介紹如何在 MATLAB 中呼叫 Maple 中的指令，限於篇幅，不再介紹 Maple 中的所有指令，如果讀者需要了解某一個指令在 Maple 中的使用方法，可以使用 Maple 的協助功能。

1. mfunlist 指令

Mfunlist 指令用列出能被 "mfun"指令計算的經典特殊 Maple 函數。

在 MATLAB 指令行視窗輸入下列指令：

```
>> MFUNLIST
```

按一下返回鍵，得到如下的執行結果：

```
Mfunlist Special function for MFUN.
   The following special functions are listed in alphabetical order according to the
third column. N denotes an integer argument, x denotes a real argument, and z denotes a
complex argument. For more detailed descriptions of the functions, including any argument
restrictions, see the documentation of the active symbolic engine.


   Bernoulli          n              Bernoulli Numbers
   Bernoulli          n,z            Bernoulli Polynomials
   Bessel I           nx,x           Bessel Function of the First Kind
   Bessel J           x1,x           Bessel Function of the First Kind
   Bessel K           x1,x           Bessel Function of the Second Kind
   Bessel Y           x1,x           Bessel Function of the Second Kind
   Beta               z1, z2         Beta Function
   Binomial           x1,x2          Beta Function
   Binomial           x1,x2          Binomial Coefficients
   Binomial           x1,x2          Binomial Coefficients
   Elliptic F -       z,k            Incomplete Elliptic Integral, First Kind
   Elliptic K -       k              Complete Elliptic Integral, First Kind
   Elliptic CK -      k              complementary Complete Integral, First Kind
   Elliptic E -       k              Complete Elliptic Integrals, Second Kind
   Elliptic E -       z,k            Incomplete Elliptic Integrals, Second Kind
   Elliptic CE -      k              Complementary Complete Elliptic Integral, Second Kind
   Elliptic Pi -      nu, k          Complete Elliptic Integrals, Third Kind
   Elliptic Pi -      z,nu,k         Incomplete Elliptic Integrals, Third Kind
   Elliptic CPi -     nu, k          Complementary Complete Elliptic Integral, Third Kind
   erfc               z              Complementary Error Function
   erfc               n,z            Complementary Error Function's Iterated Integrals
   Ci                 z              Cosine Integral
   dawson             x              Dawson's Integral
   Psi                z              Digamma Function
   dilog              x              Dilogarithm Integral
   eff                z              Error Function
   euler              n              Euler Numbers
   euler              n,z            Euler Polynomials
   Ei                 x              Exponential Integral
   Ei                 n,z            Exponential Integral
   Fresnel C          x              Fresnel Cosine Integral
   Frensnel S         x              Fresnel Sine Integral
   GAMMA              z              Gamma Function
   harmonic           n              Harmonic Function
   Chi                z              Hyperbolic Cosine Integral
   Shi                z              Hyperbolic Sine Integral
   GAMMA              z1,z2          Incomplete Gamma Function
   W                  z              Lambert's W Function
   W                  n,z            Lambert's W Function
   InGAMMA            z              Logarithm of the Gamma function
   Li                 x              Logarithmic Integral
   Psi                n,z            Polygamma Function
   Ssi                z              Shifted Sine Integral
   Si                 z              Sine Integral
```

```
Zeta            z            (Riemann) Zeta Function
Zeta            n,z          (Riemann) Zeta Function
Zeta            n,z,x        (Riemann) Zeta Function
    Orthogonal Polynomials
T               n,x          Chebyshev of the First Kind
U               n,x          Chebyshev of the Second Kind
G               n,x1,x       Gegenbauer
H               n,x          Hermite
P               n,x1,x2,x    Jacobi
L               n,x          Laguerre
L               n,x1,x       Generalized Laguerre
P               n,x          Legendre
   See also mfun, symengine.


   Reference page in Help browser
      Doc mfunlist
```

2. mhelp 指令

Mhelp 指令用來搜尋（Search）關於 Maple 程式庫函數（Library function）及其呼叫方法的協助。

❶ 使用 "mhelp index" 可以查閱 Maple 的索引目錄。

❷ 使用 "mhelp index [分類名稱]" 可以深入地查閱 Maple 的某個實際類別。當輸入 "mhelp index" 指令時，會出現如表 7-16 所示的類別名稱。

表 7-16　Maple 的函數類別及其含義

類別名稱	說明
Expression	運算式敘述指令集
Function	函數指令集

7.6 重點回顧

本章較為詳細地介紹了關於符號計算的內容，包括符號微積分和符號方程等。在 MATLAB 中，符號計算品質上屬於數值計算的補充部分，並不能算是 MATLAB 核心內容。但是，關於符號計算的指令、符號計算結果的圖形顯示、計算程式的編寫者或協助系統等，都是十分完整和便捷的。在瞭解了這些內容之後，讀者基本上就可以在 MATLAB 中利用符號計算來解決科學計算和工程問題了。

習題

1. 求下列兩個方程式的解。（提示：關於符號變數的假設要注意。）

   (1) 試寫出求三階方程 $x^3-47.2=0$ 正實根的程式。注意：只要正實根。

   (2) 試求二階方程式 $x^3-ax+a^2=0$ 在 $a>0$ 時的根。

2. 觀察一個數（在此用@記述）在下列四條件不同指令作用下的異同：

   a=@, b=sym(@), c=sym(@,'d'), d=sym('@')

   在此，@分別代表實際的數值 7/3，pi/3，pi*3^(1/3)；而一同透過 vpa(abs(a-d)，vpa(abs(b-d)，vpa(abs(c-d)等來加以觀察。

3. 求符號矩陣 $A = \begin{bmatrix} a_{11} & a_{12} & a_{13} \\ a_{21} & a_{22} & a_{23} \\ a_{31} & a_{32} & a_{33} \end{bmatrix}$ 的行列式值和逆矩陣，所得結果應採用 "子運算式置換" 簡潔化。

4. 對函數 $f(k) = \begin{cases} a^k & k \geq 0 \\ 0 & k < 0 \end{cases}$，當 a 為正實數時，求 $\sum\limits_{k=0}^{\infty} f(k)z^{-k}$。（提示：symsum。實際上，這就是根據定義求 Z 變換問題。）

5. 對於 x>0，求 $\sum\limits_{k=0}^{\infty} \frac{2}{2k+1}\left(\frac{x-1}{x+1}\right)^{2k+1}$。（提示：理論結果為 lnx：注意限定性假設。）

6. (1) 透過符號計算求 $y(t) = |\sin t|$ 的導數 $\dfrac{dy}{dt}$。

   (2) 然後根據此結果，求 $\dfrac{dy}{dt}\bigg|_{t=0}$ 和 $\dfrac{dy}{dt}\bigg|_{t=\frac{\pi}{2}}$。

7. 求出 $\int_{-5\pi}^{1.7\pi} e^{-|x|}|\sin x|\,dx$ 的具有 64 位有效數字的積分值。（提示：int, vpa, ezplot。）

8. 計算二重積分 $\int_1^2 \int_1^{x^2} (x^2+y^2) = dydx$。

9. 在 $[0.2\pi]$ 區間，畫出 $y(x) = \int_0^x \frac{\sin t}{t}\,dt$ 曲線，並計算 y(7.2)。（提示：int, subs。）

習題

10. 在 n>0 的限制下，求 $y(n) = \int_0^{\frac{\pi}{2}} \sin^n x\, dx$ 的一般積分運算式，並計算 $y\left(\frac{1}{3}\right)$ 的 32 位有效數字運算。（提示：注意限定條件；注意題目要求 32 位有效。）

11. 有序列 $x(k) = a^k$ ， $h(k) = b^k$ ，（ 在此 $k \geq 0$ ，$a \neq b$ ）求這兩個序列的卷積 $y(k) = \sum_{n=0}^{k} h(n)x(k-n) = a^k$ 。（提示：symsum, subs。）

12. 設系統的衝激反應為 $h(t) = e^{-3t}$ ，求該系統在輸入 u(t)=cost，$t \geq 0$ 作用下的輸出。（提示：直接卷積法，變換法均可。）

13. 求 $f(t) = Ae^{-a|t|}$ ，a>0 的 fourier 變換。（提示：注意限定。）

14. 求 $\begin{cases} A\left(1 - \dfrac{|t|}{\tau}\right) & |t| \leq \tau \\ 0 & |t| > \tau \end{cases}$ 的 Fourier 變換，並畫出 A=2, τ =2 時的幅頻譜。

（提示：注意限定；simple。）

15. 求 $F(s) = \dfrac{s+3}{s^3 + 3s^2 + 6s + 4}$ 的 Laplace 逆變換。

16. 利用符號運算證明 Laplace 變換的時域，求導數性質：$L\left[\dfrac{df(t)}{dt}\right] = s$，$L[f(t)] - f(0)$ 。（提示：用 sym('f(t)')定義函數 f(t)。）

17. 求的 Z 變換運算式。

18. 求方程 $x^2+y^2=1, xy=2$ 的解。（提示：正確使用 solve。）

19. 採用代數狀態方程法求圖 7-7 所示結構流程圖的傳遞函數 $\dfrac{Y}{U}$ 和 $\dfrac{Y}{W}$ 。（提示：列出正確的狀態方程 $\begin{cases} x = Ax + bU + fW \\ Y = ck + dU + gW \end{cases}$ ，進而寫出相關輸入輸出對之間的傳遞函數運算式 $\dfrac{Y}{U} = c(I-A)^{-1b}b + d$ 和 $\dfrac{Y}{W} = c(I-A)^{-1}(f+g)$ ）

習題

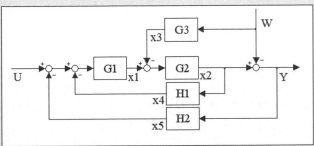

圖 7-7　結構流程圖的傳遞函數

20. 求微分方程 yy'/5+x/4=0 的通解，並繪製任意常數為 1 時，如圖 7-8 所示的解曲線圖形。（提示：通解中任意常數的替代；建構能夠完整反映所有解的統一運算式，然後加以繪圖。）

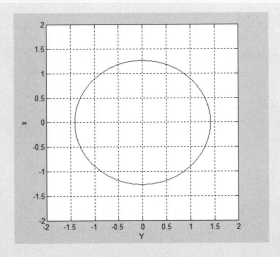

圖 7-8　微分方程的求解曲線

21. 求一階微分方程 x'=at^2+bt，x(0)=2 的解。

22. 求邊界值問題 $\dfrac{df}{dx} = 3f + 4g$ ， $\dfrac{dg}{dx} = -4f + 3g$ ， f(0)=0，g(0)=1 的解。

習題

23. 採用數值計算方法，畫出 $y(x) = \int_0^x \frac{\sin t}{t} dt$ 在[0,10]區間曲線，並計算 $y(4,5)$。

  （提示：cumtrapz 快捷，在精確度要求不高時可以使用；quad 也可試一試；要巧妙地運用 find。）

24. 求函數 $f(x) = e^{\sin^3 x}$ 的數值積分 $s = \int_0^x f(x) dx$，並請採用符號計算嘗試複算。

  （提示：各種數值法均可試。）

25. 用 quad 求取 $\int_{-5\pi}^{1.7\pi} e^{-|x|} |\sin x| dx$ 的數值積分,並保證積分的絕對精確度為 10^{-9}。

  （體驗：試用 trapz，如何算出同樣精確度的積分。）

26. 求函數 $f(t) = (\sin 5t)^2 e^{0.06t^2} - 1.5t \cos 2t + 1.8|t| + 0.5$ 在區間[-5,5]中的提示值點。

  （提示：作圖觀察。）

27. 設 $\frac{d^2 y(t)}{dt^2} - 3\frac{dy(t)}{dt} + 2y(t) = 1$ ， $y(0) = 1$ ， $\frac{dy(0)}{dt} = 0$ ，用數值法和符號法求 $Y(t)|_{t=0.5}$ 。（提示：注意 ode45 和 dsolve 的用法。）

PART 2

MATLAB 基礎繪圖

圖形具有直覺化形象、清晰易懂的優點，能給人視覺上的強烈衝擊。運用圖形來顯示數學計算的結果，可以讓使用者更加容易瞭解和接受，更能夠增加說服力。MATLAB 提供了極其豐富的繪圖功能，它具有數百個繪圖和圖形操作方面的函數，如果使用者利用這些函數，不僅可以繪製 2D、3D 甚至更高維度的立體圖形，還可以運用對圖形的線型、平面、色彩、光線和角度等要素的控制，使得繪製的圖形更為美侖美奐與盡善盡美。

MATLAB 繪圖的一般步驟包括：(1)輸入圖形的數據與資料；(2)呼叫繪圖函數來加以繪圖；(3)設定圖形屬性，包括座標軸標註、顏色設定、線型設定等，以達到較為理想的呈現方式，此步驟也可以和步驟(2)合併，透過對繪圖指令增加後序形式來直接執行；(4)輸出或列印檔案圖形。其中步驟(2)和(3)是繪圖技術所要確實掌握的要點，而圖形屬性和圖形物件的處理方法是繪圖技術的難題，讀者應該加強這方面的研究和瞭解程度。

一張圖勝過千言萬語　～中國古諺

2D 圖形的繪製

在繪製 MATLAB 圖形的過程中，我們最先涉及的就是 2D 曲線圖形的繪製問題。其中不僅僅是繪製基本的 2D 圖形，還有相當多的特殊 2D 圖形的繪製，例如：長條圖、直方圖、扇形圖等。同時，對繪製圖形的文字標註能夠協助使用者自己和其他閱讀者更有效地了解圖形本身所隱含的含義。本節將介紹基本的 MATLAB 2D 圖形的繪製方法，並依據完整的步驟來闡述一個圖形產生的流程，以便將所分析的資料立即地以圖形的方式來加以有效地識別。

8.1　2D 圖形繪製

在繪製 MATLAB 圖形的過程中，我們最先涉及的就是 2D 曲線圖形的繪製。其中不僅僅是繪製基本的 2D 圖形，還有相當多的特殊 2D 圖形的繪製，例如：長條圖、直方圖、扇形圖等。同時，對繪製圖形的文字標註能夠協助使用者自己和其他閱讀者更好地了解圖形本身的含義。本節介紹基本的 MATLAB 2D 圖形的繪製方法，並依據完整的步驟來說明一個圖形產生的流程，以便將分析的資料立即以圖形形式來加以識別。

8.1.1　基本 2D 繪圖

MATLAB 中提供了一些非常實用的基本 2D 繪圖函數，以協助使用者繪製一連串的向量資料，如表 8-1 所示。

表 8-1　基本 2D 繪圖函數

函數名稱	用法	函數名稱	用法
plot	2D 曲線圖	area	面積圖
polar	2D 極座標圖	pie	扇形圖
loglog	雙軸對數座標圖	scatter	散點圖
semilogx	X 軸對數刻度 2D 繪圖	hist	柱形圖
semilogy	Y 軸對數刻度 2D 繪圖	Error bar	誤差圖
bar	垂直長條圖	stem	火柴桿圖
barh	水平長條圖	feather	羽毛圖
quiver	向量圖	comet	彗星圖
rose	玫瑰花圖	contour	等值線圖
stairs	階梯圖	compass	羅盤圖

在 2D 曲線繪圖指令中，最基本也是最重要的指令是 plot，其他許多特殊繪圖指令都是以它為基礎而形成的。作為繪製線性座標平面圖的函數 plot，對於不同的輸入參數，該函數用不同的形式可以執行不同的功能，我們在這裡將分別進行介紹。該指令的呼叫格式如表 8-2 所示：

表 8-2　plot 函數呼叫格式

呼叫格式	說明
plot(x,y)	繪製具有同長度 n 的向量組(x,y)的圖形，其中 x 為[1 2 3 …n]；y 可以是長度為 n 的實數向量，也可以是 n 行的實數矩陣，每列繪圖一條曲線；如果 y 是一個複數向量，則繪製實部曲線和虛部曲線
plot(x1,y1…)	繪製多個相同長度向量組(x_i,y_i)的圖形。如果其中某對 x、y 是矩陣，則按 x、y 適配的方向配對繪製曲線
plot(x1,y1,s…)	同 plot(x1,y1…)，但每一組向量由參數 S 確定曲線的線和顏色，可以同時使用三個或兩個參數
plot(…'ProName',"ProVal',…)	對所有使用 plot 函數所建立的圖形來進行屬性設定
h=plot(…)	返回函數 plot 繪製曲線的標示屬性值，每一條曲線給出一個屬性值向量

範例 8-1　plot 指令的使用。

```
>> x=linspace(0,2*pi);       %linspace 可以用以指定在一個特定範圍之內均勻取點
>> y-sin(x);
>> plot(x, y, x, (y-2), 'rd');
```

最後一個指令表示畫兩組數據，'rd'是對後一組曲線的屬性更改，為紅色菱形，在本章 8.1.4 節將有詳細的介紹。其輸出結果如圖 8-1 所示。

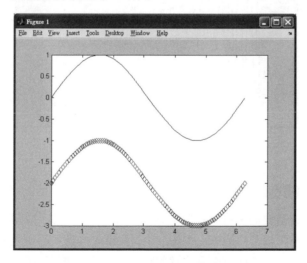

圖 8-1　使用 plot 指令繪製多條資料結果

當指令 plot 的輸入變數 s 的線性元、色彩元中各篩選一個符號組合而成時，plot 指令就使用所選定的線，從"局部方面"（Local）把那些繪定的離散資料逐個運用"直線"（Line）連接起來，生成"整體性"（Global）的曲線（Curve）。

範例 8-2 畫出曲線 $y = e^{-\frac{1}{3}} \cos(10t)$ 及其包絡線 $y_0 = e^{-\frac{1}{3}}$，T 的取值範圍是[0,4∏]。

```
t=linspace(0,4*pi);
y0=exp(-t/3);
y=exp(-t/3).*cos(10*t);
p=plot(t,y,t,y0,':r',t,-y0,':r');
grid on                                  %打開格網
set(p(1),'LineWidth',2);                 %設置曲線寬度
legend('e^(-t/3)cos(10t)', 'e^(-t/3)');  %圖形標註
title('e^(-t/3cos(10t)', 'Fontsize', 14);%設定標題共設定文字大小
ylabel('e^(-t/3)', 'Fontsize', 14);      %標註 y 軸標題
```

圖 8-2 為範例 8-2 的繪製結果。

其他幾個函數的用法與 plot 相似，在此就不一一加以介紹。

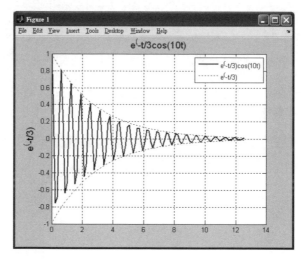

圖 8-2　繪製曲線及其包絡線

8.1.2　特殊 2D 繪圖

在實際工作中，有時需要把資料以分類的形式顯示出來，例如，按照月份來整合年度銷售收入、在訊號處理中需要繪製時間資訊的波形、氣象研究人員需要顯示著若干地區的平均氣溫資料等。為了滿足這些特殊要求而需要採用特殊的平面圖形。實際工作中，人們習慣運用直方圖（Histogram）、長條圖（Bar chart）、扇形圖等運算這些資料，MATLAB 為此設計了一些專門用於繪製特殊平面圖形的函數，使得這些工作變得非常簡單。

1. 長條圖（Bar chart）

在 MATLAB R2011a 中，繪製資料的長條圖用 bar 或 barh 函數，bar 函數用於繪製垂直的長條圖，barh 函數用於繪製水平方向的長條圖。bar 或 barh 函數輸入的參數是向量或矩陣，如果輸入的是向量，則繪製每一個分量的長條圖；如果輸入的是矩陣，則先對矩陣中每一行的分量條形進行分組，然後分別繪製出來。這兩個函數的呼叫格式如表 8-3 所示。

表 8-3　bar、barh 函數呼叫格式

呼叫格式	說明
Bar(y)、barh(y)	繪製 y 的長條圖
Bar(x,y)、barh(x,y)	在位置 x 上繪製 y 的長條圖
Bar(x,y,width)、barh(x,y,width)	與 bar(x,y)、barh(x,y) 相同，但指定長條形的相對寬度和一組內部長條形的間距
Bar(… 'grouped')、barh(… 'grouped')	與 bar(x,y)、barth(x,y) 相同，但指定為預設顯示形式
Bar(… 'stacket')、barh(… 'stacked')	繪製各行元素累加的長條圖
Bar(…LineSpec)、barh(…LineSpec)	與 bar(x,y)、barh(x,y) 相同，但使用指定的線型來繪製長條圖
H=bar(…)、h=barh(…)	返回繪製長條圖的標示屬性值向量

下列為幾個長條圖繪製範例。

範例 8-3　長條圖的繪製。

```
%假想某城市一年 12 月份平均氣溫資料，畫出其長條圖
>> x=1:12;
>> y=[-12, 6, 4, 11, 23, 26, 36, 30, 21, 17, 10, 3];
>> bar(x,y)
>> xlabel('月份'), ylabel ('溫度');
>> titile ('氣溫表')
```

輸出結果如圖 8-3(a)表示。

```
%現在加上夜晚平均氣溫資料，再畫出其長條圖
>> figure (2)
>> x=1:12;
>> y=[-10, -6, 6, 11, 21, 27, 34, 31, 20, 15, 9, 2;-13, -15, -2, 7, 17, 20, 27,
21, 14, 13, 10, -4];
>> y=y';
>> colormap (cool)
>> subplot (2,1,1)
>> bar(x,y,'grouped')
>> subplot (2,1,2)
>> bar(x,y,'stacked')
```

輸出結果如圖 8-3(b)所示。

這裡的 y 必須轉置成 12 行 2 列，它的行數必須等於向量 X 的長度。指令 colormap 用來把目前顏色映像的色調改為 "cool"。我們分別畫出了 "grouped" 和 "stacked" 兩種形式的長條圖。有關 3D 長條圖的繪製，讀者也可以自己動手試試，編寫流程和 2D 長條圖相類似。

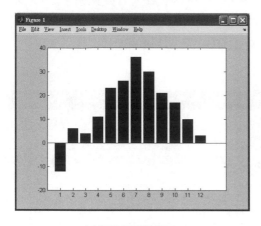

(a) 平均氣溫長條圖

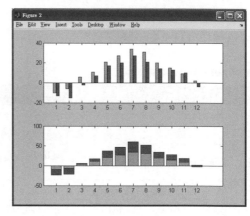

(b) 兩種形式的長條圖比較

圖 8-3　長條圖繪製範例

在實際的工程中，經常會用到誤差長條圖。誤差長條圖由函數 errorbar 生成，呼叫格式與 bar 函數相同。它可以沿著一條曲線繪製出其誤差範圍圖。

範例 8-4　繪製對應於正弦波訊號的單位標準差對稱誤差值長條圖。

```
x=linspace (0, 2*pi); y=sin(x);
e=std(y)*ones(size(x));%單位標準差
errorbar(x,y,e,'d');
```

得到的結果如圖 8-4 所示。

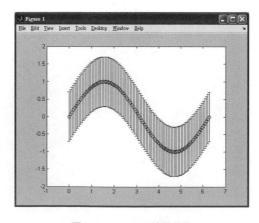

圖 8-4　errorbar 繪圖結果

2. 面積圖

繪製資料的面積圖用 area 函數。Area 函數根據向量或矩陣的列向量中的分量構成資料點，再將這些資料點連成一條或多條折線，然後用顏色填充折線下的面積，以此來顯示一個數值在該列所有數值總和中所占的比例。其呼叫格式如表 8-4 所示：

表 8-4 area 函數呼叫格式

呼叫格式	說明
area(y)	繪製向量 y 的面積圖或矩陣 y 各列元素總和的面積圖
area(x,y)	在 x 的位置上繪製 y 相應資料的面積圖
area(…ymin)	繪製面積圖，但指定 y 方向上面積補充的最低限，ymin 預設值為 0
area(…,'ProName','ProVal',…)	繪製面積圖，非為繪製的面積圖設定屬性和屬性值
h=eara(…)	返回繪製面積圖的標示屬性值向量

 範例 8-5 使用函數 area 來繪製矩陣的面積圖。

```
>> y=[3 2 -2 2 1;1 3 3 7 2; -7 5 5 9 3];
>> area(y)
```

得到結果如圖 8-5 所示。

3. 柱形圖

柱形圖用來顯示資料的分配情況，繪製 2D 柱形圖使用 hist 函數，輸入的參數 y 是向量或矩陣。如果是向量，則將向量中的元素按照它們數值的範圍分組，然後繪製圓柱圖；如果是矩陣，則將矩陣的每一列當作一個向量來加以處理。該函數的呼叫格式如表 8-5 所示。

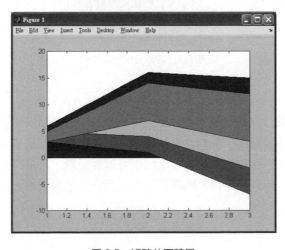

圖 8-5 矩陣的面積圖

表 8-5　hist 函數呼叫格式

呼叫格式	說明
Hist(y)、h=his (y)	繪製資料 y 的柱形圖
Hist (y,x)、n=his(y,x)	同 his(y)、n=hist(y)，但每一個柱形中心的位置放在 x 向量元素指定的位置
Hist(y,m)、n=hist(y,m)	繪製資料 y 的柱形圖，參數 m 指定柱形的個數
[n,X]=hist(…)	不繪製資料 y 的柱形圖。只返回反映每一個柱形中元素個數的向量和反映每一個柱形頻率的向量

範例 8-6　hist 函數應用範圍。

```
>> Y=randn(15000, 2); hist(Y)
>> Y=randn (15000, 1); hist(Y,30)
```

輸出的結果如圖 8-6 所示：

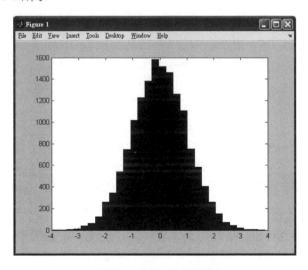

圖 8-6　常態分配隨機序列

4. 火柴桿圖

資料的火柴桿圖用於反映離散資料點，離某一橫軸的距離，圖形是用垂直於橫軸的線條和上端點處的小圓圈（預設點型）或其他點型表示，並在縱軸上標記資料值。繪製火柴桿圖使用 stem 函數，輸入的資料參數可以是向量，也可以是矩陣。若資料為向量，則繪製向量每一個分量的火柴桿：若資料為矩陣，則將矩陣分成行向量，繪製每一分量的火柴桿圖。Stem 函數的呼叫格式如表 8-6 所示。

表 8-6　stem 函數呼叫格式

呼叫格式	說明
stem(y)	繪製資料 y 的火柴桿圖
stem(x,y)	在向量 x 指定的位置繪製 y 的火柴桿圖
stem(…,'fill')	繪製資料的火柴桿圖，參數'fill'預設值表示火柴桿頂端的小圓圈不填充顏色
stem(…,LineSpec)	以 LineSpec 確定的線型要素繪製資料的火柴桿圖
h=stem(…)	返回繪製圖形的標示屬性值向量

範例 8-7　利用 stem 函數繪製火柴桿圖。

```
>> x=[1:12];
>> y=[342 200 87 912 1342 132 790 823 760 320 290 340];
>> stem(x,y);
>> title ('年度銷售收入')
>> xlabel ('月份')
>> ylabel ('銷售額(單位：萬歐元)')
```

輸出的結果如圖 8-7 所示：

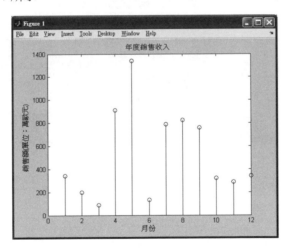

圖 8-7　火柴桿圖

5. 扇形圖

　　扇形圖用於顯示向量中的元素所占向量元素總和的百分比。在 MATLAB 中繪製扇形圖使用 pie 函數，輸入的參數為一個向量或矩陣。若輸入的是向量，則繪製向量中各元素在有元素之和中所占的比例；若輸入的是矩陣，則繪製矩陣中各元素在矩陣所有元素和中所占的比。Pie 函數的呼叫格式如表 8-7 所示。

表 8-7　pie 函數呼叫格式

呼叫格式	說明
pie(x)	繪製資料 x 的扇形圖。
pie(x , explode)	與 pie(x)相同，參數 explode 為一個與 x 大小相同的向量

範例 **8-8**　使用函數 pie 來繪製扇形圖。

```
>> x = [1 3 0.5 2.5 2];
>> explode = [0 1 0 0 0];
>> pie(x,explode)
>> colormap jet
```

得到的結果如圖 8-8 所示。

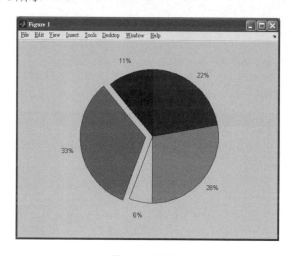

圖 8-8　扇形圖

6. 羽毛圖

　　如果使用需要產生沿著水平軸向外擴張的箭頭，可以使用 feather 產生類似羽毛的圖形。羽毛圖在橫標上等距地顯示向量，因此，使用者必須表示各個向量元素相對於原點的向量。Feather 函數的呼叫格式如表 8-8 所示。

表 8-8　feather 函數呼叫格式

呼叫格式	說明
feather(u,v)	繪製由資料參數 u，v 確定的羽毛圖。其中，u 是角度資料向量，v 是方向徑資料向量
feather(z)	繪製複數向量 z 的羽毛圖
feather(…,LineSpec)	以 LineSpec 確定的線型要素繪製資料的羽毛圖

繪製-90 ～90 的羽毛圖。

```
theta=(-90:10:90)*pi/180;    %將-90~90° 之間的角度轉換為弧度
r=2*ones(size(theta));       %定義極座標的半徑
%座標轉換，將極座標系轉換為笛卡爾座標系
[u,v]=pol2cart(theta,r);
feather(u,v);
axis equal    %產生 x 與 y 等長的座標軸
```

所得到的結果如圖 8-9 所示。

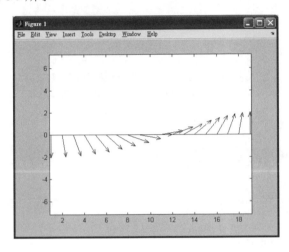

圖 8-9　feather 繪圖結果

7. 其他 2D 繪圖函數

MATLAB R2011a 中除了上述的繪圖函數之外，還有大量的繪圖函數，如在同一視窗繪製不同座標標度的多軸圖形繪製函數 plotyy、向量圖繪製函數 quiver、慧星圖繪製函數 comet、等值線的繪圖函數 contour、階梯圖繪製函數 stairs、玫瑰花繪製函數 rose、羅盤繪製函數 compass 等。

下面是關於這些函數的一些使用範圍。

按多軸標度圖形的繪製方法在同一視窗繪製 $y = 50e^{\frac{x}{20}}\sin x$ 和 $y = \frac{1}{2}e^{-\frac{x}{2}}\cos x$ 在 $[0, 30]$上的圖形。

```
>> x=[0:0.01:30];
>> y1=50*exp(-0.05*x).*sin(x);
>> y2=0.5*exp (-0.5*x).*cos(x);
>> plotyy (x, y1, x, y2, 'plot')
```

得到的結果如圖 8-10 所示。

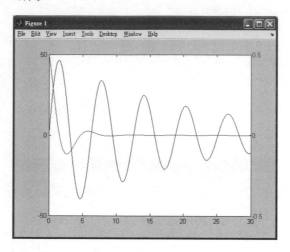

圖 8-10　多軸標度圖形

範例 8-11　繪製八階魔術方陣的等值線圖和階梯圖。

```
>> A=magic(8);
>> figure, contour(A);
>> figure, stairs(A);
```

得到的結果如圖 8-11 所示。

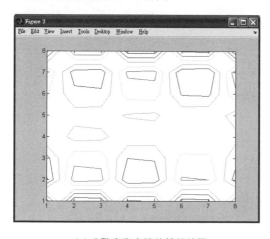

(a) 八階魔術方陣的等值線圖

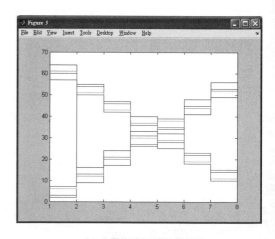

(b) 八階魔術矩陣的階梯圖

圖 8-11　等值線圖和階梯圖

範例 **8-12** 由 MATLAB 自行確定資料，繪製其玫瑰花圖。

```
>> theta=rand(1,200) *2*pi;        %生成隨機資料向量
>> rose (theta, 25)                %繪製玫瑰花圖
```

得到的結果如圖 8-12 所示：

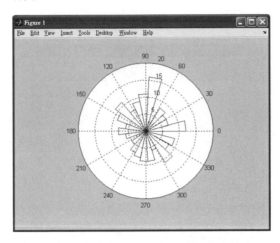

圖 8-12 玫瑰花圖

範例 **8-13** 由 MATLAB 來生成隨機資料，繪製其羅盤圖。

```
>> x=rand(20,1);
>> y-randn(20,1);
>> compass(x,y)
```

所得到的結果如圖 8-13 所示。

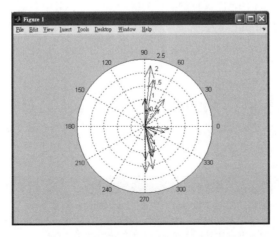

圖 8-13　羅盤圖

範例 8-14　繪製函數的梯度向量圖。

```
>> [x,y]=meshgrid([-2:0.1:2]);        %建立柵格點資料向量
>> z=3.*x.*y*exp(-x.^2-y.^2)-1;       %計算函數值向量
>> [u,v]=gradient(z,0.2,0.2);         %計算梯度場向量
>> quiver(x,y,u,v,2)                   %繪製梯度場向量圖
```

結果如圖 8-14 所示

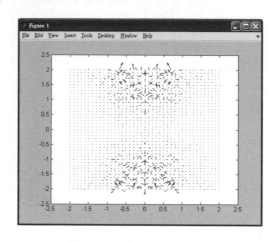

圖 8-14　函數的梯度場向量圖

這裡僅列舉幾個比較典型的常用函數的範例，限於篇幅所致，其他的就不一一加以說明，請讀者參考相關的資料。

8.1.3　2D 繪圖的進階功能

在繪圖流程中，若想獲得圖中某一點的座標值，除了在 GUI 中透過 CurrentPoint 屬性擷取之外，還可以利用函數 ginput 很方便地查詢目前視窗中特定點的座標值。另外，若要對圖形來進行漲縮操作，除了可以透過繪圖視窗的工具列之外，還可以透過 zoom 函數來加以完成。

1. zoom 函數

函數 zoom 用來指定是否可以對圖形來進行縮小（Extraction）與放大（Expansion），這在分析資料量比較大的圖形時，經常使用，它的格式呼叫方法如表 8-9 所示。

表 8-9　zoom 函數呼叫格式

呼叫格式	説明
zoom on	互動式圖形放大功能。在執行此 zoom on 函數之後，可以使用游標選取欲放大（按住滑鼠左鍵拖曳）的區域，或是直接在該區域上按一下滑鼠左鍵，即可產生放大效果，若是按兩下滑鼠左鍵，則恢復原有圖形的大小

呼叫格式	説明
zoom off	停止放大與縮小
zoom out	恢復為原有圖形的大小
zoom reset	系統將記住目前圖形的放大狀態，作為後續放大狀態的預設值。因此，以後使用 zoom out 時，圖形並不會恢復為原有圖形的大小，而是返回 reset 時的放大狀態的大小
zoom	用於切換放大的狀態：on 和 off
zoom xon、zoom yon	僅對 X 軸或 Y 軸加以放大
zoom(factor)	用 zoom 係數 factor 來進行放大或縮小，不影響互動(zoom on)放大的狀態。若 factor>1，系統將圖形放大 factor 倍：若 0<factor≦1，系統將圖形放大 1/factor 倍
zoom(fig,option)	指定對標示值為 fig 的繪圖視窗的 2D 圖形進行放大，其中參數 option 為 on、off、xon、yon、reset、factor 等
h=zoom(figure_handle)	返回操作標示屬性值向量

2. ginput 函數

函數 ginput 允許游標擷取圖形上座標軸範圍內之點的座標，它有如表 8-10 所示的三種呼叫方式。

表 8-10　ginput 函數呼叫格式

呼叫格式	説明
[x,y]=ginput(n)	從圖中獲得 n 個點的座標值，獲得的資料儲存在長度為 n 的向量 "x" 和 "y" 中
[x,y]=ginput	從圖形中獲得任意多個點的座標，直到按下返回鍵為止
[x,y,button]=ginput(n)	返回值中增加 "button" 向量，該向量中的元素為整數，反映選取資料點時按下了哪個游標鍵（左、中、右鍵分別對應 1、2、3）或返回使用鍵盤上鍵的 ASCII 碼值

呼叫 GINPUT 函數後，在視窗中的游標箭頭會變成十字形的游標，移動游標，游標隨之移動，在關心的資料點上按一下游標左鍵，該點的座標就被記錄下來，直到點數達到指定的個數或按下返回鍵來終止取值為止。

8.1.4　線型、頂點標記和顏色

在使用者沒有指定的情況下，MATLAB 的繪圖函數會預設選擇為實線線型，並以一個預設的顏色順序繪製每一個圖形的顏色。不過，MATLAB 的繪圖函數是允許使用者指定圖形的線型和顏色的，另外，使用者還可以指定用於區別資料點的標記。若要執行這些客製化操作（Customized Operation），使用者只需將表 8-11 中的符號以字元串的形式傳遞給 MATLAB 繪圖函數即可。

表 8-11　MATLAB 顏色、標記和線型允許設定值

符號	顏色	符號	標記	符號	線
b	藍色	.	點號	—	實線
g	綠色	○	圓圈	:	點線
r	紅色	×	叉號	-.	點畫線
c	青色	+	加號	--	虛線
m	品紅	*	星號		
y	黃色	s	方形		
k	黑色	d	菱形		
w	白色	∨	上三角形		
		∧	下三角形		
		<	向左三角形		
		>	向右三角形		
		p	五角形		
		h	六角星		

如果使用者沒有聲明顏色，並且在使用預設顏色機制，MATLAB 就為每一條新增加的線從表 8-11 前七種顏色的藍色和圓圈開始從上到下依次選擇顏色和標記類型。預設的線型是實線，除非使用者顯式地宣告了另一種線型。系統並沒有預設的標記，如果沒有選擇標記，那麼就不會畫出標記。

如果字元串中包含了顏色、標記和線型，那麼就將顏色應用到標記和線條中，為了標記宣告一種不同的顏色，可用不同的宣告字元串再繪製一次相同的資料。

範例 8-15　　線型與顏色設定。

```
>> x=linspace(0,2*pi,30);
>> y=sin(x);
>> z=cos(x);
>> plot(x,y, 'b:p', x, z, 'c-', x, 1.2*z, 'm+')
```

程式執行的結果如圖 8-15 所示。

範例 8-15 在 0~2*pi 的範圍內生成了 30 個資料點作為圖形的水平座標軸，然後生成兩個值：一個向量 y 包含與 x 相對應的正弦值（Sine Value），一個向量 z 包含與 x 相對應的餘弦值（Cosine Value）。

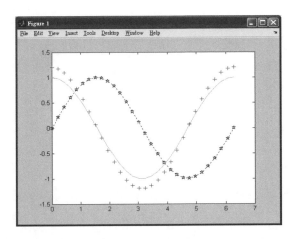

圖 8-15　線型和標記

8.1.5　分格線控制和圖形標註

　　分格線和圖形標註都是為了協助圖形閱讀者，有效地瞭解圖形的含義，同時對圖形所反映的資料資訊能夠有效地加以掌握。

1. 分格線控制

　　MATLAB 的預設設定是不畫分格線，它的疏密取決於座標刻度，如果想改變分格線的疏密，必須先定義座標刻度，其呼叫格式及意義如表 8-12 所示。

表 8-12　分格線控制函數用法及意義

函數用法	敘述
grid	是否畫分格線的雙向切換指令（使目前分格線狀態翻轉）
grid on	畫出分格線
grid off	不畫分格線
box	座標（Coordinate）形式在開啟式（Open form）和關閉式（Closed form）之間切換指令
box on	使目前座標呈現開啟的形式
box off	使得目前座標還原關閉的形式

> **TIP**
>
> 在預設的情況下，所畫的座標呈現封閉的形式。

範例 **8-16** 分格線控制。

```
>> th=[0:pi/50:3*pi]';
>> a= [0.5:0.5:5.5]; Y=cos(th)*a; X=sin(th)*sqrt(25-a.^2);
>> plot (X,Y)
>> axis('equal');
>> xlabel('x軸'),ylabel('y軸')
>> title ('一組Ellipse曲線')
```

圖 8-16(a)為執行的結果，現在對結果圖形添加分格線。

```
>> grid on, box on;
```

得到的結果如圖 8-16(b)所示：

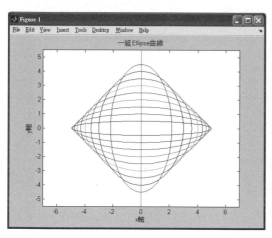

(a)分格之前

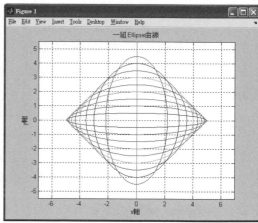

(b)分格之後

圖 8-16　一組橢圓圖

2. 圖形標註

呼叫函數對圖形加以標註的方法如下所示：

(1) 座標軸名稱 label

給座標軸 x,y,z 加標註，只要呼叫相應的函數 xlabel、ylabel 和 zlabel 即可。以函數 xlabel 為例，其呼叫格式為：

```
xlabel('text','ProName1', 'ProVal1', 'ProName2', 'Proval2',…)
```

其中，"text"為要添加的標註本文，"ProName"指該文本的屬性，"ProVal"為相應的屬性值。該指令把文本 "text"按照設定的格式添加到 x 軸的下方。

(2) 書寫圖名稱 title

繪圖形加標題的函數用 title，它的調用格式和 xlabel 類似：

```
title ('text', 'ProName1', 'ProVall', 'ProName2', 'Proval2'…)
```

區別只是 title 函數把文本 "text"加到了圖形的上方。

可以在函數 xlabel、ylabel 和 title 中設定的屬性有很多，例如：字體粗細、字體角度和字體大小等，我們將在後面整合圖形屬性一併加以介紹。另外，在函數 title 的文本字元串中的斜線 "\"是引導特徵字元串的指標符號。使用特徵字元串可以把很多數學公式或工程中的 Text 符號標註到圖形上，相當程度地大大增加了標註的靈活性。MATLAB 中的特徵字元串及其對應的 Text 符號可對應協助指南或者線上協助來加以查詢。

> **TIP**
>
> Title 指令要寫到 plot 指令之後，否則並不會發揮任何功能，特徵字元串要區分大小寫。

(3) 添加圖例 legend

除了給圖形加標題、標註和文本之外，MATLAB 還提供了函數 legend，它用文本確認每一個資料群組，為圖形添加圖例便於圖形的觀察和分析。該函數的一般呼叫形式為：

```
legend(string1,string2,string3,…)
```

只要指定標註字元串，該函數就會按順序把字元串添加到相應的曲線線型符號之後。MATLAB 還可以很方便地對圖例進行調整；用滑鼠左鍵選中圖例拖曳，就可以移動圖例到所需要的位置中，運用滑鼠左鍵按兩下圖例中的某個字元串，就可以對該字元串加以編輯。

在 legend 函數中加入一個參數也可以對圖例（Legend）的位置作出規定，格式如下：

```
legend(string1,string2,string3,…,Pos)
```

式中，"Pos"是一個指定的位置，可以是一個 1×4 的位置向量或如表 8-13 所示旳字元串參數。

表 8-13　字元串參數

Pos 功能字元串	敘述	Pos 功能字元串	敘述
'North'	在圖框內接近頂部的位置	'NorthEast'	在繪圖框內的右上方位置
'South'	在繪圖框內的底部位置	'NorthWest'	在繪圖框內的左上方位置
'East'	在繪圖框內的右方位置	'SouthEast'	在繪圖框內的右下方位置

Pos 功能字元串	敍述	Pos 功能字元串	敍述
'West'	在繪圖框內的左方位置	'SouthWest'	在繪圖框內的左下方位置
'NorthOutside'	在繪圖框內的接近頂部的位置	'WestOutside'	在繪圖框內的接近左邊的位置
'SouthOutside'	在繪圖框內的底部位置	'NorthOutside'	在繪圖框內的頂部位置
'EastOutside'	在繪圖框內的右方位置	'WestOutside'	在繪圖框內的左方位置
'NorthEastOutside'	在繪圖框內的右上方位置	'SouthEastOutside'	在繪圖框內的右下方位置
'North WestOutside'	在繪圖框內的左上方位置	'SouthWestOutside'	在繪圖框內的左下方位置

範例 8-17 標註方法。

```
>> t=0:0.2:2*pi;
>> plot(t,sin(t), '>', t, cos(t), '+');
>> xlabel ('x'), ylabel('y');
>> title('sin(x) and cos(x)');
>> title('sin(x) and cos(x)');
```

輸出的結果如圖 8-17 所示：

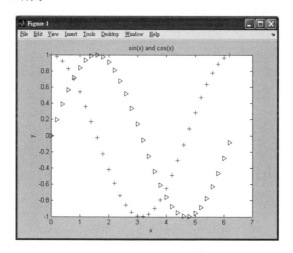

圖 8-17　添加標註示意圖

3. 添加文本字元串 text

除了在座標軸上能夠作標註之外，MATLAB 可以用 text 函數在圖形視窗的任意位置加入文本字元串。該函數的呼叫格式如表 8-14 所示。

表 8-14　text 函數呼叫格式

呼叫格式	說明
text(x,y,'string')	在指定的點(x,y)上添加字元串 string
text(x,y,z,'string')	在 3D 空間上添加字元串
text(x,y,z,'string','ProName', 'ProVal'…)	在所指定的位置和設定屬性值時，添加字元串到 "目前"的軸物件上
text('ProName','ProVal',…)	完全忽略軸座標，定義屬性配對
h=text(…)	返回標示屬性值向量

範例 8-18　text 函數應用範例。

```
>> clear;
>> x=0:pi/20:2*pi;
>> plot (x,sin(x));
>> text (pi,sin(pi), '\leftarrowsin(x)=0');
>> text (3*pi/4, sin(3*pi/4), '\leftarrowsin(x)=0.707');
>> text (0, -0.7, ['畫圖時間：', date])
```

輸出結果如圖 8-18 所示：

　　Text 的預設方式是從插入點的右邊開始撰寫文字；date 函數返回目前的日期，而且返回值為字元串格式，並不需要進行類型轉換，可以直接和其他字元串相互連接。

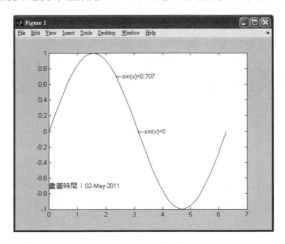

圖 8-18　圖形添加文本的輸出圖

8.1.6　螢幕更新

　　由於螢幕更新相對而言很消耗時間，因此，MATLAB 並不總是在每一個圖形指令之後都更新螢幕。在此舉一個簡單的例子，例如，如果使用者在 MATLAB 提示元下逐個輸入下面的指令，MATLAB 就會在執行每一個指令（包括 plot、axis 和 grid）時，更新螢幕。

```
>> x=linspace(0,2*pi);y=sin(x);
>> plot (x,y)
>> axis ([0 2*pi -1.2 1.2])
>> grid
```

但如果使用者在同一行輸入這些指令,例如:

```
>> plot(x,y), axis([0 2*pi -1.2 1.2]), grid
```

那麼,MATLAB 只對螢幕進行一次更新(update)。另外,如果上述指令出現在一個 M 腳本檔案或者 M 函數檔案中,MATLAB 也只進行一次螢幕更新。

總而言之,在 MATLAB R2011a 之中,下列六種情況可以導致螢幕更新,如表 8-15 所示:

表 8-15　導致螢幕更新的原因

編號	名稱	編號	名稱
1	在指令視窗中返回到下一個 MATLAB 提示元時,即使用者在輸入指令之後,按一下返回鍵	4	遇到一個臨時中止執行的函數,例如 pause、keyboard、input 和 waitforbuttonpress
2	執行一個 getframe 指令	5	執行一個 drawnow 指令
3	執行一個 figure 指令	6	重新設定一個圖形視窗的大小

在上述六種情況中,drawnow 指令可使使用者在任何時候強制 MATLAB 更新螢幕。

8.2　重點回顧

本章首先整合大量的工程範例講述了 2D 繪圖功能的執行方法,內容涉及一般工程應用中遇到的幾乎所有類型的圖形,例如:曲面圖、面積圖、直方圖、等高線圖,並介紹了座標軸標註、圖形標題、曲線標註(如有多條曲線)及重要的數值標註等。研讀本章,讀者只要熟練地確實掌握本章中的常見指令,就可以根據自己的需求,繪製出各種個性化(personized)的圖形。

習題

1. 已知橢圓的長、短軸 a=4, b=2，用 "小紅點線" 畫如圖 8-19 所示的橢圓

$$\begin{cases} x = a\cos t \\ y = b\sin t \end{cases}°$$

（提示：參數 t；點的大小；axis equal）

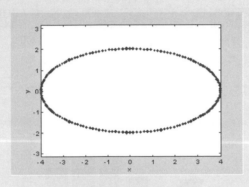

圖 8-19　橢圓

2. 根據運算式 $\rho = 1 - \cos\theta$ 繪製如圖 8-20 的心臟線。（提示：polar；注意 title 中特殊子元；線寬；axis square；可以運用 plot 來試試。）

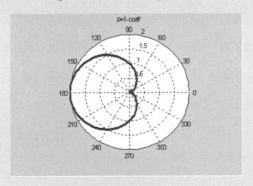

圖 8-20　心臟線

第8章

習題

3. A、B、C 三個城市上半年，每個月的國民生產總值（表 8-16）。試畫出如圖 8-21
所示的三城市上半年每月生產總值的累計直方圖。（提示：bar(x,Y, 'style') ;
colormap(cool); legend。）

表 8-16　各個城市生產總值資料（單位：億元）

城市	1月	2月	3月	4月	5月	6月
A	170	120	180	200	190	220
B	120	100	110	180	170	180
C	70	50	80	100	95	120

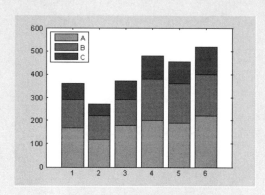

圖 8-21　三個城市上半年每月生產總值的累計直方圖

4. 三階線性系統的統一化（即令 $\omega_n = 1$＿衝激反應可表示為：

$$\begin{cases} \dfrac{1}{\beta} e^{-\xi t} \sin(\beta t) & 0 \le \xi < 1 \\ t e^{-t} & \xi = 1 \\ \dfrac{1}{2\beta} [e^{-(\xi - \beta)t} - e^{-(\xi + \beta)t} & \xi > 1 \end{cases}$$
，其中 $\beta = \sqrt{\left|1 - \xi^2\right|}$ ，ξ 為阻尼係數。

(1) 希望在同一張圖上，繪製 $t \in [0,18]$ 區間內=0.2:0.2:1.4 不同取值時的各條曲
線（參見圖 8-22 所示）。

習題

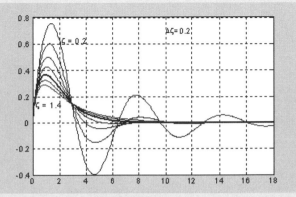

圖 8-22　不同取值時的各條曲線

在此圖上，ζ <1 的各條曲線為細藍線；ζ =1 為粗黑線；>1 為細紅線；並且對最上方及最下方的兩條曲線給出 ζ =0.2 和 ζ =1.4 的醒目標誌。

(2)　讀者執行下列程式 exmp504.m，可以發現該現序畫出的曲線中並沒有 "粗黑線"。你能講出其中的原因嗎？如何對 exmp504.m 作最少程度的修改（例如只改一條指令），就可畫出所需要的圖形。（提示：該題深刻地暴露出數值計算所可能存在的隱憂。）

```
% exmp504.m                供第 4 道習題所使用的程式
clc, clf, clear;
t=(0:0.05:18);
N=length(t);
zeta=0.2:0.2:1.4;
L=length(zeta);
y=zeros(N,L);
hold on
for k=1; L
        zk=zeta(k);
        beta=sqrt(abs(1-zk^2);
        if zk<0                    %滿足此條件,繪藍色線
                y=1/beta*exp(-zk*t).*sin(beta*t);
                plot(t.y.b)
                if zk<0.4
                        text (2.2, 0.63, '\zeta = 0.2')
                end
        elseif zk= =1              %滿足此條件,繪黑色線
```

```
                    y=t.*exp(-t);
                    plot(t,y,'k','LineWidth', 2)
        else                        %其餘,繪紅色線
                    y=(exp(-(zk-beta)*t)-exp(-(zk+beta)*t))/(2*beta);
                    plot(t,y,'r')
                    if zk>1.2
                            text(0.3,0,14, '\zeta=1.4')
                    end
        end
    end
    text (10,0,7, '\Delta\Zeta=0.2')
    axis ([0,18, -0.4, 0.8])
    hold off
    box on
    grid on
```

5. 試用圖解法回答：

(1) 方程組 $\begin{cases} \dfrac{y}{(1+x^2+y^2)} = 0.1 \\ \sin(x+\cos y) = 0 \end{cases}$ 有多少個實數解？（提示：圖解法；ezplot; ginput）

(2) 求出離 x=0, y=0 最近、且滿足該方程式的一個近似解。

Chapter

09

3D 圖形的繪製

在實際工程實務的應用中，需要對 3D 資料加以分析處理，例如處理 2D 函數所對應的曲線，這些問題比較複雜和抽象一些。可以利用 MATLAB 繪製 3D 圖形來進行輔助性分析，就可以很好地解決這類難題。因為 MATLAB 可以在 3D 空間中，準確地表示複雜的 2D 函數所對應的曲線，並對圖形進行多樣化的處理。

為了顯示 3D 圖形，MATLAB 提供了豐富的 3D 繪圖函數。有些函數能在 3D 空間中畫線，而另一些可以畫出曲面與架構。另外，顏色可以代表第四維。這些函數的開發使用，使 MATLAB 具有了強大的 3D 圖形處理功能，包括 3D 資料顯示、空間曲線、曲面、分塊、填充及角度變換、旋轉、隱藏等功能和操作。本章將聚焦於這些核心問題來加以討論。

9.1 3D 圖形繪製

在實際工程的應用中，需要對 3D 資料來加以分析處理，例如處理 2D 函數所對應的曲線，這些問題比較複雜和抽象。利用 MATLAB 繪製 3D 圖形進行輔助分析，就可以有效地解決這類難題。因為 MATLAB 可以在 3D 空間準確地表示複雜的 2D 函數對應的曲線，並對圖形進行各種處理。

為了顯示 3D 圖形，MATLAB 提供了豐富的 3D 繪圖函數。有些函數能在 3D 空間中畫線，而另一些可以畫曲面與架構。另外，顏色可以代表第四維（The fourth dimension）。這些函數的開發使用，讓 MATLAB 具有了強大的 3D 圖形處理功能，包括 3D 資料顯示、空間曲線、曲面、分塊、填充及角度變換、旋轉、隱藏等功能和操作。本節將聚焦於這些問題來展開討論。

9.1.1 基本 3D 繪圖

MATLAB 3D 繪圖函數如表 9-1 所示。

表 9-1　3D 繪圖函數

函數名稱	用法	函數名稱	用法
plot3	3D 曲線圖	fill3	3D 填充多邊形圖
stem3	3D 離散序列圖	contour	等高線圖
sphere	3D 立體圓球圖	cylinder	圓柱體圖
slice	立體切片圖	trimesh	三角網目圖
quiver	向量圖	mesh	網目圖
surf	表面圖	waterfall	瀑布圖

1. 3D 曲線圖

和 2D 情形下的 plot 函數相對應，在 3D 情況下，我們有函數 plot3，它將 plot 函數的特性延伸到了 3D 區間。兩者之間的區別在於 plot3 增加了 3D 資料，其呼叫格式如表 9-2 中所列。

表 9-2　plot3 函數呼叫格式

呼叫格式	說明
plot3(x,y,z)	以預設線型屬性繪製 3D 點集(x_i,y_i,z_i)確定的曲線。x,y,z 為相同大小的向量或矩陣
plot3(x,y,z,s)	以參數 s 確定的線型屬性繪製 3D 點集(x_i,y_i,z_i)確定的曲線。x,y,z 為相同大小的向量或矩陣

呼叫格式	説明
plot3(x1,y1,z1,S1,...)	繪製多個以參數 Si 確定線型屬性的 3D 點集(xi,yi,zi)確定的曲線。x,y,z 為相同大小的向量或矩陣
plot3(...,'ProName','ProVal',...)	繪製 3D 曲線，根據指定的屬性值設定曲線的屬性
h=plot3(...)	返回繪製的曲線圖的標示屬性值向量

上一節介紹的 2D 圖形所有的基本特性都可以直接或經簡單處理後應用在 3D 圖形中。另外，利用指令 grid 也可以在 3D 圖形中生成 3D 柵格，利用指令 box 則可以生成包爾圖形的 3D 邊框（與 plot 一樣，plot3 的預設設定也為 grid off 和 box off）。使用者也可以利用指令 text (x,y,z, 'string')將一個字元串 'string'放置在由 x、y、z 指定的位置，最後，子圖和多圖形視窗也可以直接應用到 3D 圖形函數上。

範例 9-1 plot3 指令的使用。

```
>> t=0:pi/50:10*pi;
>> plot3(t.*sin(t),t.*cos(t),t);
>> title('Helix'),xlabel('sin(t)'),ylabel('cos(t)'),zlabel('t');
%添加標題，對座標軸來加以標註
>> text (0, 0, 0, 'origin')
>> grid
>> v=axis
```

在指令行視窗輸出結果如下：

```
v =
 -40   40      -40      40      0      40
```

輸出的圖形如圖 9-1 所示。

可以明顯地看出，2D 圖形所有的基本特性在 3D 中仍然存在。Axis 指令延伸到 3D 只是返回 z 軸界限，並在數軸向量中增加兩個元素。另外，子圖和多圖形視窗可以直接應用到 3D 圖形中。

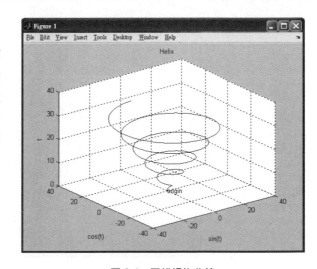

圖 9-1 圓錐螺旋曲線

2. 3D 網格圖

　　所謂網格圖，是指把相鄰的資料點連接起來形成的網狀曲面。利用在 x-y 平面的矩形網格點上的 z 軸座標值，MATLAB 定義了一個網格曲面。3D 網格圖的形成原理為：在 x-y 平面上指定一個長方形區域，採用與座標軸平行的直線將其分格；計算矩形網格點上的函數值，即 z 軸的值，得到 3D 空間的資料點；將這些資料點分別用處於 x-z 或者其平行面內的曲線和處於 y-z 或者其平行內的曲面連接起來，即形成網格圖。網格圖對於顯示大型的數值矩陣很有用處。

　　建立網格圖常用的函數是 mesh，其呼叫方式如表 9-3 所示：

表 9-3　mesh 函數呼叫格式

呼叫格式	説明
mesh(X,Y,Z,C)	在 X、Y 決定的網格區域上繪製 Z 的網格圖。每點的顏色由矩陣 C 決定，若 C 內定，則預設顏色矩陣為 C=Z
mesh(Z)	在系統預設顏色和網格區域的情況下繪製資料 Z 的網格圖
mesh(Z,C)	在系統預設網格區域的情況下繪製數 Z 的網格圖。顏色由矩陣 C 決定
mesh(…,'ProName','ProVal',…)	繪製 3D 網格圖，並對指定的屬性設定屬性值

範例 9-2 mesh 指令。

```
>> [x,y,z]=peaks;            %返回 MATLAB 3D 曲面資料
>> mesh(x,y,z)
```

輸出的結果如圖 9-2 所示。

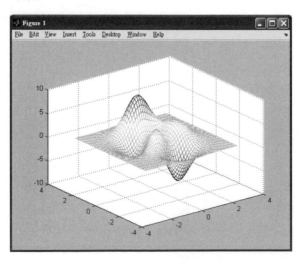

圖 9-2　mesh 效果示意圖

在彩色顯示方式中，我們可以看到網格圖的線條具有不同的顏色，而且顏色隨著度的變化而變化。在任何情況下，如果顏色用於增加圖形有效的第四維空間，這樣使用的顏色被稱做偽彩色。

在圖 9-2 中，我們發現網格線之間的區域是不透明的，因此，顯示的網格只是前面的部分，被遮住的部分沒有顯示出來。MATLAB 用 hidden 函數控制網格圖的這個特性：hidden on 表示隱藏被遮住的部分，hidden off 表示顯示被遮住的部分。這就是 3D 圖形的透視效應。

還有兩個和 mesh 相似的函數：meshc 和 meshz，前者用於畫網格圖和基本的等值線圖，後者用於繪製包含零平面的網格圖。

範例 9-3 meshc 和 meshz 函數應用範例。

```
>> [x,y,z]=peaks(40);
>> meshc(x,y,z)
>> title ('MESHC of PEAKS')
>> hidden off
```

輸出結果如圖 9-3(a)所示。

```
>> [x,y,z]=peaks(40);
>> meshz(x,y,z)
>> title('MESHZ of PEAKS')
>> hidden on
```

呼叫函數 hidden on，輸出結果如圖 9-3(b)所示。

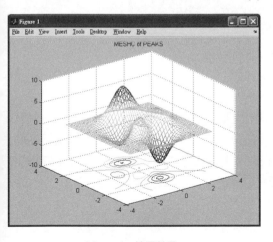

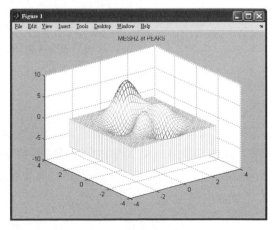

(a) meshc 繪圖結果   (b) meshz 繪圖結果

圖 9-3　meshc 和 meshz 繪圖

像 2D 繪圖一樣，有時候我們需要在圖中用標點來顯示某些數值的重要性。對於這個功能，要用到 mesh 與 plot3 兩個指令。

範例 9-4 重要數值標示。

```
>> clear;
>> [x,y]=meshgrid([-3:0.2:3]);          %產生網格矩陣
>> z=peaks(x,y);
>> mesh(x,y,z);
>> hold on;
>> plot3(x,y,z,'x','MarkerSize',3);
```

輸出的結果如圖 9-4 所示。

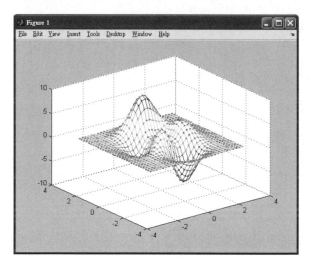

圖 9-4　3D 網狀圖上的標點圖

3. 3D 曲面圖

曲面圖是把網格圖表面的網格圍成的小片區域（補片）用不同的顏色填充形成的彩色表面。除了網格線條之間的空檔用顏色填充之外，它和網格圖看起來是一樣的。用以繪製曲面圖的 surf 函數和 mesh 函數的用法完全相同，在此不再贅述。這兩個函數不同的地方就是著色，運用 surf 函數所建立的圖形更具有立體感。

範例 9-5 suf 函數應用範例。

```
>> [x,y,z]=peaks;
>> surf (x,y,z);
```

輸出結果如圖 9-5 所示。

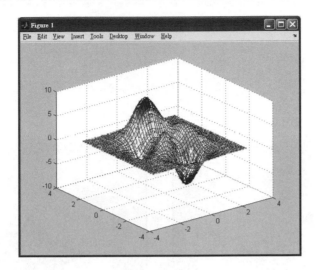

圖 9-5 surf 效果示意圖

運用結果可以看到，表面圖形的線條為黑色，補片是彩色，這也是它和網格圖的區別所在。

有時想得到表面圖形的整體效果，其中的線條應該去掉，並可以對顏色做平滑和插值處理，這需要藉助於函數 shading，它的用法有三種，如表 9-4 所示。

表 9-4　shading 函數

呼叫格式	説明
shading float	去掉各片連接處的線條，平滑目前圖形的顏色
shading interp	去掉連接線條，在各片之間使用顏色插值，使得片與片之間及片內部的顏色過渡都很平滑
shading faceted	預設值，帶有連接線條的曲面，見圖 5-23 所示

使用第 2 種內插加色彩，各補片之間以插值添加顏色，即各補片的顏色根據賦予預點的值，對其區間來進行插值運算。

與 mesh 函數一樣，函數 surf 也有兩個類似的函數：surfc 用以畫出基本等值線的曲線圖，surfl 用以畫出一個有亮度的曲線圖。Surfc 函數與 surfl 函數的不同之處在於根據光照模型進行著色的，其著色原理是：將環境光、散射光、鏡面反射光和漫射光混合在一起作為網格表面的顏色。

範例 9-6　surfc 函數和 surfl 函數應用範例。

```
>> [x,y,z]=peaks(30);
>> surfc(x,y,z)
>> shading flat
```

輸出結果如圖 9-6(a)所示。

```
>> [x,y,z]=peaks(30);
>> surfl(x,y,z)
>> shading interp
```

輸出結果如圖 9-6(b)所示。

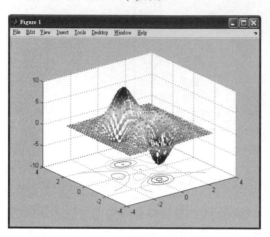 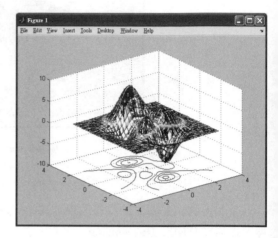

(a)surfc 效果示意圖   (b)surfl 效果示意圖

圖 9-6　surfc 和 surfl 函數繪圖

　　MATLAB 還提供了一個建立表面物件的低級函數：surface。該函數用於把表面物件添加到目前座標系中，執行結果和呼叫 surf 函數是一樣的，可以生成彩色表面圖。

9.1.2　特殊 3D 繪圖

　　除了前面討論的繪圖函數之外，MATLAB 還提供了一些專用的 3D 繪圖函數。

1. 3D 長條圖與柱形圖

　　繪製 3D 長條圖使用 bar3 和 bar3h 函數。與 2D 繪圖相類似，bar3 用於繪製垂直的長條圖，bar3h 用於繪製水平的長條圖，繪製柱形圖使用 cylinder 函數。它們的呼叫格式如表 9-5 所示：

表 9-5　bar3、bar3h、cylinder 函數呼叫格式

呼叫格式	說明
bar(z)	繪製 z 的 3D 長條圖
bar3(y,z)	在參數向量 y 指定的位置繪製 3D 長條圖
bar3(…,width)	在參數向量 width 指定的寬度繪製 3D 長條圖

呼叫格式	説明
bar3(…,'Style')	在參數向量 Style 條件下繪製 3D 長條圖。其中，Style 可以為'detached'、'grouped' 和'detached'
bar3(…,LineSpec)	在參數向量 LineSpec 指定的線型要素繪製 3D 長條圖
h=bar3(…)	返回長條圖的標示屬性值向量
bar3h(…)	繪製水平 3D 長條圖
h=bar3h(…)	返回水平 3D 長條圖的標示屬性值向量
[x,y,z]=cylinder	給出半徑為 1 的圓柱形圖的 x,y,z 座標，在每一個圓周上取 20 個等間距點
[x,y,z]=cylinder(r)	給出參數 r 確定輪廓線的柱形圖的 x、y、z 座標，在每一個圓周上取 20 個等間距點
[x,y,z]=cylinder(r,n)	給出參數 r 確定輪廓線的柱形圖的 x、y、z 座標，在每一個圓周上取 n 個等間距點
cylinder(…)	不輸出參數，用 surf 繪製柱形圖

範例 9-7　在各種 style 參數的條件下繪製矩陣 A 的 3D 長條圖。

```
>> A=magic(3);
>> bar3(A,'detached')
>> figure, bar(A, 'detached')
>> title('bar3 以參數 detached 繪製長條圖');
>> figure, bar3(A,'grouped')
>>title('bars 以參數 grouped 繪製長條圖');
>> figure, bar3(A, 'stacked')
>> title('bar3 以參數 stacked 繪製長條圖');
```

輸出結果如圖 9-7 所示。

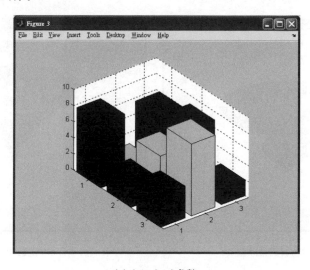

(a) detached 參數

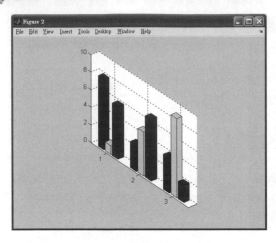

(b) grouped 參數

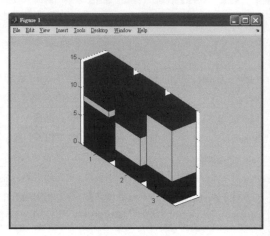

(c) stacked 參數

圖 9-7　用 bar3 繪製 3D 長條圖

範例 9-8　繪製 3D 柱狀圖。

```
>> t=[0:pi/50:2*pi];
>> [x,y,z]=cylinder(t.*sin(t));
>> surf(x,y,z)
>> figure, cylinder(t.^2)
```

得到的結果如圖 9-8 所示

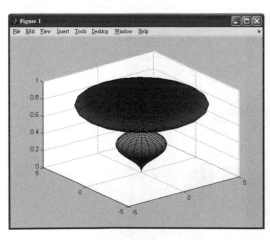

(a) surf 函數繪製的柱狀圖

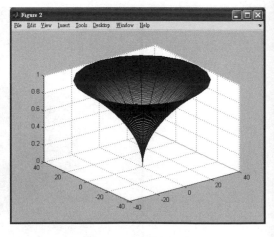

(b) cylinder 函數繪製的柱狀圖

圖 9-8　柱狀圖

2. 3D 火柴桿圖與瀑布圖

　　繪製 3D 離散資料的火柴桿圖使用 stem3 函數，該函數用一條線段顯示資料離開 XOY 面的高度，在線段的頂端用一個小圓圈（預設點型）或其他點型標記高度。

　　繪製瀑布圖使用 waterfall 函數，該函數僅繪製資料 z 行資料的直線或曲線，而不繪製列資料的直線，以此顯示瀑布效果。stem3 和 waterfall 函數的呼叫格式，如表 9-6 所示。

表 9-6　bar3、bar3h、cylinder 函數呼叫格式

呼叫格式	說明
stem3(z)	繪製資料序列 Z 的火柴桿圖
stem3(X,Y,Z)	在 X、Y 確定的位置上繪製 Z 的火柴桿圖
stem3(…'filled')	繪製資料的火柴桿圖。參數'filled'確定是否填充頂端的小圓圈
stem3(…LineSpec)	用參數 LineSpec 確定的線型要素繪製資料的火柴桿圖
h=stem3(…)	返回所繪製火柴桿圖的標示屬性值向量
waterfall(Z)	繪製資料 Z 的瀑布圖
waterfall(X,Y,Z)	用所給的 X、Y、Z 資料繪製 3D 瀑布圖
waterfall(…C)	以參數矩陣 C 確定的顏色繪製 3D 瀑布圖
h=waterfall(…)	返回 3D 瀑布圖的標示屬性值向量

範例 9-9　利用 stem3 繪製 3D 火柴桿圖，並修改線條寬度與記號顏色等屬性。

```
th=(0:127)/128*2*pi;
x=cos(th);y=sin(th);
f=abs(fft(ones(10,1),128));
h=stem3('v6',x,y,f','*');%以舊有的格式來建立 stem3
%由返回的 line 圖形物件標示值來設定線條寬度為 2 與記號變換顏色為紅色
set (h, 'LineWidth', 2, "MarkerEdgeColor', 'r')
```

　　輸出結果如圖 9-9 所示。

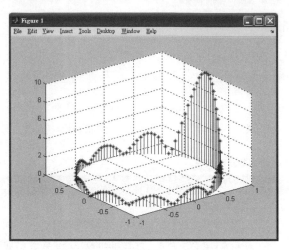

圖 9-9　用 stem3 繪製 3D 火柴桿圖

範例 9-10　繪製高斯分配函數的 3D 瀑布圖。

```
>> [x,y]=meshgrid(1:.02:2);
>> z=log(sin(x.^2+y)+1.52*x.*y.^.5);
>> waterfall(x,y,z)
```

輸出結果如圖 9-10 所示。

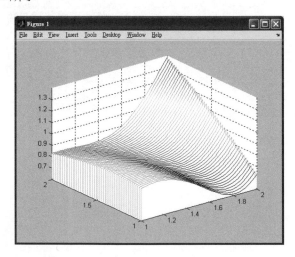

圖 9-10　3D 瀑布圖

3. 等高線圖和球面圖

在 MATLAB 中,函數 contour3 用於繪製 3D 等高線圖,該函數繪製一個定義在矩形柵格上的曲面的等高線圖。

繪製球面圖使用 sphere 函數。函數 contour3 和 sphere 的呼叫格式如表 9-7 所示。

表 9-7　contour3 和 sphere 函數呼叫格式

呼叫格式	説明
contour3(z)	繪製矩陣 Z 的 3D 等高線圖
contour3(Z,n)	繪製具有 n 條等高線的矩陣 Z 的等高線圖
contour3(Z,v)	在參數 v 指定的高度上繪製 Z 的等高線圖。等高線條數為 length(v)
contour3(…,LineSpec)	以參數 LineSpec 指定的線型要素繪製 3D 等高線圖
contour3(X,Y,Z)、contour4(X,Y,Z,n)、contour3(X,Y,Z,v)	用 X、Y 確定的 x、y 軸的範圍繪製 Z 的等高線圖
[C,h]=contour3(…)	返回等高線矩陣 C 及其標示屬性值向量
sphere	建立一個由 20×20 個組成的球面
sphere(n)	建立一個由 n×n 個面組成的球面
[x,y,z]=sphere(…)	不繪製球面，返回球面的座標矩陣

範例 9-11　繪製等高線圖和球面圖。

```
>> [x,y,z]=peaks(30);
>> [C,H]=contour3(x,y,z,16);
```

輸出結果如圖 9-11(a)所示。繪製好的等同線可以用 clabel 函數標註高度值。在範例 9-11 中添加下列指令：

```
>> clabel(C,H)
```

得到的結果如圖 9-11(b)所示。

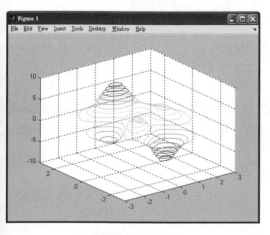

(a) 未標註之 3D 等值圖

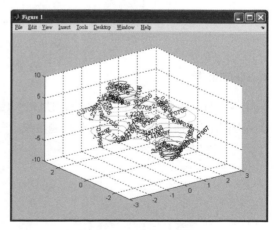

(b) 標註之後的 3D 等值圖

圖 9-11　3D 等值圖

範例 9-12 通過 MATLAB 指令行視窗，隨機輸入欲繪製的球體數之後，以隨機數產生的方式來繪製球體。

```
N=input('請輸入要繪製的圓數目:');
[X,Y,Z]=sphere;
for k=1:N
    R=rand/8;              %使用隨機產生的半徑
    Origin=rand(1,3);       %使用隨機產生的起始位置，也就是圓點中心位置
    surf(X*R+Origin(1), Y*R+Origin(2), Z*R+Origin(3));
    hold on;
end
axis equal
set (gca, 'projection', 'perspective')      %產生有點遠視觀察的立體技巧
```

輸出結果如圖 9-12 所示。

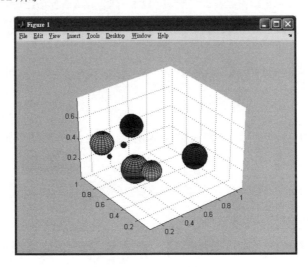

圖 9-12 sphere 繪圖結果

4. 3D 向量圖

在 MATLAB 中使用 quiver3 函數可以繪製出平面上的向量圖或速度圖，也就是在等值線圖上畫出方向或速度箭頭。因此，非常適合表示分配於平面的向量場，例如平面的流速分配圖，呼叫方式如表 9-8 所示。

表 9-8 quiver3 函數呼叫格式

呼叫格式	説明
quiver3(X,Y,Z,U,V,W)	在位置(x,y,z)之處繪製元素(u,v,w)的向量圖。其中，X、Y、Z、U、V、W 具有相同的大小
quiver3(Z,U,V,W)	在矩陣 Z 確定的等間距表面上繪製向量圖，向量的顯示比例由它們之間的距離來決定
quiver3(…,S)	繪製向量圖，向量的顯示比例，由它們之間的距離乘以參數 S 來決定
quiver3(…,LineSpec,'filled')	由參數 LineSpec 決定線型要素，並由參數'filled'決定是否加以填充
quiver3(…,LineSpec)	繪製由參數 LineSpec 來決定線型要素的向量圖

範例 9-13　使用 quiver3 來加以繪圖。

```
>> [X,Y,Z]=peaks(20);
>> [Nx,Ny,Nz]=surfnorm(X,Y,Z);          %求空間表面的法線
>> surf (X,Y,Z)
>> hold on
>> quiver3 (X,Y,Z,Nx,Ny, Nz)
>> axis tight
>> hold off
```

輸出結果如圖 9-13 所示。

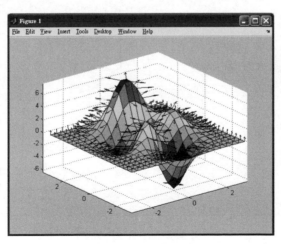

圖 9-13 3D 箭頭圖

5. 三角網目圖

　　三角網目圖在實際工程中應用得比較多，例如繪製等高面等。在 MATLAB 中，可以運用 trimesh 來繪製三角網目圖，其呼叫方式如表 9-9 所示。

表 9-9　trimesh 函數呼叫格式

呼叫格式	說明
trimesh(TRI,X,Y,Z,C)	由 TRI 所定訂的 M×3 矩陣的三資料來繪製三面網目圖
trimesh(TRI,X,Y,Z)	繪製由參數 C 確定顏色的三角網目圖
Trimesh(TRI,X,Y)	在 2D 繪圖中顯示三角圖
h=trimesh(…)	返回顯示的三角網目圖的標示值
trimesh(…, 'ProName', "ProVal',…)	繪製三角網目圖，但 1 對 'ProName'指定屬性設定屬性值

範例 9-14　試繪製下列函數的三角網目圖。

$$z = \frac{e^{-\sin R}}{R} \ , \ R = \sqrt{x^2 + y^2}$$

```
[x,y]=meshgrid(1:15,1:15);
R=sqrt(x.^2+y.^2);
z=exp(-sinR))./R;
tri=delaunay(x,y);     %返回三角剖分資料
trimesh (tri,x,y,z);
```

輸出結果如圖 9-14 所示。

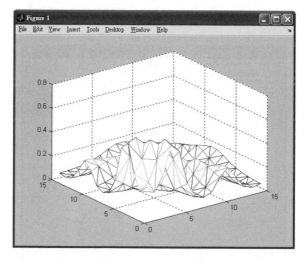

圖 9-14　trimesh 繪圖結果

　　MATLAB R2011A 中的 3D 繪圖函數還有 3D 彗星圖繪製函數 comet3、3D 切片圖繪製函數 slice 等，它們的叫呼格式與前面介紹的其他 3D 繪圖函數都大同小異，限於篇幅，在此就不一一加以說明。

9.1.3　進階 3D 繪圖功能

下面介紹繪製 3D 圖形的一些進階技巧，包含設定觀看角度、曲面裁切、光源設定及材質處理等。

1. 角度改變

所謂視角，簡單地講，就是觀察（顯示）圖形的方向，調整角度可以使得一幅圖顯示出來自不同方向的觀察結果。在 MATLAB 中，函數 view 改變所有類型的 2D 和 3D 圖形的圖形角度。它的呼叫格式如表 9-10 所示。

表 9-10　view 函數呼叫格式

呼叫格式	說明
view(az,el)	設定觀察圖形的角度
view([az,el])	設定觀察圖形的角度
view([vx,vy,vz])	透過直角座標設定視點
view(n)	設定預設的 n 維角度，n 為 2 或 3
[az,el]=view	返回目前的視角
view(T)	運用一個 4×4 的轉置矩陣 T 來設定角度
t=view	返回目前的 4×4 轉置矩陣（Transpose matrix）

在表 9-10 中，az 表示方位角（Azimuth），單位是度：el 是角度（Elevation），單位是度：vx、vy、vz 是角度的直角座標。

範例 **9-15**　view 函數應用範例。

```
>> [x,y,z]=peaks(30);
>> surf(x,y,z)
>> xlabel ('x 軸')
>> xlabel ('y 軸')
>> zlabel ('z 軸')
```

輸出結果如圖 9-15(a)所示。

```
>> view (90,0)
```

輸出結果如圖 9-15(b)所示。

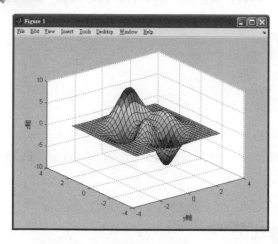

(a) 預設視角效果圖

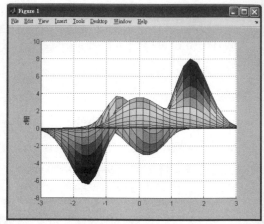

(b) 調整視角之後的效果圖

圖 9-15　view 函數效果圖

圖 9-15 的視角預設為：Za=-37.5，el=30°　；透過 view 指定，把方向角 x-y 平面內從 y 軸負方向逆時針旋轉 90°　，轉到了 x 軸的正方向，而仰角為 0，即視線從 x 軸的正方向水平看過去的效果。

雖然運用函數 vie 對 3D 視角來加以控制十分方便，但其功能卻十分有限。為了能夠對 3D 場景進行全面控制，我們需要用到攝影機功能。當攝影師用一台攝影機拍攝電影時，必須要先了解攝影機的全部功能，那麼，使用者利用電腦設定 3D 圖形或控制台遊戲環境時，也必須了解攝影機的所有功能。在上述環境中，使用者通常需要對兩個 3D 座標系統來加以管理：一個是攝影機所在的座標系統，另一個是攝影機所指的座標系統，也就是攝影機目標座標系統。MATLAB 提供了一些攝影機函數用於管理和處理這兩個座標系統之間的關係，並且提供對攝影機鏡頭的控制，如表 9-11 所示。

表 9-11　攝影機函數

函數名稱	功能	函數名稱	功能
campos	攝影頭位置	camtarget	攝影頭目標
camproj	攝影頭投影	camva	攝影頭視角
camzoom	放大攝影頭	camroll	滾動攝影頭
campan	固定視窗位置旋轉物件	camlookat	搜尋（Search）特定的物件
camup	設定視窗相對於顯示物件的位置向量	camlight	生成攝影頭光照物件，並將其放置在合適的位置

2. 曲面裁剪

因為曲面圖不能做成透明的,但在一些情況下可以很方便地移走一部分表面圖,以便看到表面圖下列部分。在 MATLAB 中,這是透過所期望的洞孔所在位置,將資料置為特定的 NaN 來執行的。由於 NaN 沒有任何值,所有的 MATLAB 繪圖函數都會忽略 NaN 的資料點,在該點出現的地方留下一個洞孔。

範例 9-16 利用 nan 來做曲面裁剪。

```
>> [X,Y,Z]=peaks(30);
>> x=X(1,:); y=Y(:,1);
>> i=find(y>0.8 & y<1.2); j=find(x>-0.6 & x<0.5);    %搜尋符合條件的 i 值
>> Z(i,j)=nan*Z(i,j);
>> surf(X,Y,Z)
>> title ('surf of peaks with a hold')
>> grid on
```

輸出結果如圖 9-16 所示。

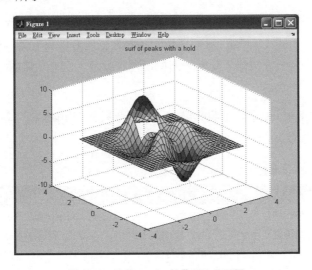

圖 9-16 函數 peaks 的帶洞孔曲面圖

3. 光源設定

為圖形加上光源能夠得到更加逼真的效果。MATLAB 提供了放置光源和調整光照目標特性的一些函數,合理利用這些函數能得到非常逼真的視覺效果。光源設定函數如表 9-12 所示。

表 9-12　光源設定函數

函數名稱	函數功能	函數名稱	函數功能
camlight	根據照相機的位置建立或移動光源	lighting	選擇光照方法
lightangle	在球形座標系中建立或者放置光源	material	設定被照目標的反射特性
light	建立光源物件		

在建立光照效果之前，首先要建立光源，可以用 light、camlight 或者 inghtangle 函數來完成。Light 函數的呼叫方式如表 9-13 所示。

表 9-13　light 函數呼叫格式

呼叫格式	說明
light	使用預設建立光源
h=light(…)	返回建立光源物件的標示
Light(… 'ProName', 'ProVal',…)	在建立光源時設定參數

在設定光源前，圖形採用的是各處強度相等的漫射光。一旦設定被執行，雖然光源本身並不出現，但圖形上的 "面"、"軸"、"區塊" 等物件的所有與光有關的屬性（如背景光等）都被啟動。該指令不包含任何輸入參數，則採用預設設定：白光、無窮遠、穿過[1,0,1]射向座標原點。

運用函數 lighting options 來設定照明模式，該指令只有在 light 指令執行之後才能發揮功能。Options 有四種取值，實際含義如表 9-14 所示。

表 9-14　函數 lighting options 參數含義

參數	敘述
flat	入射光均勻灑落在圖形物件的每一個面上，主要與 faceted 配合使用，它是預設形式
gouraund	先對頂點顏色插補，再對頂點勾畫的面色來加以插補，用於曲面呈現（Curve display）
phong	對頂點處的法線插值，再計算各像素的反光，效果較好，但較為費時一些
None	關閉所有的光源

4. 材質處理

控制光效果的材質指令為 material，其呼叫格式下列：

```
material options
```

為方便使用者使用，MATLAB 提供了四種預定義的表面反射模式，即 OPTIONS 的取值如表 9-15 所示。

表 9-15 MATLAB 預定義表面反射模式含義

參數	敍述
shiny	使物件比較明亮。鏡反射份量較大，反射光顏色僅取決於光源顏色
dull	使物件比較暗淡。漫反射份量較大，沒有鏡面亮點，反射光顏色僅取決於光源顏色
metal	使物件帶金屬光澤。鏡反射份量很大，背景光和漫反射份量很小，反射光源和圖形表面兩者的顏色。該模式為預設設定
default	返回預設設定模式

範例 9-17 利用燈光、照明、材料指令渲染圖形。

```
>> clf;          %<1>
>> [x,y,z]=sphere(40);        %<2>
>> colormap(jet0        %<3>
>> subplot(1,2,1);   %<4>
>> surf(x,y,z)        %<5>
>> shading interp     %<6>
>> light('position', [0,-10,1.5], 'style', 'infinite')      %<7>
>> lighting phong     %<8>
>> material shiny     %<9>
>> subplot (1,2,2);   %<10>
>> surf (x,y,z,-z)    %<11>
>> shading flat       %<12>
>> light; lighting flat      %<13>
>> light ('position', [-1,-1,-2], 'color', 'y')      %<14>
>> light ('pisition', [-1, 0.5, 1], 'style', 'local', 'color', 'w')%<15>
```

輸出結果如圖 9-17 所示。

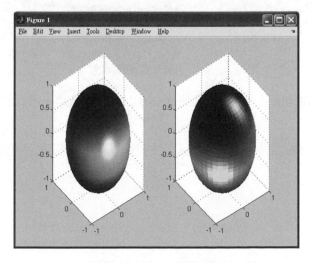

圖 9-17 利用燈光、照明、材質指令來渲染圖形

色圖是圖形視窗的屬性。每一個圖形視窗只有一個色圖,見本例指令<3>:每個子圖都能定義自己的濃淡處理模式、照明模式、材質,但它們都只能定義一次,例如本例圖 9-17 左圖的相關指令為<4>~<9>,而右圖的相關定義指令為<10>~<13>;在每一個圖上可以設定多個光源,如本例左圖只使用了 1 個預設設定光源,而右圖使用了包括預設設定光源在內的三個形式、方向、顏色不同的光源。

9.1.4 透明度作圖

在 MATLAB 中使用 hidden 函數控制移除 3D 圖形中顯示的隱藏線。隱藏線條的移除其實是顯示,從視點上來看,因為被其他物體遮住而模糊不清的線。該函數的使用方式如表 9-16 所示。

表 9-16　hidden 函數使用方法

呼叫格式	説明
hidden on	對目前圖形打開隱藏線移除的狀態,因此,3D 後方的線會被前面的線遮住,簡單地來説,就是會透視被疊壓的圖形
hidden off	對目前圖形關閉隱藏線移除的狀態,因此,3D 圖後方的線將不會被前面的線遮住,也就是說,該 3D 圖會變成一個透明的圖形
hidden	切換 hidden 為 on 或 off 的狀態

範例 9-18　繪製一個 3D 圖形,一個球體包住網目圖,並且將球體設定為透明。

```
[x,y,z]=sphere(20);
x=8.2*x; y=8.2*y; z=8.2*z;        %設定球體的 x,y 與 z
peaks; shading interp;            %使用 interp 渲染方式
colormap(hot);                    %使用 hot 顏色映射值
hold on, mesh (x,y,z), hold off   %以 mesh 來繪製球體資料
axis equal                        %產生等長的座標軸,以便於球體的顯示
axis off                          %將座標軸隱藏起來
```

輸出結果如圖 9-18(a)所示。現在在範例 9-18 中加入下列敘述,得到的結果如圖 9-18(b)所示:

```
hidden of        %將球體設定為透明
```

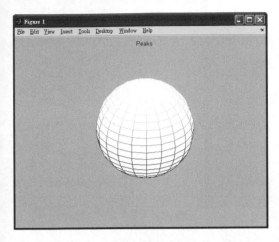

(a) 非透明球體

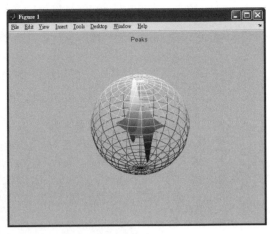

(b) 透明球體

圖 9-18　透明球體繪製

9.1.5　立體視覺化

　　除了前面介紹的常用網格圖、表面圖和等高線圖之外，MATLAB 還提供了一些立體視覺函數用於繪製更為複雜的立體和向量物件。這些函數通常在 3D 空間中建構純量和向量的圖形。由於這些函數所建構的是立體而不是一個簡單的表面，因此，它們需要 3D 數組作為輸入參數，其中，3D 數組的每一維分別代表一個座標軸，3D 數組中的點定義了座標軸柵格和座標軸上的座標點。如果要繪製的函數是一個純量函數，則繪圖函數需要四個 3D 陣列，其中，3D 陣列各代表一個座標軸，第四個陣列代表了這些座標處的標數資料，這些陣列通常記為 X、Y、Z 和 V。如果要繪製的函數是一個向量函數，則繪圖函數需要六個 3D 陣列，其中三個各表示一個座標軸，另外三個用來表示座標點處的向量，這些陣列通常記為 X、Y、Z、U、V 和 W。

　　要正確合理地使用 MATLAB 提供的立體和向量視覺化函數，使用需要對與立體和向量有關的一些術語有所了解。例如，散度（divergence）和旋度（curl）用於敘述向量程式，而等值面（isosurfaces）和等值頂（isocaps）則用於敘述立體的視覺外觀。如果使用者要生成和處理比較複雜的立體物件，就需要參考相應的文獻對這些術語進行深入了解。不過，本書並不詳細講述這些術語的實際含義，而只是透過幾個簡單的例子講述 MATLAB 中如何利用資料陣列來建構立體結構。關於這方面更為詳細的資訊，請讀者參考相應的 MATLAB 線上協助檔案。

範例 **9-19**　下面是一個利用純量函數來建構立體圖形的範例。

首先，必須生成一個建立體物件的座標系。其編碼如下：

```
>> x=linspace(-3, 3, 13);
>> y=1:20;
>> z=5:5;
>> [x,y,z]=meshgrid(x,y,z);
>> size(x)
```

結果下列：

```
ans =
    20      13       11
```

上面的編碼展示了 meshgrid 函數在 3D 空間中的應用。其中，X、Y、Z 為定義柵格的三個 3D 陣列，這三個陣列分別是從 x、y 和 z 經過 3D 柵格延伸而形成的。我們需要定義一個以這三個 3D 為因變數的純量函數 V，編碼如下：

```
>> V=sqrt(X.^2+cos(Y).^2+Z.^2;
```

這樣，利用純量函數 v=f(x,y,z)定義一個立體物件所需的資料已全部給出。為了使該立體物件視覺化，我們可以利用下面的編碼來查閱該立體物件的一些截面。

```
>> slice (X,Y,Z,V, [0 3], [5 15], [-3 5])
>> xlabel ('X_axis')
>> ylabel('Y_asxis')
```

執行結果如圖 9-19 所示。

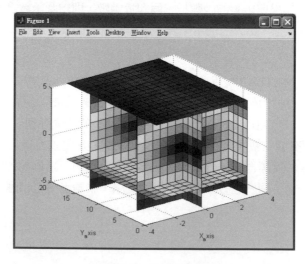

圖 9-19　立體截面圖

圖 9-19 顯示了立體圖形在 x=0、x=3、y=5、y=-15、z=-3 和 z=5 所定訂的平面上的截面圖中的顏色是根據截面上的 V 值來進行繪製的。

圖 9-19 展示了立體圖形的平面截面，在立體圖形中，也可以顯示立體圖形的曲面截面。例如，下面的範例採用正弦函數來截取立體圖形的截面，其中，xs、ys 和 zs 訂定了一個截取立體圖形的正弦截面。

範例 9-20 採用正弦函數來截取立體圖形。

```
>> [xs, ys]=meshgrid(x,y);
>> zs=sin(-xs+ys/2);
>> slice(X,Y,Z,V,xs,ys,zs)
>> xlabel('X_axis'), ylabel('Y_axis'),zlabel('Z_axis')
```

執行結果如圖 9-20 所示。

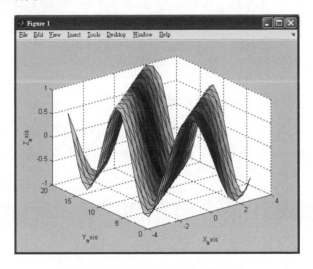

圖 9-20 使用正弦曲面截取立體圖形

除了截取平面之外，使用者還可以用 contourslice 函數為截取的平面添加等高線。

範例 9-21 添加等高線。

```
>> slice (X,Y,Z,V, [0 3], [5 15], [-3 5])
>> hold on
>> h=contourslice(X,Y,Z,V,3, [5 15], [ ]);
>> set (h, 'EdgeColor', 'k', 'Linewidth', 1.5)
>> xlabel('X_axis') ; ylabel ('Y_axis');zlabel('z_axis')
>> hold off
```

執行結果如圖 9-21 所示：

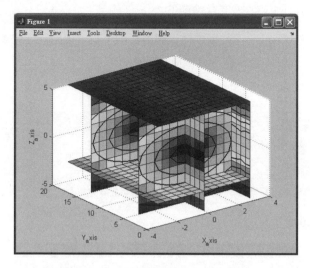

圖 9-21 在立體圖形的截面上繪製等高線

在圖 9-21 中，等高線被分別添加到了 x=3、y=5 和 y=15 的截面上，並利用標示圖形函數 set 將其顏色設定為黑色，寬度設定為 1.5 個像素點。

除了查閱立體物件的截面之外，搜尋使得 V 等於某個特定值的表面（稱為等值面）也十分常見。在 MATLAB 中，這一操作可以運用 isosurface 函數來加以執行，該函數與 delaunay 函數相類似，生成由三角形構成的等值面。

範例 9-22 繪製等值面。

```
>> [X,Y,Z,V]= flow(13);
>> fv=isosurface(X,Y,Z,V,-2);
>> subplot(1,2,1)
>> p=patch(fv);
>> set(p, 'FaceColor', [.5 .5 .5], 'EdgeColor', 'Black');  %設定曲面屬性
>> view (3), axis equal tight, grid on         %按比例顯示圖形，打開網格
>> subplot (1,2,2)
>> p=patch(shrinkfaces(fv,.3));
>> set (p, 'FaceColor', [.5 .5 .5], 'EdgeColor', 'Black');  %設定曲面屬性
>> view(3), axis equal tight, grid on          %按比例顯示圖形，打開網格
```

執行結果如圖 9-22 所示。

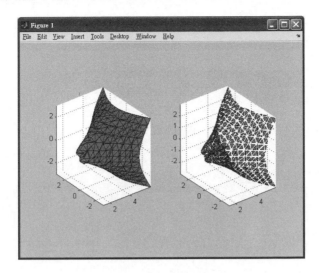

圖 9-22　3D 等值面圖

圖 9-22 還顯示了函數 shrinkfaces 的用法。顧名思義，該函數的功能是使表面收縮。

當我們顯示了立體圖形僅僅是為了觀察其大體結構時，就沒有必要針對所有的資料點繪圖，因為資料點太多，會降顯示的速度。利用函數 reducevolume 和 reducepatch 則可以使使用者在顯示圖形之前，先刪除一些資料或一些對圖形顯示影響最小的碎片，從而提升圖形所顯示的效率。

```
>> [X,Y,Z,V]=flow;
>> fv=isosurface(X,Y,Z,V,-2);
>> subplot(2,2,1)
>> p=patch(fv);
>> Np=size(get(p, 'Faces'), 1);
>> set (p, 'FaceColor', [.5 .5 .5], 'EdgeColor', 'Black');
>> view(3), axis equal tight, grid on
>> zlabel (sprintf ('%d Pactches', Np)
>> subplot (2,2,2)
>> [Xr, Y,r, Zr, Vr]=reducevolume(X,Y,Z,V,[3 2 1]);
>> fvr=isosurface (Xr, Yr, Zr, Vr, -2);
>> p=patch (fvr);
>> Np=size(Get(p, 'Faces'), 1);
>> set (p, 'FaceColor', [.5 .5 .5], 'EdgeColor', 'Black');
>> view(3), axis equal tight, grid on
>> zlabel (sprintf ('%d Patches', Np)
>> subplot (2, 2, 3)
>> p=patch(fv);
>> set (p, 'FaceColor', [.5 .5 .5], 'EdgeColor', 'Black');
>> view (3), axis equal tight, grid on
>> reducepatch (p, .15)
>> Np=size(get(p,'Faces'), 1);
```

```
>> zlabel (sprintf('%d Patches', Np))
>> subplot (2,2,4)
>> p=patch(fvr);
>> set(p, 'FaceColor', [.5 .5 .5], 'EdgeColor', 'Black');
>> view(3), axis equal tight, grid on
>> reducepatch (p, .15)
>> Np=size (get(p, 'Faces'), 1)
>> zlabel (sprintf ('%d Patches', Np))

>> subplot(2,2,4)
>> p=patch(fvr);
>> set(p,'FaceColor',[.5 .5 .5], 'EdgeColor', 'Black');
>> view(3), axis equal tight, grid on
>> reducepatch (p, .15)
>> Np=size(get(p,'Faces'), 1)
>> zlabel(sprintf('%d Patches', Np))
```

其執行結果如圖 9-23 所示。

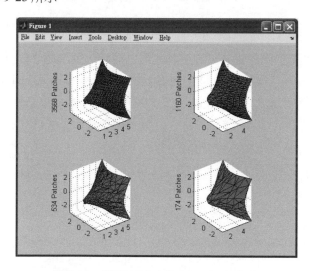

圖 9-23　利用不同大小的碎片繪製 3D 表面

3D 資料也可以運用 smooth3 函數來過濾，而執行其平滑化流程（Smoothing process）。

範例 9-23　smooth3 函數應用範例。

```
>> data=rand(10, 10, 10);
>> datas=smooth3(data, 'box', 3);
>> subplot (1, 2, 1)
>> p=patch(isosurface(data, ..5), 'FaceColor', 'interp', 'EdgeColor', 'none');
>> patch(isocaps(data, .5), 'FaceColor', 'interp', 'EdgeColor', 'none');
>> isonormals(data, p)
>> view(3);axis vis3d tight off
```

```
>> camlight; lighting phong
>> subplot (1,2,2)
>> p=patch(isosurface(datas,.5), 'FaceColor', 'Blue', 'EdgeColor', 'none');
>> patch(isocaps (datas, .5), 'FaceColor', 'interp', 'EdgeColor', 'none');
>> isonormals (datas, p)
>> view(3);axis vis3d tight off        %設定座標軸比例因素相等
>> camlight; lighting phong            %生成攝影機函數，並將其放在合適的位置
```

執行結果如圖 9-24 所示。

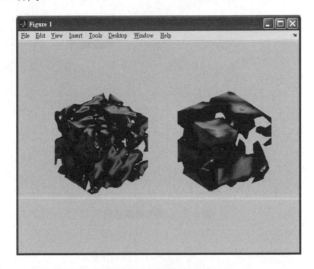

圖 9-24　3D 資料平滑

範例 9-23 顯示了函數 isocaps 和 isonormals 的用法。函數 isocaps 生成塊狀圖的外層表面，函數 isonormals 調整所畫碎片的屬性，使得所顯示的圖形有正確的光照效果。

9.1.6　輕鬆繪製 3D 圖形

當使用者不想花費時間來顯式地宣告一個 3D 圖形資料點的時候，MATLAB 提供了函數 ezcontoru、ezcontour3、ezmesh、ezmeshc、ezplot3、ezsurf 和 ezsurfc。這些函數所建立的圖形類似於它們不帶 ez 前序的等價函數所建立的圖形。但是，它們的輸入參數為函數，這些函數是由字元串或符號數學物件，以及可篩選的圖形所在的座標軸所預設（Default）的。在這些函數內部，它們對資料加以計算，然後生成所想要的圖形。

範例 9-24　快速繪圖。

```
>> fstr=['3*(1-x).^2.*exp(-(x.^2)-(y+1).^2)-10*(x/5-x.^3-y.^5).* exp(-x.^2-y.^2)-
1/3*exp(-(x+1).^2-y.^2)'];
>> subplot (2,2,1); ezmesh (fstr)
>> subplot (2,2,2); ezsurf (fstr)
```

```
>> subplot(2,2,3); ezcontour(fstr)
>> subplot(2,2,4); ezcontourf(fstr)
>> subplot(2,24); ezcontourf(fstr)
```

輸出結果如圖 9-25 所示。

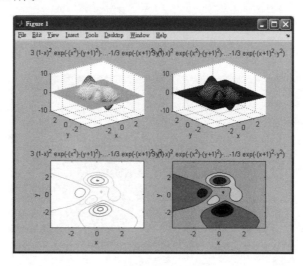

圖 9-25　快速繪圖範例

9.2　重點回顧

　　本章首先整合大量的工程範例講述了 3D 及更高維度繪圖功能的執行方法，內容涉及一般工程應用中所遇到的幾乎所有類型的圖形，例如：3D 曲線圖、立體切片圖、向量圖、瀑布圖等。研讀本章，讀者只要熟練地掌握了本章中的常見指令，就可以根據自己的需求繪製出各種個性化的圖形。

習題

1. 運用藍色實線來繪製 x=sin(t), y=cos(t), z=t 的 3D 曲線，曲線如圖 9-26 所示。
（提示：參變數；plot3；線色線粗）

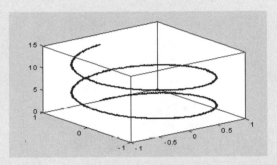

圖 9-26　螺旋圖

2. 採用兩種不同方法來繪製 $z = 4xe^{-x^2-y^2}$ 在 x,y∈ [-3,3]的如圖 9-27 的 3D（透視）
網格曲面。（提示：ezmesh; mesh; hidden）

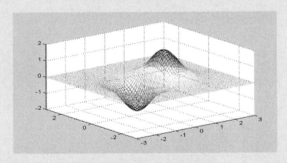

圖 9-27　3D（透視）網格曲面

習題

3. 在 x,y∈ [-4π,4π]區間裡，根據運算式 $z = \dfrac{\sin(x+y)}{x+y}$，繪製如圖 9-28 所示的曲面。（提示：NaN 的處理）

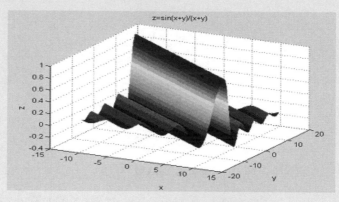

圖 9-28　運算式 $z = \dfrac{\sin(x+y)}{x+y}$ 之曲面

顏色處理與握把式圖形

MATLAB 提供了許多在 2D 和 3D 空間內顯示資訊的工具，但很多時候，一個簡單的 2D 或者 3D 圖形不能一次性地顯示出所想要提供的資訊。這時，顏色可以對圖形提供一個附加的維數。本節的討論從研究顏色映像開始，講述如何建立、使用、顯示和修改使用者本身的顏色映像。

10.1 圖形顏色處理

MATLAB 提供了許多在 2D 和 3D 空間內顯示資訊的工具，但很多時候，一個簡單的 2D 或者 3D 圖形不能一次性地顯示出想要提供的資訊。這時，顏色可以對圖形提供一個附加的維數。本節的討論從研究顏色映像開始，講述如何建立、使用、顯示和修改使用者自己的顏色映像。

10.1.1　顏色映像原理

顏色映像就是把三個基本色：紅色(R)、綠色(G)、藍色(B)按照不同的比例組合起來，形成新的顏色。顏色映像的資料結構是若干行三列的矩陣，矩陣元素為 0~1 之間的數，這些數表示相應顏色的強度。顏色映像只在表面、補片和影像物件中使用。若干常用色的 RGB 值如表 10-1 所示：

表 10-1　若干常用色的 RGB 值

R	G	B	調和色	色元
0	0	1	藍色	b
0	1	0	綠色	g
1	0	0	紅色	r
0	1	1	青色	c
1	0	1	洋紅色	m
1	1	0	黃色	y
0	0	0	黑色	k
1	1	1	白色	w
0.5	0.5	0.5	灰色	
2/3	0	1	紫色	
1	0.5	0	橙色	
1	0.62	0.40	銅色	
0.49	1	0.83	寶石藍色	

MATLAB 提供了幾種典型的顏色映像，它們各別著重於不同的色調，這些顏色映像如表 10-2 所示。

表 10-2　幾種典型色調的顏色映像

顏色映像	顏色範圍
hsv	色彩飽和值：從紅色開始，依次經過黃、綠、青、藍、紫，最後回到紅色。此種顏色映像尤其適合周期函數
hot	從黑到紅到黃到白
gray	線性灰度
bone	帶一點藍色調的灰度
copper	線性銅色調
pink	粉紅色、柔和的色調
white	白色
flag	交替的紅色、白色、藍色和黑色
lines	線性顏色
colorcube	加強的顏色立方
vga	Windows 視窗的 16 位元顏色映像
jet	hsv 的一種編寫（以藍色開始和結束）
prism	棱鏡。交替的紅色、橘黃色、黃色、綠色和天藍色
cool	青色和洋紅色調和
autumn	紅、黃色調和
spring	洋紅、黃色調和
winter	藍、綠色調和
summer	綠、黃色調和

　　MATLAB 的每一個圖形視窗只有一個彩色圖，色圖是 m×3 的矩陣。按照預設的方式，上面所列的各種顏色映像產生一個 64×3 的矩陣，指定了 64 種 RGB 顏色的描述。這些函數都接受一個參數來指定所產生矩陣的行數。例如，hot(m)產生一個 m×3 的矩陣，它包含的 RGB 顏色的色值範圍從黑色經過紅色、橘紅色和黃色到白色。

10.1.2　顏色映像的應用

　　在圖形表示流程中，顏色的運用能夠反映出許多其他的圖形資訊，所以，顏色映像運用也是一個十分重要的部分。

1. 基本的著色技術

　　由於色彩在呈現圖形時相當重要，MATLAB 特別重視色彩處理，而彩色圖是 MATLAB 著色的基礎。

敘述 colormap(M)將矩陣 M 當作目前圖形視窗所用的顏色映像。例如：colormap(cool)裝入了一個有 64 位元輸入項的 cool 顏色映像。Colormap default 裝入了預設的顏色映像 hav。

函數 colormap 的呼叫格式如下：

```
colormap(MAP)
```

該函數用於將目前圖形的顏色映像設為 MAP，MAP 可以是 MATLAB 提供的顏色映像，例如："jet"，也可以自己訂定顏色映像矩陣。在此需要注意的是，矩陣 MAP 的行數不限，但必須為三列。

到此為止，我們一直在談論顏色映像，那麼這些映像所對應的到底是什麼顏色呢？我們並沒有一個直覺化的認知，下面我們就來介紹能直覺地顯示顏色映像的函數。

2. 顏色映像的直覺化顯示

顏色映像的直覺化顯示有下列幾個知識點。

(1) 觀察顏色映像矩陣元素

可以透過多個途徑來顯示一個顏色映像，其中一個方法就是觀察顏色映像矩陣的元素。在 MATLAB 指令視窗輸入下列指令：

```
>> hot(8)
```

其執行結果如下：

```
ans =
    0.3333        0        0
    0.6667        0        0
    1.0000        0        0
    1.0000   0.3333        0
    1.0000   0.6667        0
    1.0000   1.0000        0
    1.0000   1.0000   0.5000
    1.0000   1.0000   1.0000
```

上面的資料顯示出第一行是 1/3 紅色，而最後一行是白色。

(2) rgbplot 函數

函數 rgbplot 直接把顏色映像矩陣中的三列數分別用紅、綠、藍三種顏色畫出來，例如：

```
>> rgbplot(hot)
```

輸出結果如圖 10-1 所示。

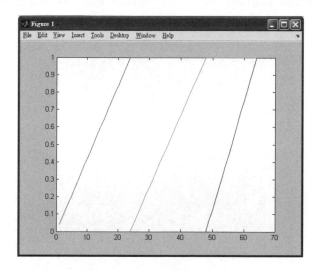

圖 10-1　顏色映像 hot 的 RGB 曲線

　　圖 10-1 繪製的就是顏色映像 hot 矩陣中的 RGB 資料，圖中的紅色曲線（左邊）對應著矩陣的第 1 列；綠色曲線（中間）對應著矩陣的第 2 列；藍色曲線（右邊）對應著矩陣的第 3 列。從圖中可以分析顏色的變換流程，圖中從左到右表示顏色的強度由小到大。開始的三種顏色都是 0 或接近 0，因而是黑色；之後紅色加強，而綠色和藍色仍為 0，這一段為紅色；紅色到 1 之後，綠色開始加強，藍色仍然為 0，紅色和綠色逐漸合成為黃色；綠色達到 1 後，藍色逐漸加強，當藍色最後也達到 1 之後，三種顏色合成白色。

(3) pcolor 函數

　　函數 pcolor 用於繪製偽彩色圖。所謂偽彩色，是指繪圖使用的色彩用於表示資料的大小，而不是自然的色彩。函數 pcolor 也可用來顯示一個顏色映像，其實際呼叫格式如下：

```
pcolor(c)
```

　　該函數的功能是將矩陣 C 作為顏色矩陣，利用著色原理在平面網格點(i,j)的右上角小區域內用 C(i,j)對應的色譜矩陣的顏色著色。繪製之後的偽彩色圖還可以用 shading 函數來調整其顏色的平滑度。例如：

```
>> pcolor(cool(20))
```

　　其輸出結果如圖 10-2 所示。

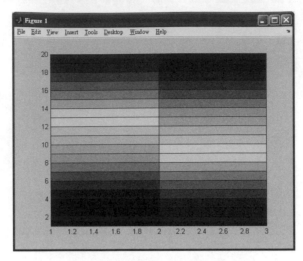

圖 10-2　顏色映像 cool 的偽彩色圖

(4) colorbar 函數

函數 colorbar 在目前的圖形視窗中增加水平或者垂直的顏色標尺，以顯示目前座標軸的顏色映像。該函數的主要用法如表 10-3 所示。

表 10-3　colorbar 函數呼叫格式

呼叫格式	說明
colorbar	如果目前沒有顏色條，就加上一個垂直的顏色條，或者更新現有的顏色條
colorbar('horiz')	在目前的圖形下面放一個水平的顏色條
colorbar('vert')	在目前的圖形右邊放一個垂直的顏色條

3. 顏色映像的建立和修改

顏色映像就是矩陣，意味著使用者可以像其他陣列那樣對它們加以操作。MATLAB 提供了一系列的函數建立和修改顏色映像矩陣，如表 10-4 所示。

表 10-4　建立和修改顏色映像矩陣函數

函數名稱	描述
brighten	調整一個給定的顏色映像來增加或者減少暗色的強度
caxis([cmin,cmax])	用於設定偽彩色的縮小與放大比例。其中，"cmin"和 "cmax"分別表示目前顏色映像中第一個顏色和最後一個顏色對應的資料大小

下列為這兩個函數的應用範例。

範例 10-1　caxis 函數應用範例。

```
>> [X,Y]=meshgrid(-8:0.5:8);
>> R=sqrt(X.^2+Y.^2)+esp;
>> z=sin(R)./R;
>> mesh(X,Y,Z)
>> caxis([-0.2,0.5])
>> colorbar ('vert')
```

輸出結果如圖 10-3(a)所示。

```
>> caxis ([-0.2,2])
>> colorbar ('vert')
```

輸出結果如圖 10-3(b)所示。

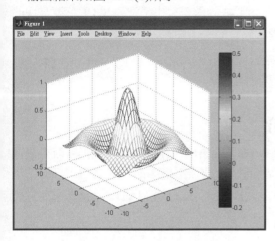

(a) 顏色映像的範圍小於資料的範圍　　　　(b) 顏色映像的範圍超出了資料的範圍

圖 10-3　圖形的顏色映像

　　可以透過生成 m×3 的矩陣 mymap 來建立使用者自己的顏色映像，並運用 colormap(mymap) 來安裝它。顏色映像的每一個值都必須在 0~1 之間。如果企圖用大於或小於三列的矩陣或者包含著比 0 小或者比 1 大的任意值，函數 colormap 會提示一個錯誤資訊，然後退出。也可以組合顏色映像，其結果有時是不可預料的。只有當所有的元素都在 0~1 之間時，才能保證結果是一個有效的顏色映像。

10.2 | MATLAB 握把式圖形

在 MATLAB 中，握把式圖形（Handle graphics）是指一系列描述圖形物件的表現形式和顯示方式的底層圖形特性函數的總稱，每一個圖形物件都有自己對應的標示值，實質上，前面各節中的影像、光照、顏色、線條、文本、表面等都是由握把式圖形建立的。握把式圖形的主要含義是允許使用者依據標示值來擷取或設定對應圖形物件的屬性值，也就是透過圖形物件的標示值就可以一一設定物件的一些相關屬性，可以將圖形物件進行一次具有彈性的變化，使圖形更加美觀，以滿足使用者不同的應用需求。

握把式圖形不但是對圖形物件進行屬性操作不可或缺的內容，也是進入 GUI 所要掌握的基本知識。研讀本節，讀者也可以掌握 GUI 程式設計的基本知識。

本節將深入介紹圖形物件之間的層次關係、常用圖形物件的建立，以及如何擷取圖形物件的握把值，並透過握把值與屬性來控制物件。

10.2.1 圖形物件和握把式圖形簡介

在 MATLAB 中，所有的圖形操作都是針對圖形物件而言的，圖形物件是圖形系統中最為基本、最為底層的圖元，例如線條、圖形、圖片和圖表等都是圖形物件。它實際上進行了生成圖形的工作，這些細節都隱藏在圖形 M 檔案的內部，但可以透過 MATLAB 函數來對它們進行操作。

詳細地說，握把式圖形是基於這樣一個概念，即一幅圖的每一個部分是一個物件，每一個物件都有一系列握把與它密切相關，每一個物件有按需要可以改變的屬性。它所支援的指令可以直接建立線、文字、網格、平面以及圖形使用者介面前面所介紹的高層圖形指令（例如 plot、mesh 等）。這些都是以握把圖形軟體為基礎寫成的。因此，握把式圖形也被稱為低層圖形。握把是存取圖形物件唯一的規範識別元。不同物件的握把不可能會重複和混淆。

在握把式圖形系統中，各個圖形物件並不相等，它們之間有相對應的層級關係。這個關係可以用圖 10-4 所示的樹狀結構層級表示。因此，當某一個父物件改變屬性時，就會影響到該結構下層的所有子物件，如目前要改變視窗物件的位置，則線條與座標軸物件也會跟著移動。一般來說，根物件的握把值是零，而視窗物件的握把值通常設定為整數（Integer），其他物件則用浮點小數值（Floating point decimal）當作握把值。

每建立一個形物件的時候，MATLAB 就會自動建立該圖形物件唯一的握把值。如 fig=figure，則所建立的視窗中的變數 fig 就是它的握把值。

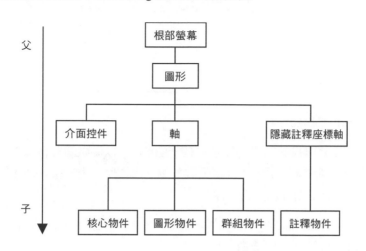

圖 10-4　握把圖形體現物件樹形結構

在圖 10-4 中，最上層為電腦螢幕，是所有物件的父物件，它所對應的子物件為 figure 繪圖視窗，而圖（父）所對應的座標軸、介面物件（包括介面選單、介面元件等）、註釋物件所存在的座標軸隱藏層等為圖的子物件，最後座標軸（父）所對應的圖形物件、核心物件、群組物件與註釋物件為座標軸的子物件。再次說明階層概念是如何運作的，舉例來說，畫一個線形物件，MATLAB 需要建立座標軸物件提供一個環境來進行線形物件的繪製；而一個座標軸物件需要一個繪圖視窗來顯示座標軸與它的子物件，所以，基本上會有圖、座標軸與線三個物件存在。

座標軸所對應的物件是使用者所能感覺到的，本節講述的圖形物件屬性操作就是對座標軸所對應物件的屬性進行操作。握把式圖形物件按照層級關係一般可以分為四類：核心物件、群組物件、圖形物件和註釋物件。

1. 核心物件（Core Objects）

核心的圖形物件包含了一些基本的繪圖函數，如 line、text 和 patch（多邊形物件）。另外，比較特別的核心物件如 surface（用以組成矩形網格線頂點）、image 與 ight 等，雖然它們不會顯示出來，但會影響一些物件的顏色。表 10-5 為核心圖形物件的類型。

表 10-5　核心圖形物件的類型

物件	敘述	物件	敘述
Axes	在 figure 下的圖面顯示介面	patch	在 axes 中繪製多邊形
image	在 axes 中的 2D 圖面	rectangle	在 axes 中繪製矩形
Light	在 axes 中的指示光源位置	surface	在 axes 中繪製 3D 繪圖
Line	在 axes 中做資料點的線連接	Text	在 axes 中的字元

2. 群組物件（Group Objects）

　　群組物件可以用來將座標軸的子物件設定為一個群組，以便整個群組內物件屬性的設定，如設定整個群組為可見或不可見，並且當選取一個群組物件之後，底下的所有物件都會被選取。在 MATLAB 中有下列兩種群組物件。

❶ hggroup：建立一個群組物件，並且控制群組物件的可見性或可選擇性來當作一個獨立的物件時，就可以使用這個函數。

❷ hgtransform：將群組物件進行某些特徵上的轉換時（例如將整個群組物件旋轉和移動），就可以使用這個函數。

3. 圖形物件（Plot Objects）

　　一些可以用高階繪圖方來繪製圖形的函數都可以用來建立圖形物件（因為它們可以返回對應的物件握把值，例如 area 等）。在 MATLAB 中有些圖形物件是由核心物件所組成的，因此，可以透過核心物件的屬性來控制這些圖形物件的相關屬性。如 fill 繪製的圖形就是由 patch 物件組成的，所以，可以用與 patch 相關的屬性來控制填充多邊形圖。圖形物件的父物件可以為座標軸或群組物件（如 hggroup 或 hgtransform），透過圖 10-5 可以更方便地了解它們之間的關係，座標軸物件為群組物件與圖形物件，而群組物件也可以是圖形物件的父物件。

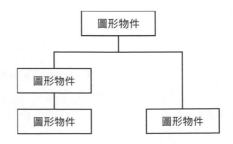

圖 10-5　座標軸與群組物件、圖形物件的關係

下列的範例是用來繪製 peaks 函數的等高線圖形的，然後設定等高線的線條型與寬度。由於等高線由 patch 物件（多邊形物件）組成的，因此，可以透過 patch 物件的 LiveWidth 與 LineStyle 這兩個屬性來控制等高線。

範例 10-2 設定等高線的屬性

```
>> [X,Y,Z]=peaks;
>> [c,h]=contour(X,Y,Z);
>> set(h, 'LineWidth', 3, 'LineStyle', ':')        %設定線寬和線型
```

所得到的結果如圖 10-6 所示。

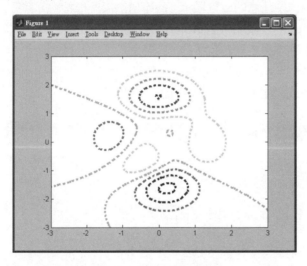

圖 10-6　設定等高線屬性

當我們觀察等高線圖內所包含的核心物件時，可以了解到等高線圖是由 patch 物件的邊緣線所組成的，同時也說明了我們可以利用 patch 物件的屬性來設定等高線的屬性，進而控制它的特徵。

4. 註釋物件（Annotation Objects）

在 MATLAB 中，有 Arrow、Doublearrow、Ellipse、Line、Rectangle、Textarrow、Textbox 等幾個註釋物件。使用者可以由繪圖視窗的 Plot Edit 工具欄（必須透過選單選取 "View" → "Plot Edit"選單，來打開 Plot Edit 工具列）或由選單的 "Insert"選單來建立註釋物件。另一種方式是運用 Annotation 函數來建立。註釋物件建立在隱藏的座標軸中，也就是說，它可以延伸寬與高在整個視窗中的顯示，可以使用者運用正規化座標，以左下角為原點(0,0)、右上角為(1,1)的方式來制定註釋物件在繪圖視窗內的位置，如 TextBox。TextBox 是一個矩形的說明文字區域，它能夠包含多行文字的輸入，以填入適當的說明文字。按一下 "TextBox 按鈕

後，再透過滑鼠（按一下左鍵）來控制放置的位置即可。在建立 TextBox 之後，利用滑鼠來改變其大小（直接拖洩 TextBox 物件的黑點）或位置（直接拖曳 TexBox 物件），並且直接在 TextBox 物件上按兩下滑鼠左鍵就可以編輯該內容了，同樣，在該物件上按一下滑鼠右鍵可以直接控制簡易的屬性，如 Textcolor、BackgroundColar、EdgeColor 等，或選取 "Properties" 選項，就可以打開該物件的 Property Editor 對話框。

所有的註釋物件都會顯示在一個覆蓋整個繪圖視窗的重疊座標軸中，並且這個座標軸是隱藏的，因此，在這一層重疊的座標軸中，只會顯示註釋物件，也就是說，無法控制它的父物件或設定座標軸的任何屬性，但因為這個隱藏的座標軸是與繪圖視窗一樣大的，因此，可以將註釋物件在繪圖視窗中任意的位置顯示，而不僅限於座標軸內。當然，使用者也可以透過 line、text 和 rectangle 這些函數在座標軸的資料座標內建立線、文字、矩形與橢圓，但是這些物件是不會放置在註釋的座標軸層中的（因為它們並非註釋物件），並且它們必須存在於父物件（座標軸）內，因此，它們可以設定父物件的屬性。下列是一個建立矩形註釋物件的範例，並且透過顏色的設定使子圖在顯示上更為明顯。

範例 10-3 建立矩形註釋物件。

```
>> x=-2*pi:pi/12:2*pi;
>> y=x.^2;
>> subplot(2,2,1:2);
>> plot(x,y)
>> h1=subplot(2,2,3)
>> y=x.^4;
>> plot(x,y)
>> h2=subplot(2,2,4);
>> y=x.^5;
>> plot(x,y)
```

下列透過座標軸的 Position 與 TightInset 屬性來決定矩形註釋物件的大小與位置，其中，由於必須將封閉座標軸、卷展列、刻度與標題所占的區域大小都考量進去，因此，必須整合 Position 與 TightInset 這兩個屬性使用。如下所示，由於必須在子圖 3 與子圖 4 上加入矩形註釋物件，因此，必須先求得下列幾個尺寸。

```
>> p1=get(h1, 'Position');        %獲得子圖 3 座標的大小與位置
>> t1=get(h1, 'TightInset');
>> p2=get(h2, 'Position');        %獲得子圖 4 座標軸的大小與位置
>> t2=get (h2, 'TightInset');
>> x1=p1(1)-t1(1);                %扣除卷展列、刻度與標題所佔的空間，求得 x1、x2、y1 與 y2
>> y1=p1(2)-t1(2);
>> x2=p2(1)-t2(1);
>> y2=p2(2)-t2(2);
>> w=x2-x1+t1(1)+p2(3)+t2(3);     %計算矩形註釋物件的寬與高
>> h=p2(4)+t2(2)+2(4);
>> h=p2(4)+t2(2)+t2(4);
```

以寬 w 而言，x2-x1 就是子圖 3 座標軸並未包含左方卷展列的距離加上子圖 3 座標軸與子圖 4 座標軸之間的空白區域的距離，t1(1)為子圖 3 座標軸左方包含卷展列的距離，p2(3)為子圖 4 座標軸的寬，t2(3)為子圖 4 座標軸右方包含卷展列的距離。在子圖 3 與子圖 4 上建立矩形註釋物件，並且設定該矩形為紅色且具有實線邊框。

得到的結果如圖 10-7 所示。

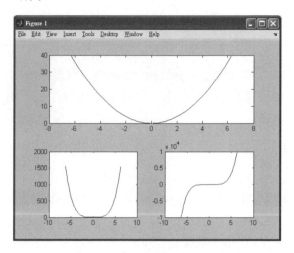

圖 10-7　建立矩形註釋物件範例

10.2.2　常用圖形物件的建立及其屬性介紹

前面介紹了圖形物件的基本概念，接下來介紹這些物件的建立方法。運用這些物件的內容和功能，我們來全面了解一下它們的基本屬性。實際上，在 MATLAB 中，所有的圖形物件在呼叫對應函數的時候就自動建立了。本節內容請讀者整合 MATLAB help 檔案來做綜合性的研讀。

在 MATLAB 中，所有的圖形物件都由與之同名稱的函數建立。物件建立函數和含義見表 10-6。

表 10-6　圖形物件

物件	父類	描述
figure	root	在 root 螢幕上分割視窗來顯示圖形。所有的繪圖函數在沒有目前圖形視窗時，都會自動建立一個 figure 物件
axes	figure	軸物件在視窗中制定一個圖形區域。可以用來描述子物件的位置和方向
uicontrol	figure	使用者介面控制。透過事件觸發機製來執行呼叫函數
uicontextmenu	figure	快捷選單
uimenu	figure	建立選單。以彈出視窗的形式觸發事件來執行呼叫函數

物件	父類	描述
image	axes	包含陣列或色圖
line	axes	MATLAB 最原始的繪圖線函數
patch	axes	補片物件
rectangle	axes	矩形物件
surface	axes	實線或內插顏色來繪製曲面
text	axes	在 axes 物件上加以標註
light	axes	在圖上制定光源

接下來，我們整合一些範例介紹這些圖形物件的建立及其屬性操作。限於篇幅，在這裡我們只對 figure 物件的屬性進行了列舉，其他物件的屬性與 figure 屬性類似，實際請參閱 MATLAB help 協助檔案。

1. figure 及其相關指令

Figure 物件是 MATLAB 系統中包括 GUI 設計編輯視窗在內的所有顯示的視窗。在系統執行極限條件下，使用者可以建立任意多個 figure 視窗。所有 figure 物件的父物件都是 root 物件，而其他所有的 MATLAB 物件都是 figure 物件的子物件。Figure 函數可以建立一個新的 figure 物件。其呼叫格式如表 10-7 所示。

表 10-7　figure 函數呼叫格式

呼叫格式	說明
figure	使用預設的屬性值來建立一個新的 figure 物件
figure('ProName','ProVal',…)	使用指定的屬性名稱的屬性值來建立一個新的 figure 物件
figure(h)	表示打開一個握把為 h 的新的 figure 視窗
h=figure(…)	返回視窗的握把屬性值向量

figure(h)的使用方式會有下列三種情況發生：

❶ 如果 h 為一個已經存在的 figure 握把值，則 figure(h)會使 figure 識別 h 為目前的 figure 物件，使它為可見的，並且在螢幕上將其顯示到所有的圖形之前。

TIP

目前的 figure 為圖形輸出的地方，也因為它為目前物件，所以可以直接控制它的屬性。

❷ 如果 h 不是已經存在的 figure 握把值，而是一個整數，則 figure 函數會產生一個新的 figure 視窗，同時把該 figure 視窗的握把值設為 h。

❸ 如果 h 不是已經存在的 figure 握把值，也不是一個整數，則返回一個錯誤資訊。

Figure 物件屬性如表 10-8 所示。

表 10-8　figure 物件的屬性

屬性值	描述
Figure 位置	
Position	視窗的大小和位置，四元向量，預設值由顯示器解析度決定
Units	顯示的度量單位。值為 pixels（像素、預設）、normalized（正規化座標）、inches（英吋）、centimeters（cm）、points（列表機的點，等於 0.353mm(毫米)）、characters（字元）。Guide 設計預設值為 characters。
指定類型與外在顯示	
Color	圖形視窗背景顏色
MenuBar	控制 MATLAB 選單在圖形視窗的頂部顯示。值可以為 "figure"（顯示選單，預設值）或者 "none"（隱藏選單）
Name	圖形視窗標題，預設為空白字元串
NumberTitle	標題列中是否顯示 "figure No.n"，其中 n 為圖形視窗的編號，值為 "on"（預設）或 "off"
Resize	指定圖形視窗是否可以透過滑鼠改變大小。值為 "on"（預設）或 "off"
SelectionHighlight	當圖形視窗被選中時，是否突顯出顯示。值為 "on"（預設）或 "off"
Visible	圖形視窗是否可見。值為 "on"(預設)或 "off"
WindowStyle	指定視窗是標準視窗還是典型視窗。值為 normal（標準視窗、預設）或 modal（典型視窗）
控制色圖	
Colormap	圖形視窗的色圖。值為 m×3 階的 RGB 顏色矩陣，預設為 jet 色圖
Dithermap	用於真彩色資料以偽彩色顯示的色圖。值為 m×3 階的 RGB 顏色矩陣
DithermapMode	是否使用系統生成的抖動色圖。值為 auto、manual（預設）
FixedColors	非色圖顏色。只讀，值為 m×3 階的 RGB 顏色矩陣
MinColormap	系統顏色表中最少的顏色數，值為一個純量（預設 64）
ShareColors	是否允許 MATLAB 共享系統顏色表中的顏色。值為 "on"（預設）或 "off"
制定透明度	
Alphamap	圖形視窗的透明色圖。值為 m×1 向量，每一分量在[0 1]之間，預設為 64×1 向量
指定渲染模式	
BackingStore	打開或關閉螢幕像素緩衝區。值為 "on"（預設）或 "off"
DoubleBuffer	對於簡單的動圖渲染是否使用快速緩衝。值為 "on"（預設）或 "off"
Renderer	用於螢幕和圖片的渲染模式。值為 painters、zbuffer、openGL（預設由系統選擇）
圖形視窗的一般資訊	
Children	顯示在圖形視窗中的任意物件握把，值為握把向量
Filename	GUI 設計的 fig 檔名

屬性值	描述
Parent	父物件。值為 0
Selected	是否顯示視窗選中狀態。值為 "on"（預設）或 "off"
Tag	使用者制定的物件標識。值為任意有效字元串
Type	物件類型。惟讀，總是 "figure"
UserData	使用者制定的陣列
RendererMode	預設的或使用者指定的渲染程式。值為 "auto"（預設）或 "manual"
目前狀態資訊	
CurrentAxes	在圖形視窗中的目前座標軸的握把
CurrentCharacter	視窗中輸入的最後一個字元。值為一個字元
CurrentObject	目前圖形視窗中的物件握把
CurrentPoint	圖形視窗中最後按一下的按鈕的位置，是二元向量
Selection Type	游標點選類型，值為 "normal"（滑鼠左鍵，預設）、"extended"（Shift+滑鼠左鍵或滑鼠左右兩鍵同時）、"Alt"（Ctrl 游標在左鍵或游標右鍵）、"open"（游標任意鍵）
呼叫函數執行	
BusyAction	指定如何處理回調函數，值為 "cancel"（當存在一個事件在執行時，新的事件自動釋放）或 "queue"（佇列）（以陣列的方式執行事件，預設）
ButtondownFcn	當物件空閒時，按一下游標呼叫的回調函數。預設為字元串
CloseRequestFcn	關於圖形視窗時呼叫的回調函數。預設為 clsereq
CreateFcn	視窗建立時呼叫的返回函數。預設為空白字元串
DeleteFcn	刪除圖形視窗時呼叫的回調函數。預認為空白字元串
Interruptible	定義回調函數是否可以中斷。值為 "on"（預設）或 "off"
KeyPressFcn	在圖形視窗中按下鍵盤鍵時呼叫的回調函數。預設為空白字元串
ResizeFcn	當圖形改變大小時呼叫的回調函數。預設為空白字元串
UIContextMenu	與圖形物件相關的 uicontextmenu 物件握把
WindowButtonDdownFcn	當圖形視窗中按下游標鍵時呼叫的回調函數。預設為空白字元串
WindowButtonMotionFcn	當游標移進圖形視窗時呼叫的回調函數。預設為空白字元串
WindowButtonUpFcn	當在圖形視窗中鬆開滑鼠時呼叫的回調函數。預設為空白字元串
物件存取控制	
IntegerHandle	指定使用整數或非整數圖形物件。值為 "on"（預設）或 "off"
HandleVisibility	圖形物件握把是否可見。值為 "on"（預設）、"callback"或 "off"
HitTest	制定圖形視窗是否能變成目前物件（參見屬性 CurrentObject）。值為 "on"（預設）或 "off"
NextPlot	如何添加圖形，值為 "add"（用目前圖形視窗顯示圖形，預設）、"replace"（復位圖形視窗物件，刪除子物件）或 "replacechildren"（刪除子物件）
定義游標指針	
Pointer	定義指標形狀，值為 crosshair、arrow（預設）、topr、circle、cross、fleurleft、right、top、fullcrosshair、bottom、ibeam、custom

屬性值	描述
PointerShapeCData	自訂游標外形。值為 16×16 階矩陣，預設為將游標設定為 "custom" 且可見
PointerShapeHosSpot	游標回調的點，值為二元向量。對應參數 PointerShapeCData
列表機參數設定	
InvertHardcopy	互換列印的顏色，值為 "on"（不改變顏色，預設）或 "off"
PaperOrientation	列印的方向，值為 "Portrait"（垂直方向，預設）或 "landscapc"（水平方向）
PaperPosition	制定列印圖形視窗的位置，值為[left, bottom, width, height]
PaperPositionMode	圖形輸出在紙張上的位置是人工還是自動給出，值為 "manual"（MATLAB 會使用 PaperPosition，預設）或 "auto"（輸出的位置與在螢幕上看到的一樣）
PaperSize	規定紙的大小。值為二元向量
PaperType	列印圖形紙張的類型，值為 "usletter"（預設）、"uslegal"、"A0"、"A1"、"A2"、"A3"、"A4"、"A5"、"B0"、"B1"、"B2"、"B3"、"B4"、"B5"、"arch-A"、"arch-B"、"arch-C"、"arch-D"、"arch-E"、"A"、"B"、"C"、"D"、"E"或 "tabloid"
PaperUnits	顯示的度量單位，值為 "normalized"（正規化座標）、inches(英吋，預設)、centimeters（cm）、points（印表機的點，等於 0.353mm）

範例 10-4 figure 物件應用範例。

```
%建立一個預設屬性值的圖形視窗
figure
%建立一個自訂屬性值視窗
%定義視窗側面與底部邊界寬度為五個像素，而頂部的邊界寬度為 30 個像素
bdwidth=5; topbdwidth=30;
figure('color', [1 1 1], 'MeanuBar', 'figure', 'Name', 'Figure 物件範例',
 'Numbertitle', 'off')
```

得到的結果如圖 10-8 所示。

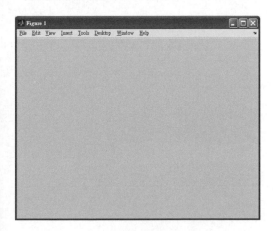

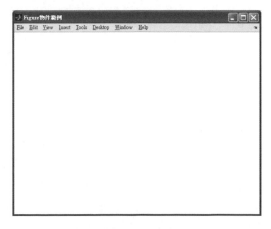

(a) 圖形物件 1　　　　　　　　　　　　　　(b) 圖形物件 2

圖 10-8　figure 建立圖形範例

2. axes 及其相關指令

軸（axes）物件圖形視窗中定義一個畫圖區域。如果在 MATLAB 系統執行中沒有軸物件，一個圖函數都在繪圖事件前自動建立一個軸物件（沒有 FIGURE 物件也自動建立），並把它設定為"目前"的軸座標。以後的繪圖函數若沒有特別指定，都以它為繪圖區域。圖形函數 image、line、patch、surface 和 text 等指令把它作為輸出圖形區域。軸物件由 axes 函數來建立。該函數的呼叫格式如表 8-40 所示。

表 10-9　axes 函數呼叫格式

呼叫格式	說明
axes	使用預設的屬性值建立一個新的 axes 物件
axes('ProName', 'ProVal',...)	使用指定的屬性名稱的屬性值來建立一個新的 axes 物件
axes(h)	表示打開一個握把為 h 的新的 axes 視窗
h=axes(...)	返回座標軸的握把屬性值向量

範例 10-5　axes 函數應用範例。

```
%左下的座標軸
axes_handles(1)=axes('Position', [0.1 0.05 0.2 0.2]);
%下列繪圖敘述所繪製的圖形會在左下的座標軸中顯示
k=1:30;
[B, XY]=bucky;
qplot (B(k, k), XY (k, :), '-*')
axis square

%右下的座標軸
Asex_handles(2)=axes ('Position', [0.7 0.05 0.2 0.2]);
%下列繪圖敘述所繪製的圖形會在右下的座標軸下顯示
x=rand(1,50);
y=rand(1,50);
z=peaks (6*x-3,6*x-3);
tri=Delaunay(x,y);
trisurf(tri,x,y,z);

%右上的座標軸
axes_handles(3)=axes('Position', [0.7 0.75 0.2 0.2]);
%下列繪圖敘述所繪製的形圖會在右上的座標軸中顯示
[X,Y,Z]=peaks(30);
surfc (X,Y,Z)
colormap hsv
axis ([-3 3 -3 3 -10 5]);
%左上的座標軸
axes_handles(4)=axes('Position', [0.1 0.75 0.2 0.2]);
%下列繪圖敘述所繪製的圖形會在左上的座標軸中顯示
x=-pi:.1:pi;
```

```
y=sin(x)
plot (x,y);
set (gca, 'XTick', -pi:pi/2:pi);
set (gca, 'XTickLabel', {'-pi, '-pi/2', '0', 'pi/2', 'pi'})

%中間的座標軸
axes_handles(5)=axes ('Position', [0.3 0.3 0.4 0.4]);
%下列繪圖敘述所繪製的圖形會在中間的座標軸中顯示
t=0:pi/50:10*pi;
plot3(sin(t), cos(t), t);
grid on
axis square
```

得到的結果如圖 10-9 所示。

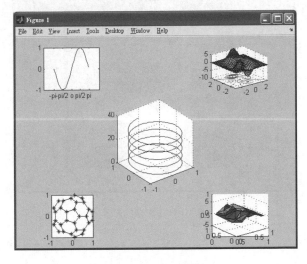

圖 10-9　axes 物件

3. image 及其相關指令

在 MATLAB 中也可以顯示影像。MATLAB 中的影像是由矩陣所定義的，矩陣的元素對應於影像中的點，元素的值對應於點的顏色，所以，MATLAB 中的影像是"位元圖"（Bit diagram）類型。根據資料矩陣元素代表的意思不同，MATLAB 中的 image 物件有三種基本的類型，即索引影像、灰度影像（包含二值影像（Two value diagram））和真彩色影像。

image 物件由 image 函數來建立，該函數的用法將在影像顯示技術中詳細介紹，請讀者加以參閱。

範例 10-6 透過 image 函數來控制影像的顯示。

```
>> load earth          %載入地球影像 MAT 檔案
>> image (x, 'CDataMapping', 'scaled');
>> colormap (map)
>> axis square        %座標長與寬等距
```

首先載入地球的影像 MAT 檔案,該 MAT 檔案中的 X 為影像的矩陣資料,map 為顏色映像值,用以控制該影像的顏色。例 10-6 的執行結果如圖 10-10 所示。

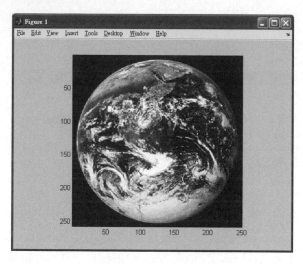

圖 10-10　影像的影示

4. line 及其相關指令

一般不用低級指令 line 來一接建立線條物件,而是用高階指令,如 plot。然而有時也用 line 指令來操作已有的線和畫新線條。和高階指令 plot 相比,line 指令只是畫線條,而 plot 指令除了畫線條外,還可以做一些其他的事情,例如替換座標軸等。

在 MATLAB 中用 line 函數建立線條物件,該函數的呼叫格式如表 10-10 所示。

表 10-10　line 函數呼叫格式

呼叫格式	說明
lin(X,Y)	在目前座標軸中,畫出向量 X 和 Y 定義的線條
line(X,Y,Z)	在 3D 空間中畫出由 X,Y,Z 定義的線條
line(X,Y,Z,'ProName','ProVal',...)	畫出參數 X、Y、Z 確定的線條,其中將指定屬性 ProName 設定為 ProVal
h=line(...)	返回每一條線的線物件對應的握把屬性值向量

範例 **10-7** line 函數應用範例。

```
t=0:pi/20:2*pi;
hline1=plot(t,sin(t),'k');
hline2=line(t+0.06, sin(t), 'LineWidth', 3, 'Color', [.6 .6 .6])
```

例 10-7 的執行結果如圖 10-11 所示。

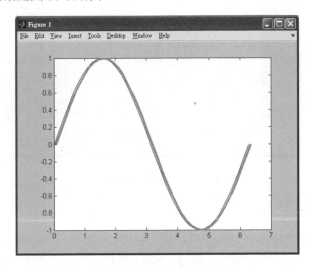

圖 10-11　line 應用範例

5. text 及其相關指令

在 MATLAB 的圖形物件中往往針對一定的需要給出物件的註釋。本文物件用 text 函數建立。Text 函數是建立本文圖形低層函數，以本文的形式把字元串放置在指定的位置上。該函數的使用方法在前面已經介紹過了。

範例 **10-8** 在繪製圖形之後，利用 text 來標出每一個轉折點位置座標。

```
t=1:10;                %定義想要標示值的時間點位置
y=rand(size(t));       %產生一個與 t 大小相同的隨機數 y
hold on
for k=1:legth(t)
    text(t(k)+0.15, y(k), num2str(k));            %依次標示出 t 值
    text(t(k)+0.25, y(k), ',');                   %依次標示出 ","
    text(t(k)+0.35, y(k), num2str(y(k), '%.2f')); %依次標示出 y 值
end
p=plot (t,y,t,y,'o');
%設定折線的封閉記號線及其邊界顏色
set (p, 'MarkerFaceColor', 'r', 'MakerEdgeColor', 'b');
hold off
```

執行結果如圖 10-12 所示。

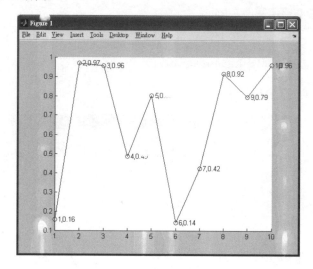

圖 10-12　標出轉折點的位置座標

6. patch 及其相關指令

Patch 由一個或多個多邊形頂點座標所組成。使用者可以指定 patch 的顏色與照明模式。Patch 函數可以生成 patch 圖形物件。注意，patch 函數不像其他高階區域建立函數（如 fill 或 area 函數），因此，它沒有檢驗 figure 視窗與 axes 的 NextPlot 屬性，只是簡單地將 patch 物件添加到目前的座標軸中而已。Patch 函數的呼叫方式如表 10-11 所示。

表 10-11　patch 函數呼叫格式

呼叫格式	說明
patch(X,Y,C)	在目前座標軸中，添加 2D 填充的 patch 物件
patch(X,Y,Z,C)	產生 3D 的 patch 物件
patch(FV)	使用結構 FV 來建立 patch 物件
patch(…, 'ProName', 'ProVal',…)	在 2D 或 3D 空間中，透過 patch 的屬性名稱與屬性值來建立 patch 物件
Patch('ProName', 'ProVal',…)	使用此種格式可以讓使用者忽略 patch 顏色的指定
h=patch(…)	返回使用 patch 函數所建立的 patch 物件握把值

範例 10-9　使用 patch 函數來產生多邊形。

```
ver=[0 0 0; 1 0 0; 1 1 0; 0 1 0];      %定義各個頂點的座標
face=[1,2,3,4];                        %定義 Vertices 屬性指定的座標所連接曲面的順序
%順序可以指定為紅、黃、紫、綠
face_vercd=[1 0 0; 0 1 0; 1 0 1; 1 1 0];
%對多邊形的邊緣顏色、表面顏色等屬性來進行設定
Patch('vertrices', ver, 'faces', face, 'facevertexcdata', face_vercd, …
```

```
'facecolor', 'w', 'edgecolor', 'flat', 'market', 'o',…
'markerfacecolor', 'flat', 'linewidth', 3);
```

得到的結果如圖 10-13 所示。

7. surface 及其相關指令

Surface 物件是由矩陣資料所在的列索引值為 X 座標、行索引值為 Y 座標,且矩陣的每一個元素值為 Z 座標,這些指定的點所繪製的空間曲面。Surface 函數可以建立一個 surface 物件。該函的呼叫格式如表 10-13 所示:

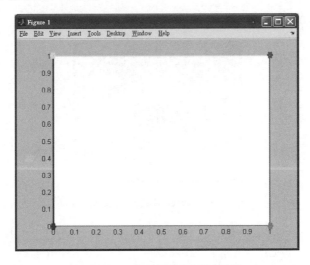

圖 10-13 patch 函數所產生的多邊形

表 10-12 surface 函數呼叫格式

呼叫格式	說明
surface(Z)	畫出由矩陣 Z 所定義的曲面,其中 Z 是定義在一個幾何矩形區域網格線的單值函數
surface(Z,C)	畫出顏色由矩陣 C 指定且曲面由矩陣 Z 所指定的空間曲面
surface(X,Y,Z)	使用顏色 C=Z,因此,該顏色能適當地反映曲面在 x-y 平面上的高度
surface(X,Y,Z,C)	曲面由參數 X、Y 與 Z 指定,顏色由 C 指定
patch('ProName', 'ProVal',…)	指定曲面的屬性,對曲面進行微控制
h=surface(…)	返回建立 surface 物件的握把值

範例 10-10　surface 應用範例。

```
load clown      %載入影像資料
%建立 surface 物件並對其屬性進行操作
Surface (peaks, flipud(x),…
    'FaceColor', 'texturemap',…
    'EdgeColor', 'none', …
    'CDataMapping', 'direct')
colormap (map)
view (-35, 45)
```

得到的結果如圖 10-14 所示。

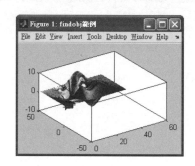

圖 10-14　surface 函數產生空間曲面圖

表 10-14 中所列的其他圖形的建立及其屬性，請讀者參閱 MATLAB help 檔案。

10.2.3　圖形物件握把的擷取

要設定圖形物件的屬性值，就要先知道該物件的握把。因此，掌握物件握把的擷取方法很重要，擷取的方法有下列四種。

1. 從圖形建立指令擷取握把

所有的高層或低層指令（在此用 GraphicCommand 表示）都能透過下列的格式產生握把。

```
H_GC=GraphicCommand (…)    %繪圖的同時給出握把的呼叫指令 H_GC
```

2. 追溯法擷取握把

若一個握把物件已知，那麼可以用下列格式追溯獲得其 "父" 或 "子" 的握把。

```
H_pa=get(H_known, 'parent')      %擷取 H_known 物件之 "父" 的握把
H_ch=get(H_known, 'Children')    %擷取 H_known 物件之 "子" 的握把
```

3. 目前物件握把的擷取

MATLAB 有下列三個專門擷取影像握把的指令：前兩個是直接指令式的；後一個必須與滑鼠配合使用。

```
gcf          %返回目前圖形視窗的握把
gca          %返回目前軸的握把
gcf          %返回最近被游標按一下圖形物件的握把
```

4. 根據物件特性擷取握把

利用物件特性搜索物件握把可以取較高的搜尋速度（Searching speed）。用到的 MATLAB 函數為 findobj。該函數的呼叫格式如表 10-13 所示。

表 10-13　findobj 函數呼叫格式

呼叫格式	說明
H=findobj	返回根（Root）物件與其所有子物件的握把值
H=findobj(h)	返回 h 變數的握把值
H=findobj('ProNamc', ProVal)	依據物件的屬性名稱與屬性值找出相配合的物件握把值
H=findobj(ObHandles 'ProName', ProVal)	依據限定的物件列表 ObHandles（如使用 gca）找出與物件的屬性名稱和屬性值相配合的物件握把值
H=findobj(ObHanles 'ProName', ProVal,…)	同上，但並不搜尋它們的子物件

使用者可以透過 "tag" 屬於給物件一個 "名稱"。此後，就可以透過 "名稱" 擷取該物件的握把。設定 "名稱" 有兩種方法：在建立時，賦與名稱，例如：

```
Subplot(4, 4, 2), plot(x,y, 'tag', 'A');
```

也可以用 set 賦與名稱，例如：

```
Subplot(4, 4, 2), h=plot(x,y), set (h, 'tag', 'A')。
```

如果螢幕上有多個圖形視窗，且有的視窗又有多個子圖，那麼獲得帶 "名稱" 物件握把的簡單指令是：hax=findobj(0,'tag','A')，函數 findobj 返回符合所選判定的物件的握把。它檢查所有的 Children，包括座標軸的標題和標誌。如果沒有物件滿足指定的判據，findobj 返回空白矩陣。

範例 10-11 透過 findobj 尋找物件的握把值,將繪製的第一條曲線寬度設定為 5。

```
clf reset    %將視窗關閉,並重新設定其屬性為預設
t=linspace(0,2*pi);
plot(t,sin(t), t, cos(t));                      %繪製圖形,MATLAB 預定第一條線段為藍色
b_handles=findobj(gca, 'Color', 'b');           %返回目前座標軸藍色線段的握把值
set(b_handles, 'linew', 5);
set(gcf, 'position', [250 250 300 200], 'name', 'findobj 範例');
```

執行結果如圖 10-15 所示。

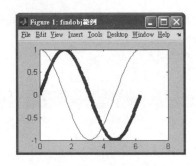

圖 10-15 findobj 搜尋物件的握把值

當然,findobj 也可以搭配 gcf、gca、gco 使得搜尋更為迅速。

在擷取圖形握把之後,就可以對圖形物件進行各種操作。其中包括刪除圖形物件,其函數為 delete。例如,delete(gca)將刪除目前軸和它的所有子物件。

運用 MATLAB 的低階圖形指令程式設計時,經常要用握把來查詢物件的屬性值,MATLAB 在這方面提供了很多查詢握把的函數。但在編寫 M 檔案時,使用這些函數往往不是最好的方法。在建立物件時,用一個變數來儲存握把值,往往能提高程式設計和執行效率。

10.2.4 物件屬性的擷取

所有的圖形物件都有屬性,我們正是設定這些屬性來定義或修改圖形的特徵的。每一個不同的物件都有和它相關的屬性,使用者可以擷取並且改變這些屬性,而不影響同類型或不同類型的其他物件。

在 MATLAB 中透過 get 函數可以取圖形物件的屬性值。

get 函數主要的呼叫格式如表 10-14 所示。

表 10-14　get 函數呼叫格式

呼叫格式	說明
ProVal=get(H,'ProName')	獲得握把為 H 的物件中名為 "ProName"的屬性值
get(H)	顯示握把為 H 的物件的所有屬性名稱及目前的取值
ProVal=get(H)	返回一個結構，結構的每一個區域名稱就是握把為 H 的物件的所有屬性名稱。每一個區域又包括屬性的值
ProVal=get(H,'Factory\<ObjectType\> \<ProName\>')	返回其所有可以由使用者設定預設值的屬性的 "出廠值"。所謂 "出廠值"，指未經過任何使用者改動的最初的預設值
ProName=get(0,'Default\<ObjectType\> \<ProName\>')	返回預設的屬性值

範例 10-12　試用 mesh 函數繪圖，並返回握把值 m，再由 GET 對該握把值做一些簡單的屬性操作。

```
>> m=mesh(peaks(30));        %返回網目圖的握把值 m
>> get(m, 'MarkerSize')      %獲得 m 物件的 MarkerSize 屬性的值
ans =
     6
>> ph=get(m, 'Parent')       %返回網目圖的父物件，即座標軸
>> get(ph, 'ZTickLabel')     %獲得座標軸的 Z 軸卷展列
ans =
    -10
    -5
     0
     5
    10
```

　　表示返回繪製 peaks 網目圖記號的大小為 6，並且父物件 Axes 的 Z 座標刻度卷展列為-10、-5、0、5、10。

10.2.5　物件屬性的設定

　　在 MATLAB 中，用 set 函數來設定物件的屬性值，它的呼叫格式如表 10-15 所示。

表 10-15　set 函數呼叫格式

呼叫格式	說明
set(H, 'ProName', ProVal)	把握把為 H 的物件中名稱為 "ProName" 的屬性值設定為 "ProVal"
set(H,a)	把屬性值賦給和域名相同的屬性
set(H,PN,PV)	把握把中指定的所有物件的屬性設定為 "PV"中的指定值
set(H, 'ProNamel', ProValuel,…)	同時設定多個屬性值

呼叫格式	說明
A=set(H, 'ProName')、set(H, 'ProName')	返回或顯示握把為 H 物件指定的屬性值
A=set(H)、set(H)	返回或顯示握把為 H 物件的所有屬性和可能的取值
Set(h, 'DefaultObjectTypeProName', ProVal)	設定物件屬預計值

範例 10-13 先運用游標按一下 "設定字元串" 這段文字放置的位置，指定位置後，就會立即將字元串旋轉一定度數，並將原來顯示的 "GU 測試" 字元串改爲 "成功"，最後更改座標軸的刻度顯示。

```
x=linspace(0,2*pi);
x1=10*cos(x);
y=10*sin(x);
plot(x1,y);
t=text(1.5, 0.5, 'GUI 測試');            %建議一個握把值為 t 的 text 物件並顯示 "GUI 測試"

gt=gtext('設定字元串');                   %建立一個握把值為 gt 的 gtext 物件並顯示 "設定字元串"
%將握把值為 gt 的 gtext 物件旋轉 20 ，並將字元串內容改為"設定字元串"
get(gt,'String','修改後的字元串', 'Rotation', 20);

%重新指定握把值為 t 的 text 物件位置，並將字元串內容改為 "成功"
set (t, 'Position', [5.5 0.5], 'String', '成功')
set (gca, 'XTick', [-10:05:10])           %設定顯示的刻度範圍
set (gea, 'YMinorTick', 'on')             %打開小刻度顯示
```

得到的結果如圖 10-16 所示。

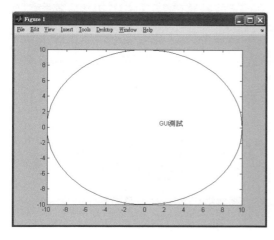

(a) 選取文字放置的位置

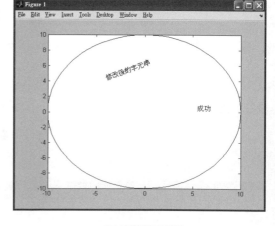

(b) 完整顯示結果

圖 10-16　動態設定字元串的位置

　　若不了解需要輸入哪些屬性值時，則可將 set 與 get 當作輔助工具。例如使用 set 僅輸入該物件的屬性名稱，即 set(H, 'ProName')，則 MATLAB 就會立即返回握把值為 H 所對應的物件的屬性名稱下所有可設定的屬性值。假設要查詢繪圖視窗物件 Units 屬性的所有可設定的屬性值，則可輸入：

```
>> set(gcf, 'Units')
A figure's "Position" property does not have a fixed set of property values.
```

上述表示 Position 屬性為設定大小與位置，因此，並無固定的屬性值可以設定。

範例 10-14　握把物件屬性查閱。

```
>> H1_line=line      %畫線
H1_line =
  191.0011
>> set(H1_line);     %列出其屬性名稱和屬性值
    Color
    EraseMode:   [{normal} | background | xor | none]
    LineStyple:  [(-) | -- | : | -. | none]
    LineWidth
    Market:      [+ | 0 | * | . | x | square | diamond | v | ^ | > | < | pentagram | hexagram | {none}]
    MarkerSize
    MarkerEdgeColor:       [none | {auto}]-or-a ColorSpec.
    MarkerFaceColor:       [{none} | auto]-or-a ColorSpec.
    XData
    YData
    ZData

    ButtonDownFcn: string -or- function handle -or- cell array
    Children
    Clipping: [{on} | off]
    CreateFcn:     string -or- function handle -or- cell array
    DeleteFcn:     string -or- function handle -or- cell array
    BusyAction: [{queue} | cancel]
    HandleVisibility:      [{on} | callback | off]
    HitTest:               [{on} | off]
    Interruptible:         [{on} | off]
    Parent
    Selected:              [on | off]
    SelectionHighlight:    [{on} | off]
    Tag
    UIContextMenu
    UserData
    Visible:               [{on} | off]

>> get(H1_line);        %列出屬性名稱和目前屬性值
    Color = [0 0 0]
    EraseMode = normal
```

```
LineStyple = -
LineWidth = [0.5]
Marker = none
MarkerSize = [6]
MarkerEdgeColor = auto
MarkerFaceColor = none
XData = [0 1]
YData = [0 1]
ZData = [ ]

BeingDeleted = off
ButtonDownFcn =
Children = [ ]
Clipping = on
CreaterFcn =
DeleteFcn =
BusyAction = queue
HandleVisibility = on
HitTest = on
Interruptible = on
Parent = [161.001]
Selected = off
SelectionHighlight = on
Tag =
Type = line
UIContextMenu = [ ]
UserData = [ ]
Visible = on
```

　　在範例中，所建立的線條中的 "Parent"屬性就是包含線條的座標軸的握把，而且所顯示的圖形列表被分為兩組。在空白行上的 1 組列出了該物件的獨有屬性，而空白行下的第 2 組列出所有的物件共有的屬性。函數 set 和函數 get 返回不同的屬性列表。函數 set 只列出可以用 set 指令改變的屬性，而 get 指令列出所有物件的屬性。在上面的範例中，函數 get 列出了 "Children"和 "Type"屬性，而 set 指令卻沒有。這一類屬性為唯讀（Read Only），不能被改變，它們稱為唯讀屬性（Read only attribute）。

　　與每一個物件有關的屬性數目是固定的，但不同的物件類型有不同數目的屬性。像上面所顯示的一樣，一個線條物件列出了 16 個屬性，而一個座標軸物件列出了 64 個屬性。顯然，透徹地說明和描述所有物件類型的全部屬性超出本書的範圍。但是，其中的很多屬性在本書後面要詳細地加以討論，並且列出全部的屬性。

範例 10-15　影像握把屬性的使用。

```
%先建立橘黃色畫線，線的顏色[1, 0.5, 0]
>> x=-2*pi:pi/40:2*pi;
>> y=sin(x);
>> H1_sin=plot(x,y)
H1_sin =
    174.0219
>> set(H1_sin, 'Color', [1 .5 0], 'LineWidth', 3)
%現在加上一個淺藍色的 cosine 曲線
>> z=cos(x);
>> hold on
>> H1_cos=plot (x,z);
>> set(H1_cos, 'Color', [.75 .75 1])
>> hold off
%加上一個標題並且使字體比正常大一些
>> title ('Handle Graphics Example')
>> Ht_text=get(gca, 'Title')
Ht_text =
    176.0214
>> set(Ht_text, 'FontSize', 16)
```

輸出結果如圖 10-17 所示。

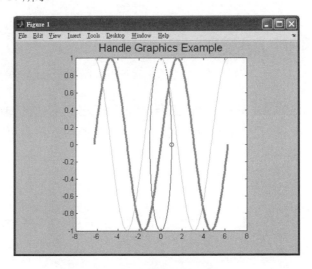

圖 10-17　改變圖形握把屬性

每一個物件都含有"Parent"屬性和"Children"屬性，該屬性包含屬於衍生性物件（Derived object）的握把。畫在一組座標軸上的線具有 "Parent"屬性值的座標軸物件的握把，而 "Children"屬性值是一個空白矩陣。同時，這個座標軸物件具有當作 "Parent"屬性值的圖形握把，而 "Children"屬性值是線條物件的握把。標題字元串和座標值的座標軸的標誌，並不包

含在座標軸的 "Children"屬性值之中,而是儲存在 "Title"、 "Xlabel"、 "Ylabel"和 "Zlabel" 的屬性內。建立座標軸物件的同時,這些文本物件就建立。title 指令設定目前座標軸內,標題文本物件的 String 屬性。最後,標準 MATLAB 的函數 title、xlabel、ylabel 和 zlabel 不返回握把,而只接受屬心生和數值參數。例如,下面的指令給目前圖加一個 24 點的綠色標題。

```
>> title ('This is a title.", 'Fontsize', 24, 'Color', 'green')
```

另外,MATLAB 還提供了 reset 函數用來重新設定圖形物件的屬性為它們預設值。該函數的使用方法為:

```
reset(h)
```

但是,如果 h 為一個 figure 物件,則 reset 函數無法重新設定 Position、Units、PaperPosition 與 PaperUnits 等屬性;如果 h 為一個 axes 物件,則 reset 函數無法重新設定 Position 與 Units 屬性。下列敘述為重新設定目前座標軸的屬性。

```
>> reset (gca)
```

10.3 重點回顧

本章重點講述了 MATLAB 圖形繪製的高階技術:圖形顏色處理與 MATLAB 握把式圖形的操作方法。研讀本章,讀者只要熟練地掌握了本章中的常見指令,就可以根據本身的需求,繪製出各種個性化的圖形。

第10章

習題

1. 試述若干常用色的 RGB 值？

2. 試述幾種典型色調的顏色映像？

3. 試述 colorbar 函數呼叫格式？

4. 試述建立和修改顏色映像矩陣函數？

5. 試述握把圖形體現物件的樹形結構？

6. 試述座標軸與群組物件、圖形物件的關係？

7. 圖形物件握把的擷取方法有那幾種？

筆記頁_____

MATLAB 影像顯示技術與動畫製作

影像顯示是一種特殊的圖形繪製方式。MATLAB 提供了一系列指令和函數用於顯示和處理影像。在 MATLAB 中，影像資料通常被建立或儲存為標準的雙精度浮點數，有時也可以建立或儲存為 8 位元或 16 位元的無符號整數。MATLAB 能夠讀寫多種格式的影像檔案，也可以用 load 和 save 指名來將影像資料儲存在 MAT 檔案中。

11.1 MATLAB 影像顯示技術

影像顯示是一種特殊的圖形繪製方式。MATLAB 提供了一系列指令和函數用於顯示和處理影像。在 MATLAB 中，影像資料通常被建立或儲存為標準的雙精度浮點數，有時也可以建立或儲存為 8 位元或 16 位元的無符號整數。MATLAB 能夠讀寫多種格式的影像檔案，也可以用 load 和 save 指名來將影像資料儲存在 MAT 檔案中。

11.1.1 影像簡介

在 MATLAB 中，影像（Image）通常由資料矩陣和色彩矩陣組成。根據影像著色方法的不同，MATLAB 影像可以分為三類：索引影像（Indexed image）、亮度影像（Intensity image）、真彩色影像（True Color or RGB image）。

索引影像是帶有顏色表矩陣的，影像資料矩陣中的資料通常被解釋成指向顏色表的矩陣的索引號。影像顏色矩陣可以是任何有效的顏色表，即任何包含了有效 RGB 資料的 m×3 的陣列。如果索引圖的影像資料陣列組為 X(i,j)，顏色表數組為 cmap，則每個影像像素 P_{ij} 的顏色就是 cmap(X(i,j),:)。這要求 X 中的資料值必須是位於[1 length(cmap)]範圍之內的整數。如果使用者已經獲得影像資料和顏色表，可以使用下面的指令顯示這幅影像：

```
>> image(X); colormap(cmap)
```

亮度影像的影像資料矩陣通常表示該影像的亮度值。該類型影像通常用於顯示由灰度或單色顏色表染色的影像，有時也用於其他顏色表染色的影像。亮度影像對資料範圍沒有要求，不一定要像索引影像那樣位於[1 length(cmap)]範圍之內。使用者可以指定亮度影像的資料範圍，並且將其作為指向顏色表的索引。下列面的範例：

```
>> imagesc(X, [0 1]);colomap(gray)
```

將 X 的值限制在[0 1]之間，並將 0 指向顏色表的第一個顏色，將 1 指向顏色表的最後一個顏色，介於 0 和 1 之間的用來作為指向顏色表中其他顏色的索引。如果在上面的敘述中省略[0 1]，則意味著不對 X 進行限定，也就是說，X 的資料範圍是[min(min(x)) max(max(x))]。

真彩色（也叫 RGB）影像通常由一個包含有效 RGB 值的 m×n×3 的陣列建立。該陣列的行和列宣告了影像的位置，頁則宣告了影像中每一個像素的顏色值。也就是說，像素 Pi,j 將用 X(i,j,:)所宣告的顏色繪製。由於真彩色影像已經將顏色資訊包含在影像資料中，因此，它不需要顏色表。如果電腦硬體不支援真彩色影像（例如，它只有一塊 8 位元顯示卡），那麼 MATLAB 就利用顏色近似乎抖動來顯示影像。真彩色影像的顯示比較簡單，下列列所示：

```
>> image(X)
```

其中，X 是一個 m×n×3 的真彩色影像，它可以包含雙精度資料，也可以包含 unit8、unit16 類型的資料。

如果事先不知道影像的類別，那麼就先用 imfinfo 指令擷取該影像的資訊，然後進行讀操作。影像著色類型不同，其顯示和寫入指令也不同。下列指令用來擷取影像檔案的特徵資料（特別是著色類型 ColorType）。

```
>> imfinfo(FileName)
```

指令imfinfo將產生一個架構陣列。不管陣列的大小如何，在架構上都有一個名為ColorType 的域，域中存放著下列三種 "影像著色類型字元串"。

❶ indexed：變址著色的影像。

❷ grayscale：灰度著色的影像。

❸ truecolor：真彩著色的影像。

Parameter/Value 用來修改物件屬性。常用的 Parameter/Value 隨影像格式不同而不同，實際情況如表 11-1 所示。

表 11-1　常用的 Parameter/Value 配對

格式	Parameter	Value	預設值
JPEG	Quality	[0 100]之間的任何數	75
TIFF	Compression	"none"、"packbits"對 2D 圖可選 "ccitt"	2D 影像用 "ccitt"，其餘用 "packbits"
	Description	任何字元串	空白串
HDF	Compression	"none"、"rle"、"jpeg"	"rle"
	WriteMode	'overwrite', 'append'	"overwrite"
	Quality	[0 100]之間的任何數	75

11.1.2　影像的讀取

不同類型的影像有自己固定的資料格式。要在 MATLAB 中使用其他軟體中使用的影像，需要用 imread 函數來讀取該影像。這實際上也是一個資料轉換的流程，即把該影像的資料轉換成 MATLAB 影像的資料格式。函數 imread 的呼叫格式如表 11-2 所示。

表 11-2　imread 函數呼叫格式

呼叫格式	說明
A=imread(filename, fmt)	返回儲存影像的變數名稱 A
[X,MAP]=imread(filename,fmt)	返回影像的數值儲放矩陣 X 和顏色矩陣 MAP
[...]=imread(filename)	返回影像的資訊

其修數的含義如表 11-3 所示。

表 11-3　函數 imread 中參數的含義

參數名稱	說明
filename	影像的檔案名稱
fmt	指定影像的類型，可以為：JPEG（jpg 或 jpeg）、TIFF（tif 或者 tiff）、BMP（bmp）、PNG（png）、HDF（hdf）、PCX（pcx）和 XWD（xwd）
A	由影像檔案中讀出並轉化成 MATLAB 可識別的影像格式的資料
X	儲存索引影像資料的陣列
MAP	儲存相關顏色映像的陣列

範例 **11-1**　imread 函數應用範例。

```
>> A=imread('bear.jpg', 'jpg');
>> size (A)
ans =
    174    193    3
>> A=imread('bear', 'jpg');
>> size(A)
ans =
    174    193    3
>> A=imread('bear.jpg');
>> size(A)
ans =
    174    193    3
```

可以透過上述三種方式來讀取真彩色檔案 "bear.jpg"。讀者可以看到 3D 陣列 "A"有三個面，它們依次為 R、G、B 三種顏色，而面上的資料則分別是這三種顏色的強度值，面中的元素對應於影像中的像素點，因而，曲面中的行數和列數與圖中像素的行數和列數是一致的。

MATLAB 中的函數 imwrite 用於把影像輸出到檔案，呼叫格式如表 11-4 所示。

表 11-4　imwrite 函數呼叫格式

呼叫格式	説明
imwrite(A,filename,fmt)	將變數 A 以 fmt 格式儲存 filename
imwrite(…,filename)	將目前影像矩陣以檔案名稱 filename 儲存
imwrite(…, 'ProName', "PrpVal', …)	根據屬性名稱'ProName'的值，另存影像資料

其中，參數 filename 和 fmt 與函數 imread 相同。而在第三條指令中，參數隨著 fmt 的改變而改變，實際請參閱 MATLAB 協助檔案。

MATLAB 支援的一些常用影像/圖形格式如表 11-5 所示。

表 11-5　MATLAB 支援的主要影像格式

格式名稱	描述	可識別延伸名稱
TIFF	加握把的影像檔案格式	.tif、.tiff
JPEG	聯合影像專家小組	.jpg、.jpeg
GIF	圖形交換格式	.gif
BMP	Windows 位元圖	.bmp
PNG	可移植網路圖形	.png
XWD	X Window 轉儲	.xwd
HDF	物件導向的自我描述影像格式	.hdf
ICO	圖標資源檔案	.ico
CUR	遊標資源檔案	.cur
RAS	光柵影像位元圖	.rad
PCX	Window 畫曲面圖形	.pcx
PGM	簡單灰度影像	.pgm
PBM	簡單位元圖格式	.pbm
PPM	簡便像素圖形	.ppm

對於表 11-5 中的 GIF 格式影像，imread 函數支援，但是 imwrite 函數不支援。

11.1.3　影像的顯示

眾所周知，數字影像是指將一幅 2D 的影像表示成一個數值矩陣，矩陣的元素被解釋為像素的顏色值（或灰度值），或被解釋為調色板頻色的索引號。為了顯示由矩陣表示的數字影像，MATLAB 最一般的作法是將矩陣的每一個元素對應到目前色譜的某個行標號，並取該行的顏色值作為影像相應點的顏色。一般說來，每幅的色調不同，因此，作為影像必須有自己特殊的色圖，這樣才能真實地顯示影像。

MATLAB 用函數 image 顯示影像，該函數的呼叫格式如表 11-6 所示。

表 11-6　image 函數呼叫格式

呼叫格式	說明
image(C)	把矩陣 C 作為一個影像畫出
image(x,y,C)	在(x,y)確定的位元置上畫 C 的元素
image(x,y,C, 'PoName', 'ProValue',…)	指定屬性名稱和屬性值，在(x,y)確定的位元置上畫 C 的元素
image('ProName', 'ProValue', ….)	只接受屬性名稱和屬性值的輸入
h=image(…)	返回剛生成的圖片物件的握把屬性值向

另一個與 image 函數類似的函數是 imagesc，它的指令格式與 image 相同。Image(X)是將資料矩陣 X 的值直接作為索引號在色譜矩陣中提取 RGB 顏色值進行著色的。事實上，對於任何矩陣 X，image(X)可以生成一幅影像。如果 X 的元素的數值大小十分接近，或超出色譜矩陣的長度，那麼 image(X)就不能有效地用影像表達矩陣 X，而函數 imagesc 就可以做到這一點。Imagesc 的功能與 image 是一樣的，前者只是按照線性變換的方式來計算索引號，即與 color 即使用的方法相同。於是，imagesc(X)生成的影像將會受到 caxis 函數的影響。

11.2　動畫製作

以動畫來顯示結果，除了可以讓繪圖更加生動活潑之外，還可以立即比較出與原始圖形的差異，深入強調繪圖的重點所在。因此，本節將介紹在 MATLAB 中繪製動畫的幾種方式與應用。

在 MATLAB 中，主要透過 4 種方式建立動畫：以質點運軌跡的方式、以旋轉顏色映像的方式、以電影播放的方式和以物件的方式。這 4 種動畫建立方式各有缺點，下面依次介紹這些方法。

11.2.1　以質點運動軌跡的方式來呈現動畫

質點運動軌跡動畫（使用 comet、comet3）方式是最簡單的動畫產生方式，顧名思義，就是產生一個順著曲線軌跡運動的質點來操作。Comet 與 comet3 的呼叫格式如表 11-7 所示。

表 11-7 函數 comet 和 comet3 呼叫格式

呼叫格式	說明
comet(y)	顯示質點繞著向量 y 的動畫軌跡（2D）
comet(x,y)	顯示質點繞著向量 y 與 x 的動畫軌跡（2D）
comet(x,y,p)	同上曲面的效果，但額外地定義軌跡尾巴線的長度 p×length(y)，其中 p 是介於 0 和 1 之間的數，預設為 0.1

範例 11-2 使用函數 comet 建立一個點繞著圓跡運動的動畫。

```
>> t=linspace(0,2*pi, 1000);
>> x=cox(t);
>> y=sin(t);
>> plot(x,y), axis square, hold on; %畫出圖形，以便比較 comet 是否跟著軌跡走
>> comet(x,y,0.03)
```

得到的結果如圖 11-1 所示。

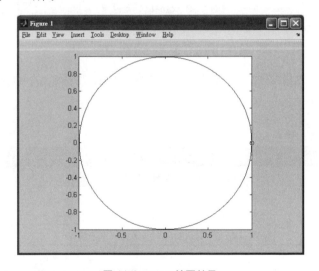

圖 11-1 comet 繪圖結果

comet3 與 comet 的做法類似，但 comet3 是用於 3D 的質點運動軌跡。因此，必須加上 Z 軸（Z Axis）資料。

範例 11-3 建立 3D 的曲線圖形，並讓質點沿著產生的軌跡運動。

```
>> t=0:pi/50:10*pi;
>> plot3(sin(t),cos(t),t), axis square
>> comet3 (sin(t), cos(t), t, 0.5)
```

得到的結果如圖 11-2 所示。

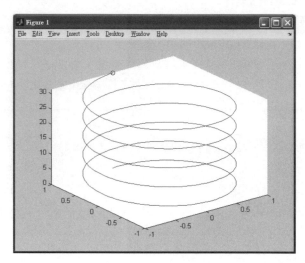

圖 11-2 comet3 繪圖結果

11.2.2 以旋轉顏色映像的方式來呈現動畫

此種產生動畫的方式問題較多，因此不建議使用。它必須透過 spinmap 函數來產生動畫，呼叫方式如表 11-8 所示。

表 11-8 spinmap 函數呼叫格式

呼叫格式	說明
spinmap	旋轉顏色映像 3 秒，以顏色變換來產生動畫
spinmap(T)	旋轉顏色映像 T 秒
spinmap(inf)	無限旋轉顏色映像，直到按下 "Ctrl+C" 組合鍵
spinmap(T,inc)	使用定義的間隔秒數與總秒數旋轉顏色映像

下面的指令 peaks 函數產生的圖形由 spinmap 函數生成動畫（Animation），產生類似波浪的效果。

```
>> peaks
>> spinmap(inf,2)
```

不過此種方式有一個非常大的缺點，那就是系統螢幕的色彩品質只能應用於 256 色，其他（例如 16 位元、32 位元）都無法使用，並且可能在某種作業系統（Operating System）下無法使用。所以，要看使用者的設定值而定，也就是說，使用此種做法所建立的動畫，可能會因為系統設定的不同而使動畫無法運作。

11.2.3　以電影播放的方式呈現

顧名思義，就是先儲存多幅不同的圖片（欲產生動畫的圖片），然後將圖片儲存為一系列各種類型的 2D 或 3D 圖，再像放電影一樣把它們按次序播放出來。這種操作方式首先必須由 getframe 函數抓取目前的圖片作為電影的畫曲面（將每一個欲播放的畫曲面抓取之後，以行向量的儲存方式存放於電影矩陣 M 中），再由 move 函數一次將動畫放映出來。電影方式的結構下列所示：

```
%記錄電影
for j=1:n                    %旋轉並記錄每一個畫曲面
    plot_command             %以繪圖函數來產生動畫
    M(j)=getframs;           %抓取畫曲面值
end
movie(M)      %播放動畫
```

範例 **11-4**　建立一個繞 Z 軸旋轉的 peaks 動畫範例，這個範例主要是應用座標軸視角的改變來產生動畫。

```
[X, Y, Z]=peaks(3);
surf (X,Y,Z);
set(gca, 'visible', 'off');
colormap(hot)
shading interp
%記錄電影
for i=1:15                   %旋轉並記錄每一個畫面
    view(-45+15*(i-1), 30)   %視角的改變
    m(:,i)=getframe;         %抓取畫面值並加到繪圖視窗的畫面矩陣中
end
movie (m)                    %播放畫面
```

讀者由上述的結果可以發現，使用電影產生動畫就是將畫面依次呈現出來，因為它必須先儲存畫面。因此，最大的缺點就是要相當大的記憶體。

11.2.4　以物件的方式來呈現動畫

此種方式是透過 MATLAB 握把式圖形搭配 drawnow 來執行的，原理是以物件的更新來產生新圖，進而覆蓋舊圖，使圖形物件不斷發生變化，以執行動畫效果。因此，曲線、座標軸等圖形物件都可以借助 xdata、zdata 等屬性的變化搭配 drawnow 函數，來控制圖形物件產生動畫的效果，不過對於比較複雜的動畫在執行上可能比較難以達到。使用此種方產生動畫必須先了解擦除模式（EraseMode）的相關屬性。EraseMode 屬性主要是用以控制顯示與擦除線條物件的技術，因此，使用者必須了解自己的動畫適合哪一種擦除模式，使動畫能夠呈現最佳的顯示方式。

以物件方呈現動畫的步驟如下：

❶ 產生一個圖形物件，例如曲線。

❷ 設定該物件的屬性 EraseMode 來決決定物件更新的方式，一般習慣設定為 xor。

❸ 建立循環並借助物件的 xdata 或 ydata 或兩者的搭配 drawnow 來產生動畫。

範例 11-5 建立一個隨時間衰減的正弦曲線動畫範例，這個範例主要是使用 set 函數來改變曲線的 Y 座標，並以 xor 的方式抹去舊曲線。

```
t=0:0.05:10*pi;
%產生曲線並運用 xor 方式來抹去舊曲線
h=plot(t,sin(2*t).*exp(-t/5), 'EraseMode', 'xor');
set(gcf, 'Position', [450, 350, 350, 250])
for i=200
    y=sin(2*t+i/10).*exp(-t/5);
    set(h, 'ydata', y);     %不斷地更新 y 值
    drawnow
end
```

程式的執行結果如圖 11-3 所示。

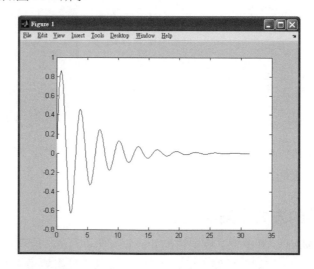

圖 11-3 以物件方來呈現動畫

使用者可以自行將 EraseMode 改成 background 或 none，這樣就可以產生不同的動畫效果，如將範例 11-5 的 EraseMode 改成 none，表示舊曲線會被保留並且生動畫。其餘使用物件產生動畫的範例，使用者可以自行參考 MATLAB 內的 lorenz、truss、travel、fitdemo 和 xphide 這幾個範例。

```
>> lorenz
```

注意，在產生動畫效果時，如果該動畫是以迴路的方式來進行的，切記必須將繪圖視窗的 DoubleBuffer 屬性設定為 on，如此可以避免動畫產生閃爍。下列列敘述是將當前視窗的 DoubleBuffer 屬性設定為 on 的方式。

```
>> set(gcf, 'DoubleBuffer', 'on')
```

再介紹一個物件呈現動畫的控制方式，在這個範例中可以控制 EraseMode 屬性為不同值，以便比較出其間的差異，大致來說，雖然 normal 所產生的圖形最精確，並且動畫最為美觀，但由於速度過慢，無法呈現出連慣性的效果；background 透過將物件顏色變為背景的顏色達到目的，但會使軌跡形成一道空白的內容，以致無法呈現出完整的動畫；none 則是最差的動畫效果，因為它不做任何擦除動作。因此，凡是走過的痕跡都會保留下來，使動畫變得更加雜亂，所以，這個範例還是使用 xor。

範例 11-6 繞軌跡圓球運動。

```
Speed=1000;    %用以控制圓球的速度,值越大,速度越慢
%定義軌跡路線
x=linspace (0,2*pi,speed);
y=tan(sin(x))-sin(tan(x));
plot(x,y);
%利用 line 建立球體
%因為還無法知道球體運動的位元置，因此，使用 line 而不是 plot
%並不需要指定座標，然後透過該線物件的握把值 line_handle 來進行球體控制
n=length(x);
line_handle=line('LineStyle', 'o', 'LineWidth', 5, …
    'MarkerSize', 25, 'EraseMode', 'xor',…
    'MarkerEdgeColor', 'b', 'MarkerFaceColor', 'r');
i=1;
%將迴路設定為全開的
While 1
    Set (line_handle, 'XDATA', x(i), 'YDATA', y(i));    %指定球體的位元置
    drawnow           %執行動畫
    i=i+1;
    if i>n            %確定該球體能夠周而復始地運動
          i=1;
    end
end
```

執行此動畫，就會產生一個繞著軌跡跑的圓球運動，使用者可以自行測試。得到的結果如圖 11-4 所示。

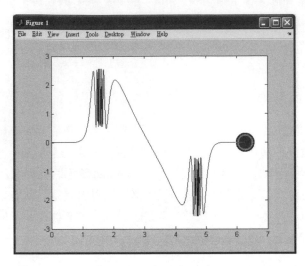

圖 11-4 繞軌跡圓球運動

11.3 重點回顧

　　本章重點講述了 MATLAB 圖形繪製的高階技術：影像顯示技術與動畫製作的方法。研讀本章，讀者只要熟練地掌握了本章中的常見指令，就可以根據本身的需求，繪製出各種個性化的圖形。

習題

1. 在 [0,4 π] 區 間 內 , 根 據
   $t(t,x) = e^{-0.2x} \sin\left(\dfrac{\pi}{24}t - x\right)$,透過如圖 11-5
   所示的曲線表現 "行波"。觀察顯示。
   (提示:採用即時動畫;使用兩個 line
   物件;background 擦除模式;使用 pause
   來控制動畫的速度。)

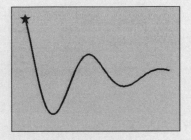

圖 11-5 曲線表現 "行波"

2. 利 用 影 片 動 畫 法 , 依 據 函 數
   f(x,t)=sin(x)sin(t)來製作如圖 11-6 所示駐
   波動畫。(提示:用 2 個 linc 分別產生
   帶圖握把的線和點物件;擦除模式為
   background;用 set 透過握把線操作線位
   元置;getframe;movie)

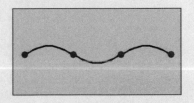

圖 11-6 駐波動畫

3. 編 寫 使 紅 色 小 球 , 沿 著 三 葉 線
   =cos(3theta)所執行的程式。圖 11-7 所顯
   示的是該動畫中的一個靜止圖形。(提
   示:用參數方程運算三葉線;用 line 繪
   製線物件;用 line 建立紅點的握把圖形,
   擦除模式用 xor;用 set 操作紅點座標,
   構成動畫;drawnow。)

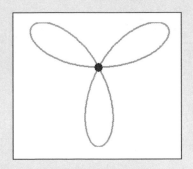

圖 11-7 三葉線圖形

筆記頁_____

Chapter

12

MATLAB 程式設計

MATLAB 語言被稱為第四代程式設計語言（The fourth generation programming language），程式簡潔、可讀性（Readability）較強，而且使用起來十分方便，是 MATLAB 產品的重要部分。如果使用者想要靈活地應用 MATLAB 來解決實際的問題，充分使用 MATLAB 的科技資源，就需要學會如何使用 MATLAB 程式設計語言來設計程式。M 檔案是包含 MATLAB 語言程式碼副檔名為.m 的檔案，可以使得使用者更加靈活、較為方便地編寫 MATLAB 程式，本章將對此加以重點介紹。

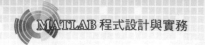

12.1 腳本檔案和函數檔案

M 檔案有兩種形式：M 腳本檔案和 M 函數檔案。

12.1.1 M 檔案編輯器

MATLAB 的 M 檔案是透過 M 檔案編輯/除錯器視窗（Editor/Debugger）來建立的。

按一下 MATLAB 桌面上的圖標，或者按一下選單 "File"→"New"→ "script"，可打開空白的 M 檔案編輯器，也可以透過打開已有的 M 檔案來打開 M 檔案編輯器。如圖 12-1 所示為打開已建立的 M 檔案。

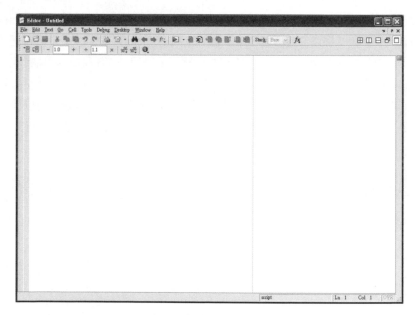

圖 12-1　M 檔案編輯/除錯器視窗

12.1.2 M 檔案的基本格式

下面介紹繪製二階系統時域曲線的 M 檔案，不足阻尼系統的時域輸出 y 與 x 的關係為

$y = 1 - \dfrac{1}{\sqrt{1-\varsigma^2}} e^{-\varsigma x} \sin(\sqrt{1-\varsigma^2}\, x + \alpha \cos\varsigma)$ 。

範例 12-1 為 M 腳本檔案，範例 12-2 為 M 函數檔案。

> **範例 12-1** 用 M 腳本檔案繪製二階系統時域曲線。

```
%%% ex0601 二階系統時域曲線
%%% 畫出阻尼係數為 0.3 的曲線
x=0:0.1:20;
y1=1-1/sqrt(1-0.3^2)*exp(-0.3*x).*sin(sqrt(1-0.3^2)*x+acos(0.3))
plot(x,y1,'r')
```

M 函數檔案的基本格式如下：

```
函數宣告列
%線上協助文本
%編寫和修改記錄
函數體
```

其中，線上協助文本、編寫和修改記錄都不是必需的，使用者可以根據實際的需求來加以選擇。

例如，在指令列視窗輸入 help 和 lookfor 指令來查閱協助資訊。

```
>> help ex0602
% ex0601 二階系統時域曲線
 %% 畫阻尼係數為 0.3 的曲線

>> lookfor '二階系統時域反應'
0602.m: %二階系統時域反應
```

12.1.3　M 腳本檔案

腳本檔案具有如下特色：

❶ 腳檔案中的指令格式和前後位置，與在指令列視窗中輸入的沒有任何區別。

❷ MATLAB 在執行腳本檔案時，只是簡單地按順序從檔案中讀取一條條指令，送到 MATLAB 指令列視窗中去執行。

❸ 與在指令列視窗中直接執行指令一樣，腳本檔案執行產生的變數都是駐留在 MATLAB 的工作空間（Workspace）中，可以很方便地查閱變數，除非使用 clear 指令來清除；腳本檔案的指令也可以訪問工作空間的所有資料。因此，要注意避免變數的覆蓋而造成程式出錯。

範例 **12-2**　在 M 檔案編輯/除錯器視窗中編寫 M 腳本檔案繪製二階系統的多條時域曲線。

按一下 MATLAB 桌面上的圖標打開 M 檔案編輯器。

將指令全部寫入 M 檔案編輯器中，為了能標示該檔案的名稱，在第一行寫入包含檔案
名稱的註釋，儲存檔案為 ex0603.m。

```
%%%ex0601                      二階系統時域曲線
x=0:0.1:20;
y1=1-1/sqrt(1-0.3^2)*exp(-0.3*x).*sin(sqrt(1-0.3^2)*x+acos(0.3))
plot(x,y1,'r')                %畫出阻尼係數為 0.3 的曲線
hold on
y2=1-1/sqrt(1-0.707^2)*exp(-0.707*x).*sin(sqrt(1-0.707^)*x+acos(0.707))
plot(x,y2,'g')                %畫出阻尼係數為 0.3 的曲線
y3=1-exp(-x).*(1+x)
plot(x,y3,'b')                %畫阻尼係數為 1 的曲線
```

點選 M 檔案編輯器選單 "Debug"→"Run"，或者按一下圖標，執行檔案，就可以在圖形
視窗中看到如圖 12-2 所示的曲線。

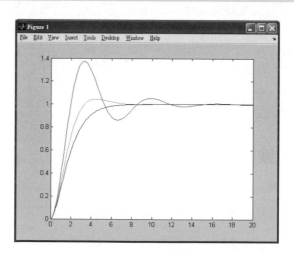

圖 12-2　範例 6-3 的執行結果

在指令視窗輸入 whos 指令，可以查閱工作空間的變數；

```
>> whos
Name  size          Bytes  Class    Attributes
x           1x201          1608  double
y1          1x201          1608  double
y2          1x201          1608  double
y3          1x201          1608  double
```

12.1.4 M 函數檔案

M 函數檔案的特色如下：

❶ 第一行總是以 "function"引導的函數宣告行。

函數宣告行的格式如下：

```
Function [輸出變數列表]=函數名稱(輸入變數列表)
```

❷ 函數檔案在執行流程中產生的變數都儲存放在函數本身的工作空間。

❸ 當檔案執行完最後一條指令或遇到 "return"指令時，就結束函數檔案的執行，同時，函數工作空間的變數就被清除。

❹ 函數的工作空間隨著具體的 M 函數檔案除錯而產生，隨著除錯結束而刪除，是獨立的、臨時的，在 MATLAB 執行流程中，可以產生任意多個臨時的函數空間。

範例 12-3 在 M 檔案編輯/除錯器視窗編寫計算二階系統時域反應的 M 函數檔案，並在 MATLAB 指令列視窗中呼叫該檔案。

建立 M 函數檔案並且呼叫的步驟如下：

1. 編寫函數程式碼。

```
function y=ex0604(zeta)
%ex0604              畫二階系統時域曲線
x=0:0.1:20;
y=1-1/sqrt(1-zeta^2)*exp(-zeta*x).*sin(sqrt(1-zeta^2)*x+acos(zeta));
plot(x,y)
```

2. 將函數檔案儲存為 "ex0604.m"。

3. 在 MATLAB 指令列視窗輸入下列指令，則會出現 f 的計算值和繪製的曲線。

```
>> f = ex0604(0.3);
```

輸出的結果如圖 12-3 所示。

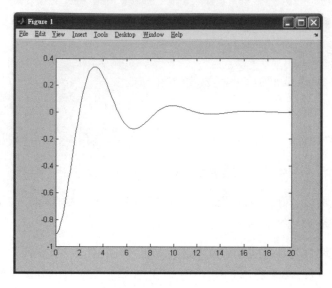

圖 12-3　範例 12-3 的輸出結果

TIP

M 腳本檔案和 M 函數檔案的檔案名稱及函數名稱的命名規則與 MATLAB 變數的命名規則相同。

12.2　程式流程控制

本節將聚焦於敘述結構和流程控制敘述兩方面來加以介紹。

12.2.1　for…end 迴路結構

for…end 迴路結構的語法如下：

```
for 迴路變數=array
    迴路體
end
```

迴路體被執行的次數就是 array 的列數，array 可以是向量，也可以是矩陣，迴路變數依次取 array 的各列，每取一次迴路體執行一次。

範例 12-4 使用 for…end 迴路的 array 向量程式設計求出 1+3+5+…+100 的值。

```
%%%ex0605            使用向量 for 迴路
sum=0;
for n=1:2:100
    sum=sum+n;
end
sum
```

該程式的迴路變數為 n，n 對應為向量 1:2:100，迴路次數為向量的列數，每次迴路 n 取一個元素。執行 ex0605.m 檔案，可以在 MATLAB 指令列視窗得到下列的結果：

```
sum =
    2500
```

範例 12-5 使用 for…end 迴路的 array 矩陣程式設計，將單位矩陣轉換為列向量。

```
%%% ex0606           使用矩陣 for 迴路
sum=zeros(6,1);
for n=eye(6,6)
    sum=sum+n;
end
sum
```

該程式迴路變數 n 對應為矩陣 eye(6,6)的每一列，即第一次 n 為[1;0;0;0;0;0]，第二次 n 為[0;1;0;0;0;0]；迴路次數為矩陣的列數 6。執行程式，得到的執行結果如下：

```
sum =
    1
    1
    1
    1
    1
    1
```

12.2.2　while…end 迴路結構

while…end 迴路結構的語法如下：

```
while 運算式
    迴路
end
```

只要運算式為邏輯真，就執行迴路體；一旦運算式為假，就結束迴路。運算式可以是向量，也可以是矩陣，如果運算式為矩陣，則當所有的元素都為真（True）時，才執行迴路（Loop），如果運算式為 NAN，MATLAB 認為是假（False），則不執行迴路。

範例 **12-6**　使用 while…end 迴路計算 1+3+5+…+100 的值。

```
%%% ex0607          使用 while 迴路
sum=0;
n=1;
while n<=100
    sum=sum+n;
    n=n+2;
end
sum
```

可以看出，while…end 迴路的迴路次數由運算式來決定，當 n=101，就停止迴路。執行程式，得到的執行結果如下：

```
sum =
        2500
```

12.2.3　if…else…end 條件轉移結構

if…else…end 條件轉移結構的語法如下：

```
if 條件式 1
    敘述段 1
elseif 條件 2
    敘述段 2
    …
else
    敘述段 n+1
end
```

當有多個條件時，若條件式 1 為假，再判斷 elseif 的條件式 2，如果所有的條件式都不滿足，則執行 else 的敘述段 n+1；當條件為真，則執行相應的敘述段；if…else…end 結構也可以是沒有 elseif 和 else 的簡單結構。

範例 **12-7**　用 if…else…end 結構二階系統時域反應，根據阻尼係數（Damping Coefficient）
　　　　　　0<zeta<1 和 zeta=1 兩種情況，得出不同的時域反應運算式。

```
function y=ex0608(zeta)
%%% ex0608          使用 if 結構的二階系統時域反應
x=0:0.1:20;
if (zeta>0) & (zeta<1)
    y=1-1/sqrt(1-zeta^2)*exp(-zeta*x).*sin(sqrt(1-zeta^2)*x+acos(zeta));
elseif zeta==1
    y=1-exp(-x).*(1+x);
end
plot(x,y)
```

在 MATLAB 指令列輸入如下指令：

```
>> f = ex1208(0.5);
```

執行結果如圖 12-4 所示。

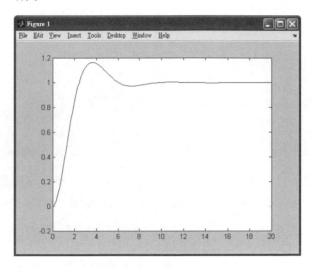

圖 12-4　範例 1208 的執行結果

12.2.4　switch…case 開關結構

switch…case 開關結構的敘述如下：

```
switch 開關運算式
case  運算式 1
      敘述段 1
case 運算式 2
      敘述段 2
      …
otherwise
      敘述段 n
end
```

❶ 將開關運算式依次與 case 後面的運算式進行比較，如果運算式 1 不滿足，則與下一個運算式 2 加以比較，如果都不滿足，則執行 otherwise 後面的敘述段 n；一旦開關運算式與某個運算式相等，則執行其後面的敘述段。

❷ 開關運算式只能是純量或字元串。

❸ case 後面的運算式可以是向量、字元串或者細胞陣列，如果是細胞陣列，則將開關表運算式與細胞陣列的所有元素進行比較，只要某個元素與開關運算相等，就執行其後的敘述段。

範例 12-8 用 switch…case 開關結構得出各月份的季節。

```
%%% ex0609          使用 switch 結構
for month=1:12;
    switch month
    case{3,4,5}
            season='spring'
    case{6,7,8}
            season='summer'
    case{9,10,11}
            season='autumn'
    otherwise
            season='winter'
    end
end
```

開關運算式為向量 1:12，case 後面的運算式為細胞陣列，當細胞陣列的某個元素與開關運算式相等，就執行其後的敘述段。執行程式，在 MATLAB 指令列所得到的結果如下：

```
season =
winter

season =
winter

season =
spring

season =
spring

season =
spring

season =
summer

season =
summer

season =
summer

season =
autumn

season =
autumn
```

```
season =
autumn

season =
winter
```

12.2.5　try…catch…end 試探結構

try…catch…end 試探結構的敘述如下：

```
try
      敘述段 1
catch
      敘述段 2
end
```

首先試探性地執行敘述段 1，如果在此段敘述執行流程中出現錯誤，則將錯誤訊息賦給保留的 lasterr 變數，並放棄這段敘述，轉而執行敘述段 2 中的敘述，如果執行敘述段 2 又出現錯誤，則終止該結構。

範例 12-9　用 try…catch…end 結構來進行矩陣相乘的運算。

```
%%% ex0610           try 結構
n=4;
a=magic(n);
m=3;
b=eye(3);
try
    c=a*b
catch
    c=a(1:m,1:m)*b
end
lasterr
```

試探出矩陣的大小不適配時，矩陣無法相乘，則再執行 catch 後面的敘述段，將 a 的子矩陣取出與 b 矩陣相乘。可以透過此種結構來靈活地執行矩陣的乘法運算。

執行程式，得到的結果如下：

```
c =
    16     2     3
     5    11    10
     9     7     6
ans =
Error using ==> mtimes
Inner matrix dimensions must agree.
```

12.2.6　流程控制敘述

1. break 指令

break 指令可以使包含 break 最外層的 for 或者 while 敘述強制終止,立即跳出該結構,執行 end 後面的指令,break 指令一般和 if 結構互相整合地使用。

範例 12-10　計算 1+3+5+...+100 的值,當總和大於 1000 時終止計算。

```
%%% ex0611              用 break 終止 while 迴路
sum=0;
n=1;
while n<=100
    if sum<1000
            sum=sum+n;
            n=n+2;
    else
            break
    end
end
sum
n
```

while...end 迴路結構嵌套 if...else...end 分支結構,當 sum 為 1024 時,則跳出 while 迴路結構(Loop structure),終止迴路(Loop)。

執行程式 0611.m,得到的結果如下:

```
sum =
            1024
n =
    65
```

2. continue 指令

Continue 指令用於結束本次 for 或 while 迴路,只結束本次迴路而繼續進行迴路。

範例 12-11　將 if 指令與 continue 指令整合,計算 1~100 中所有質數的和,判斷是否為質數的方法是將 100 以內的每個數都被 $2\sim\sqrt{n}$ 整除,不能被整除的就是質數。

```
% %% ex0612             用 continue 來終止 while 迴路
sum=2;ss=0;
for n=3:100
    for m=2:fix(sqrt(n))
            if mod(n,m)==0
                    ss=1;                  %能被整除就用 ss 為 1 來表示
                    break;                 %能被整除就跳出內迴路
            else
```

```
                    ss=0;                        %不能被整除就用 ss 為 0 來表示
              end
      end
      if ss==1
              continue;                          %能被整除就跳出本次外迴路
      end
      sum=sum+n;
  end
  sum
```

fix(sqrt(n))是將 $\sqrt{n}$ 整整；本程式為雙重迴路，兩個 for 迴路嵌套還嵌套一個 if 結構；當 mod(n,m)==0 時，就用 break 跳出判斷是否為質數的內迴路，並繼續用 continue 跳出求質數和的外迴路而繼續下次的外迴路（Outer loop）。

執行程式，得到的結果如下：

```
sum =
            1060
```

3. return 指令

Return 指令是終止前指令的執行，並且立即返回到上一級呼叫函數或等待鍵盤輸入指令，可以用來提前結束程式的執行。

TIP

當程式進入死迴路時，則按 "Ctrl+C" 組合鍵來終止程式的執行。

4. pause 指令

pause 指令用來使程式執行暫停，等待使用者按任意鍵來繼續下去。

Pause 的呼叫格式如表 12-1 所示。

表 12-1　pause 呼叫格式

呼叫格式	説明
Pause	暫停
pause(n)	暫停 n 秒

5. keyboard 指令

Keyboard 指令用來使程式暫停執行，等待鍵盤指令，在執行完自己的工作之後，輸入 return 敘述，程式就繼續執行下去。

6. input 指令

input 指令用來提示使用者應該由鍵盤輸入數值、字元串和運算式,並接受該輸入。

```
>> a=input('input a number:')        %輸入數值給a
input a number:55
a =
     55
>> b=input ('input a number:','s')   %輸入字元串給b
Input a number:-55
b =
     -55
>> input ('input a number:')         %將輸入值進行運算
Input a number:1+2
ans =
     3
```

12.3 函數呼叫和參數傳遞

在程式設計中,函數呼叫和參數傳遞十分常見,具有舉足輕重的功能,下面將加以詳細地講解。

12.3.1 子函數和私有函數

1. 子函數

在一個 M 函數檔案中,可以包含一個以上的函數,其中只有一個是主函數,其他則為子函數。

❶ 在一個 M 檔案中,主函數必須出現在最上方,其後是子函數,子函數的次序無任何限制。

❷ 子函數不能被其他檔案的函數呼叫,只能被同一檔案中的函數(可以是主函數或子函數)呼叫。

❸ 同一個文件的主函數和子函數變數的工作空間相互獨立。

❹ 用 help 和 lookfor 指令不能提供子函數的協助資訊。

範例 **12-12**　將範例 12-2 畫二階系統時域曲線的函數作爲子函數，編寫畫出多條曲線的程式。

```
function ex0613()
%%% ex0613              使用函數呼叫繪製二階系統時域反應
z1=0.3;
ex0602(z1);            %
hold on
z1=0.5
ex0602(z1)             %
z1=0.707;
ex0602(z1)             %
function y=ex0602(zeta)
%子函數，畫二階系統時域曲線
x=0:0.1:20;
y=1-1/sqrt(1-zeta^2)*exp(-zeta*x).*sin(sqrt(1-zeta^2)*x+acos(zeta))
plot(x,y)
```

主函數是 ex1213，子函數是 ex1202，在主函數中三次呼叫子函數。程式儲存為 ex1213.m 檔案。

執行程式，得到如圖 12-5 所示的結果。

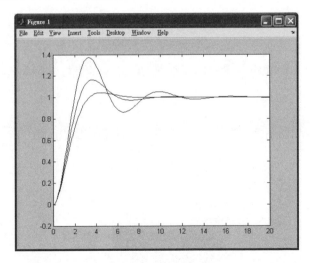

圖 12-5　範例 1213 的執行結果

2. 私有函數

私有函數是指儲存在 private 子目錄中的 M 函數檔案，其具有下列的性質：

❶ 在 private 目錄下的私有函數只能被其父目錄的 M 函數檔案所呼叫，而不能被其他目錄的函數所呼叫，對其他目錄的檔案私有函數是不可見的，私有函數可以和其他目錄下的函數重新加以命名。

❷ 私有函數父目錄的 M 腳本檔案也不可呼叫私有函數。

❸ 在函數呼叫搜尋時，私有函數優先於其他 MATLAB 路徑上的函數。

3. 呼叫函數的搜尋順序

在 MATLAB 中呼叫一個函數，搜尋的順序如下：

❶ 搜尋是否為子函數。

❷ 搜尋是否為私有函數。

❸ 從目前路徑中搜尋此函數。

❹ 從搜尋路徑中搜尋此函數。

12.3.2　局部變數和整體變數

1. 局部變數

局部變數（Local Variables）是在函式體內部使用的變數，其影響範圍只能在本函式內，只在函式執行期間存在。

2. 整體變數

整體變數（Global Variables）是可以在不同的函式工作空間和 MATLAB 工作空間中共享使用的變數。

範例 12-13　修改範例 12-11，在主函式和副函式中使用整體變數。

```
function ex1214()
%%% ex1214          使用整體變數繪製二階系統時域反應
global x
x=0:0.1:20;
z1=0.3;
ex1202(z1);
hold on
z1=0.5;
ex1202(z1);
z1=0.707;
ex1202(z1);
function ex1202(zeta)
%副式，畫二階系統時域曲線
global x
y=1-1/sqrt(1-zeta^2)*exp(-zeta*x).*sin(sqrt(1-zeta^2)*x+acos(zeta));
plot(x,y);
```

X 變數為整體變數，在需要使用的主函式和副函式中都需要用 global 定義。同樣，如果在工作空間中定義 X 為整體變數之後，也可以使用：

```
>> global x
>> whos
   Name     Size     Bytes  Class      Attributes
   x        0x0         0    double     global
   a        1x1         8    double
   ans      1x1         8    double
   b        1x3         6    char
   c        3x3        72    double
   m        1x1         8    double
   n        1x1         8    double
   ss       1x1         8    double
   sum      1x1         8    double
```

TIP

由於整體變數在任何定義過的函數中都可以修改，因此，本書並不提倡使用整體變數。使用時應十分小心，建議把整體變數的定義放在函式體的開頭，整體變數運用大寫字元來命名。

12.3.3 函數的參數

1. 參數傳遞規則

範例 **12-14**　修改範例 12-12 畫出二階系統時域的函數，使用輸入/輸出參數來執行參數傳遞。

```
Function ex1214()
%%% ex1213 參數傳遞繪製二階系統時域反應
z1=0.3;
[x1,y1]=ex1202(z1);
plot(x1,y1)
hold on
z1=0.5;
[x2,y2]=ex1202(z1);
plot(x2,y2)
z1=0.707;
[x3,y3]=ex1202(z1);
Function  [x,y]=ex1202(zeta)
%%%副函式，繪製二階系統時域曲線
x=0:0.1:20;
y=1-1/sqrt(1-zeta^2)*exp(-zeta*x).*sin(sqrt(1-zeta^2)*x+acos(zeta));
```

主函式（Main routine）ex1214 呼叫副函式 ex1202，副函式（Subroutine）中的 zeta 為輸入參數，函數呼叫時將 z1 傳遞給副函式 zeta，副函式計算後將輸出參數 x 和 y 傳回給主函式的 x1、y1；在主函式呼叫副函式三次，後面兩次參數的傳遞也是相同的。

執行程式，得到的輸出結果如圖 12-6 所示：

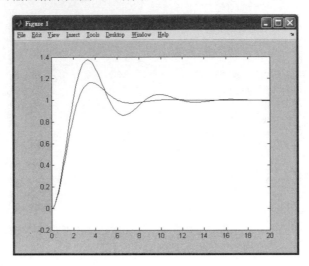

圖 12-6　程式 1214 執行結果

2. 函數參數的個數

(1) nargin 和 nargout 變數

函數的輸入/輸出參數的個數可以透過變數 nargin 和 nargout 獲得，nargin 用於獲得輸入參數的個數，nargout 用於獲得輸出參數的個數。

呼叫格式如表 12-2 所示。

表 12-2　nargin 和 nargout 呼叫格式

呼叫格式	說明
nargin	在函數體外擷取定義的輸入變數的個數
nargout	在函數體外擷取定義的輸出變數的個數
nargin('fun')	在函數體外擷取定義的輸入參數個數
nargout('fun')	在函數體外擷取定義的輸出參數個數

範例 12-15　　計算兩個數的總和，根據輸入的參數個數不同，使用不同的運算式。

```
function [sum,n]=ex1215(x,y)
%%% ex1216          參數個數可變，計算 x 和 y 的和
if nargin==1
    sum=x+0;        %輸入一個參數就計算與 0 的和
elseif nargin==0
    sum=0;          %無輸入參數就輸出 0
else
    sum=x+y;        %輸入的是兩個數則計算和
end
```

在指令列視窗呼叫 ex1215 函數,分別使用 2 個、1 個和並無輸入參數的結果如下所示：

```
>> [y,n]=ex1215(2,3)%
y=
    5
n=
    2
>> [y,n]=ex1215(2)            %輸入參數為 1 個
y =
    2
n =
    1
>> [y,n]=ex1215              %輸入參數為 0 個
y =
    0
N =
    0
```

TIP

如果輸入的參數多於最大允許輸入的參數個數，則會出錯。

```
>> [y,n]=ex1214(1,2,3)
??? Error using = = > ex1214
Too many input arguments.
```

也可以在工作空間查閱函數體定義的輸入參數個數：

```
>> nargin('ex1216')
ans =
    2
```

範例 12-16 在範例 12-15 程式 1215.M 的基礎上,添加下列程式,查閱用 nargout 變數擷取輸出參數個數。

```
if nargout = = 0        %當輸出參數個數為 0 時,運算結果為 0
    sun=0;
end
```

在指令列視窗呼叫 ex1216 函數,當輸出參數格式不同時,如果如下所示:

```
>> ex1216(2,3)                %輸出參數個數為 0 時
ans =
    0
>> y=ex1216(2,3)             %當輸出參數個數為 1 時
y =
    5
>> [y,n,x]=ex1216          %當輸出參數個數為太多時
??? Error using = = > ex1216
Too many output arguments.
```

當輸出參數個數為 0 時,即使有兩個輸入參數,運算結果也為 0,結果送給 ans 變數;當輸出的參數個數太多,也會出錯。

(2) varargin 和 varargout 變數

Varargin 和 varargout 可以獲得輸入/輸出變數的各個元素內容。

範例 12-17 計算所有輸入變數的和。

```
function [y,n]=ex1218(varargin)
%%% ex1218              使用可變參數 varargin
if nargin = = 0                          %當沒有輸入變數時輸出 0
    disp('No Input variables.')
    y=0;
elseif nargin = = 1                      %當一個輸入變數時,輸出該數
    y=varargin(1);
else
    n=nargin;
    y=0;
    for m=1:n
            y=varargin{m}+y;             %當有多個輸入變數時,取輸入變數迴路相加
    end
end
n=nargin;
```

在 MATLAB 的指數行視窗中，輸入不同個數的變數呼叫函數 ex1217，結果如下：

```
>> [y,n]=ex1217(1,2,3,4)      %輸入 4 個參數
y =
    10
n =
    4
>> [y,n]=ex1217(1)            %輸入 1 個參數
y =
    1
n =
    1
>> [y,n]=ex1217              %無輸入參數
No Input variables.
y =
    0
n =
    0
```

其中，n 為輸入參數的個數；y 為求和運算的結果。

12.3.4 程式範例

範例 **12-18** 根 據 阻 尼 係 數 繪 製 不 同 二 階 系 統 的 時 域 反 應，當 爲 不 足 阻 尼 時，
$y=1-\dfrac{1}{\sqrt{1-\varsigma^2}}e^{-\varsigma x}\sin(\sqrt{1-\varsigma^2}x+a\cos\varsigma)$，當 爲 臨 界 阻 尼 時，y=1-(1+x)e^{-x}，當 爲 超
過 阻 尼 時，$y=1-\dfrac{1}{2\sqrt{\varsigma^2-1}}\left(\dfrac{e^{-(\varsigma-\sqrt{\varsigma^2-1})x}}{\varsigma-\sqrt{1-\varsigma^2}}-\dfrac{e^{-(\varsigma+\sqrt{\varsigma^2-1})x}}{\varsigma+\sqrt{1-\varsigma^2}}\right)$。

M 檔案的程式編碼如下：

```
function y=ex1218(z1)
%%% ex1219            主函數呼叫子函數，根據阻尼係數繪製二階系統時域曲線
t=0:0.1:20;
if (z1>=0) & (z1<)
    y=plotxy1(z1,t);
elseif z1= = 1
    y=plotxy2(z1,t);
else
    y=plotxy3(z1,t);
end
function y1=plotxy1(zeta,x)
%畫出不足阻尼二階系統時域曲線
y1=1-1/sqrt(1-zeta^2)*exp(-zeta*x).*sin(sqrt(1-zeta^2)*x+acos(zeta));
plot(x,y1)
function y2=plotxy2(zeta,x)
```

```
%畫出臨界阻尼二階系統時域曲線
y2=1-exp(-x).*(1+x);
plot(x,y2)
function y3=plotxy3(zeta,x)
%畫出超過阻尼二階系統時域曲線
y3=1-1/(2*sqrt (zeta^2-1))*(exp (-((zeta-sqrt (zeta^2-1))*x)) ./ (zeta-sqrt (zeta^2-1))…
    -exp(-((zeta+sqrt (zeta^2-1))*x))./(zeta+sqrt(zeta^2-1)));
plot (x,y3)
```

主函數名稱為 ex1219，三個子函數名稱分別為 plotxy1、plotxy2、plotxy3、檔案儲存為 ex1219.m。在指令列視窗中輸入下列指令：

```
>> y=ex1219(0.3);
>> hold on
>> y=ex1219(0.707);
>> y=ex1219(1);
>> y=ex1219(2);
```

則產生如圖 12-7 所示的時域反應曲線。

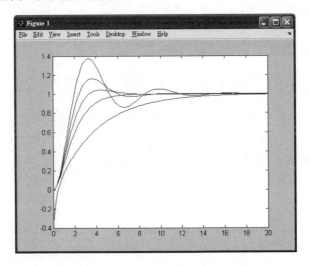

圖 12-7　不同阻尼係數的時域反應曲線

範例 **12-19**　編寫 M 函數檔案，運用流程控制敘述來建立下列的矩陣。

$$y = \begin{bmatrix} 0 & 1 & 2 & 3 & \cdots & n \\ 0 & 0 & 1 & 2 & \cdots & n-1 \\ 0 & 0 & 0 & 1 & \cdots & n-2 \\ \vdots & \vdots & \vdots & \vdots & & \vdots \\ 0 & 0 & 0 & 0 & \cdots & 0 \end{bmatrix}$$

```
function y=ex1219(m)
%%% ex1219 用迴路流程控制敘述來建立矩陣
y=0;
m=m-1;
for n=1:m
    y=[0,y];                    %建立全 0 行
end
for n=1:m
    a=[1:1:n];
    b=a;
    for k=m:-1:n
            b=[0,b];
    end
    y=[b;y];
    n=n+1;
end
```

矩陣的行列數由輸入參 m 來確定，輸出參數為矩陣 y。使用雙重迴路（Double loop）來建立矩陣，將檔案儲存為 ex1219.m。

在指令列視窗中呼叫 ex1219 函數：

```
>> y=ex1219(5)
y =
    0       1       2       3       4
    0       0       1       2       3
    0       0       0       1       2
    0       0       0       0       1
    0       0       0       0       0
```

12.4 M 檔案性能的改善和加速

在介紹 M 檔案之前，先介紹 P 碼檔案，即對應 M 檔案的一種預先解析版本（Prepared Version）。

12.4.1 P 碼檔案

因為當使用日第一次執行 M 檔案時，MATLAB 需要將其解析（Parse）一次（第一次執行後的已解析內容會放入儲存作為第二次執行時使用，即第二次執行時無須再加以解析），這無形中增加了執行時間。所以，我們就預先作解釋，以後在使用該 M 時，便會直接執行對應的已解析版本，即 P 檔案。但又因為 MATLAB 的解析速度非常快，一般不用自己作預先解析。只有當一些程式要呼叫到非常多的 M 檔案時（例如 GUI 應用程式），才會作預先解析，以增加以後的呼叫速度。

P 碼檔案可以用來作為保密編碼之用，例如使用者給別人一個 M 檔案，則別人可以打開看到該檔案所有的編碼和演算法。如果使用者的編碼不想被別人看到，那可以給他 P 碼檔案。

1. P 碼檔案的生成

P 碼檔案使用 pcode 指令生成，所生成的 P 碼檔案與原來 M 檔案的名稱相同，其延伸名稱為 "p"。

生成 P 碼檔案的呼叫格式如表 12-3 所示。

表 12-3　生成 P 編檔案呼叫格式

呼叫格式	説明
pcode Filename.m	在目前目錄生成 Filename.p
Pcode Filename.m -inplace	在 Filename.m 所在目錄生成 Filename.p

例如，在指令列視窗輸入下列指令：

```
>> pcode ex1219.m
```

則在目前目錄就生成了 P 碼檔案 ex1219.p。

2. P 碼檔案的特色

P 碼檔案具有下列特色：

❶ P 碼檔案的執行速度比原有 M 檔案的速度快。

❷ 在存在同名的 M 檔案和 P 碼檔案時，則 P 碼檔案被呼叫。

❸ P 碼檔案保密性相當好。

❹ 用文書處理軟體打開 ex1219.p 檔案，所看到的是亂碼（Random Code）。

12.4.2 M 檔案性能改善

1. 在使用迴路時提高速度的方法

迴路敘述及迴路體是 MATLAB 程式的瓶頸問題，改進這種狀況有下列三種方法：

❶ 儘量運用向量的運算（Vector operation）來代替迴路操作（Loop operation）。

❷ 在必須使用多重迴路的情況下，如果兩個迴路執行的次數不同，則建議在迴路的外迴路執行迴路次數少的，內迴路所執行迴路次數較多的，也可以顯著地提高速度。

❸ 應用 mex 技術。如果耗時的迴路不可避免，就應該考慮使用其他的語言，例如 C 或 FORTRAN 語言，按照 mex 技術要求的格式編寫相應部分的程式，然後運用編譯來加以聯結，形成在 MATLAB 中可以直接呼叫的動態鏈結程式庫（Dynamic link library, DLL）檔案，這樣就可以明顯地加快運算的速度。

2. 大型矩陣的預先確定維度

給大型矩陣動態地確定維度是一件很費時間的事。

範例 **12-20** 將範例 12-18 中的雙重迴路改為單一迴路，並先用 zeros 函數確定維度來提高執

行的速度，建立矩陣 $y = \begin{bmatrix} 0 & 1 & 2 & 3 & \dots & n \\ 0 & 0 & 1 & 2 & \dots & n-1 \\ 0 & 0 & 0 & 1 & \dots & n-2 \\ \vdots & \vdots & \vdots & \vdots & & \vdots \\ 0 & 0 & 0 & 0 & \dots & 0 \end{bmatrix}$ 。

```
function y=ex1220 (m)
%%% ex1220 先確定維度，再建立矩陣
m=m1;
y=zeros(m);
for n=1:m-1
```

```
            a=1:m-1;
      y(n,n+1:m)=a;
end
y
```

在指令列視窗中分別呼叫 ex1208 和 ex1220 函數，比較其執行速度的不同之處：

```
>> y=ex1206 (190)
>> y=ex1207 (190)
```

3. 優先考量內在函數

矩陣運算應該儘量採用 MATLAB 的內在函數，因為內在函數是由更為底層的 C 語言所建構的，其執行速顯然很快。

4. 採用高效能的演算法

在實際應用中，解決同樣的數學問題經常有各式各樣的演算法。因此，應尋求更高效能的演算法。

5. 儘量使用 M 函數檔案來代替 M 腳本檔案

由於每次執行 M 腳本檔案時，都必須把程式載入記憶體，然後逐句解讀執行，十分費時。因此，建議儘量使用 M 函數檔案代替 M 腳本檔案。

12.4.3　JIT 和加速器

1. JIJ 的加速器的應用範圍

JIT 和加速器的應用範圍如下：

❶ 只對維數不超過三的"非稀疏"（Non scarse）陣列發揮功能。

❷ 只對內部函數的呼叫發揮功能，對使用者的 M 函數或若 Mex 檔案並不發揮任何功能。

❸ 只對控制敘述 for、while、if、elseif、switch 中純量運算的條件運算式發揮功能。

❹ 當一個程式中含有"不可加速的"指令或變數時，整行都不被加速。

❺ 當變數改變資料類型或維數時，則該敘述不被加速。

❻ 如果 i 和 j 不以虛數單位形式使用，則該敘述不被加速。

❼ 在英特爾（Intel）系列中央處理器（CPU）硬體上，Windows 和 Linux 系統加速能力最強。

2. 使用程式性能剖析視窗

(1) 打開程式性能剖析視窗

在指令列視窗輸入 "profile viewer"指令打開程式性能剖析視窗，如圖 12-8 所示。

(2) 對 MATLAB 的指令加以剖析

對 MATLAB 的指令進行剖析有兩種方式：

❶ 在圖 12-8 中的 "Run this code"欄位中輸入需要剖析的指令，然後按一下 "Start Profiling" 按鈕，則指示燈變為綠色，"Start Profiling"按鈕變為灰色，時間指示器的計時在累加； 當指令執行結束時，狀態恢復，並出現剖析報告。

❷ 將 "Run this code"欄位淨空，然後按一下 "Start Profiling"按鈕開始剖析，則 "Start Profiling"按鈕變為 "Stop Profiling"，指示燈變為綠色表示啟動剖析，時間指示器的計時 在累加；然後在 MATLAB 指令列視窗中輸入需要剖析的指令，進行剖析；當指令執行 結束，按一下 "Stop Profiling"按鈕停止剖析，則狀態恢復，並出現剖析報告。這種方式 的時間指示器顯示的只是按一下 "Stop Profiling"按鈕開始到按一下 "Stop Profiling"按鈕 的時間，並不表示指令的執行時間。

圖 12-8　程式性能剖析視窗

(3) 查閱剖析報告

在程式性能分析視窗中以表格顯示 "剖析分析匯總表(Profile Summary)"，從上到下按占用時間的多少排列。

範例 **12-21** 編寫 M 檔案，求微分方程式 $\dfrac{dx}{dt} = t$，$\dfrac{dy}{dt} = -x$ 的解，儲存爲 "ex1222.m"檔案，內容如下：

```
%%%符號微分方程式求解
[x,y]=dsolve('Dx=y,Dy=-x')
[x,y]=dsove('Dx=y,Dy=-x', 't')
```

將該檔案進行剖析，在 "指令輸入欄" 中輸入 "ex1222"，然後按一下 "Start Profiling"按鈕開如剖析，則 "剖析分析匯總表" 如圖 12-9 所示。

按一下圖 12-9 中 "ex0622"超鏈結，則顯示詳細的列表，如圖 12-10 所示。

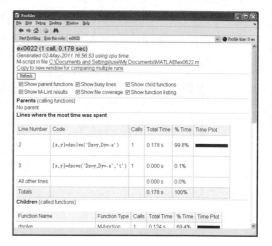

圖 12-9　剖析報告　　　　　　　　圖 12-10　剖析結果詳細列

3. JIT 和加速器的開關函數

在 MATLAB R1911 中，JIT 和加速器總是置於開啟狀態，可以使用指令來控制 JIT 和加速器的開啟和關閉。

JIT 和加速器的開關函數的呼叫格式如表 12-4 所示。

表 12-4　JIT 和加速器的開關函數的呼叫格式

呼叫格式	說明
feature JIT on	開啟 JIT
feature JIT off	關閉 JIT
feature accel on	開啟加速器
feature accel off	關閉加速器

將範例 12-19 建立矩陣 $y = \begin{bmatrix} 0 & 1 & 2 & 3 & \ldots & n \\ 0 & 0 & 1 & 2 & \ldots & n-1 \\ 0 & 0 & 0 & 1 & \ldots & n-2 \\ \vdots & \vdots & \vdots & \vdots & & \vdots \\ 0 & 0 & 0 & 0 & \ldots & 0 \end{bmatrix}$ 的程式在開啟或關閉 JIT 和加速器時，查

閱其執行速度。

在指令列視窗中輸入下列指令：

```
>> y=ex1219(190)
```

當為預設狀態時，JIT 和加速器處於開啟狀態，在程式性能剖析視窗中查閱執行時間為 0.43 秒；當時使 "feature JIT off" 指令關閉 JIT 時，執行時間為 0.451；當將 JIT 和加速器都關閉時，則執行時間為 0.481 秒。

> **TIP**
>
> JIT 和加速器於不同的 M 檔案，其功能不同，而不同的執行環境、不同的軟體、不同的機器都會得出不同的執行時間，上面的執行時間只作為參考之用。

12.5 內聯函數

為了避免讀者學習枯燥和學習困難，下面將整合大量範例來講解內聯函數的特色與用法。

12.5.1 內聯函數的建立

建立內聯函數可以使用 inline 指令執行。

Inline 函數的呼叫格式如表 12-5 所示。

表 12-5 inline 函數的呼叫格式

呼叫格式	說明
Inline('string',arg1,arg2,…)	建立內聯函數。'string' 必須是不帶有賦值號的字元串；arg1 和 arg2 是函數的輸入變數。

範例 12-22 建立內聯函數執行 $f(x,z)=\sin(x)e^{-zx}$。

```
>> f=inline('sin(x)*exp(-z*x)','x','z')        %建立內聯函數
f=
     Inline function:
     f(x,z)=sin(x)*exp(-z*x)

>> y=f(5,0.3)                                   %呼叫函數 f
y=
     -0.2040
```

12.5.2 查閱內聯函數

MATLAB 可以用 char、class 和 argnames 指令方便地查閱內聯函數的資訊，呼叫格式如表 12-6 所示。

表 12-6 查閱內聯函數

呼叫格式	說明
char(inline_fun)	查閱內聯函數的內容
class(inline_fun)	查閱內聯函數的類型
argnames(inline_fun)	查閱內聯函數的變數

範例 12-23 在範例 12-22 的基礎上，查閱內聯函數的資訊。

```
>> char(f)
ans =
sin(x)*exp(-z*x)

>> class(f)
ans =
inline

>> argnames(f)
ans =
    'x'
    'z'
```

12.5.3 使內聯函數適用於陣列運算

內聯函數的輸入變數不能是陣列，但可以使用 vectorize 指令將內聯函數用於陣列運算，呼叫格式如表 12-7 所示。

表 12-7 vectorize 函數呼叫格式

呼叫格式	說明
vectorize(inline_fun)	使得內聯函數適用於陣列運算

範例 12-24 在範例 12-22 的基礎上，使得內聯函數適用於陣列運算。

```
>> ff=vectorisze (f)         %使內聯函數 f 轉換為適合陣列運算
ff=
    Inline function:
    ff(x,z)=sin9x).*exp(-z.*x)
>> x=0:0.1:19;
>> y=ff(x,0.3);
```

12.5.4 執行內聯函數

內聯內函數還可以直接使用 feval 指令執行，呼叫格式如表 12-8 所示。

表 12-8 feval 函數呼叫格式

呼叫格式	說明
[y1,y2,...]=feval(inline_fun,arg1,arg2...)	執行內聯函數。y1 和 y2 為輸出參數，arg1 和 arg2 是函數輸入變數。

範例 12-25　在範例 12-22 的基礎上，執行內聯函數。

```
>> x=0:0.1:19;
>> z=0:0.05:10;
>> y=feval(ff,x,z)
```

12.6 │ 利用函數標示來執行函數

下面整合實例介紹建立函數標示的格式和方法。

12.6.1　函數標示的建立

1. 建立函數標示

建立函數句式如表 12-9 所示。

表 12-9　建立函數標示呼叫格式

呼叫格式	説明
h_fun=@fun	建立函數標示。fun 是函數名稱，h_fun 是函數標示
h_fun=str2func('fun')	建立函數標示
H_array=str2func({'fun1','fun2',...})	建立函數標示陣列。h_array 是函數標示陣列

範例 12-26　建立 MATLAB 內部函數的標示。

```
>> h_sin=@sin                    %建立函數標示
>> h_cos=str2func('cos');        %建立函數標示陣列
>> h_array=str2func({'sin,', 'cos1', 'tan'})
H_array =
    @sin    %cos    %tan
```

2. 使用函數標示的優點

使用函數標示具有呼叫優點：

❶ 在更大範圍內呼叫函數。函數標示包含了函數檔案的路徑各函數類型，即函數是否為內部函數、M 檔案或 P 檔案、子函數、私有函數等。因此，無論函數所在的檔案是否在搜尋路徑上，是否是目前路徑，是否是子函數或私有函數，只要函數標示存在，函數就能執行。

❷ 提高函數呼叫的速度。不使用函數標示時，對函數的每次呼叫都要為該函數進行整體的路徑搜尋，直接影響了速度。

❸ 使函數呼叫像使用變數一樣方便、簡單。

❹ 可以迅速地獲得同名重載函數的位置、類型資訊。

12.6.2　用 feval 指令執行函數

函數也可以使用 feval 指令直接執行，feval 指令可以使用函數標示或函數名稱，呼叫格式如表 12-10 所示。

表 12-10　使用 feval 函數建立函數標示

呼叫格式	說明
[y1,y2,…]=feval(h_fun,arg1,arg2…)	h_fun 是函數標示，arg1、arg2…是輸入參數，y1、y2…是輸出參數
[y1,y2,…]=feval('funname',arg1,arg2…)	'funname'是函數名稱

範例 12-27　將範例 12-18 編寫的繪製二階系統時域反應曲線中的呼叫各個子函數，改為利用函數標示來執行。

```
function y=ex1227(z1)
%%% ex1227      利用函數標示執行函數，二階系統時域反應
t=0:0.1:19;
h_plot,xy1=str2func('plotxy1')      %建立函數標示
h_plotxy2=str2func('plotxy2')       %建立函數標示
h_plotxy3=str2func('plotxy3')       %建立函數標示
if (z1>=0)&(z1<1)
    y=feval(h_plotxy1,z1,t);        %執行函數
elseif z1== 1
    y=feval(h_plotxy2,z1,t);        %執行函數
else
    y=feval (h_plotxy3,z1,t);       %執行函數
end

function yi=plotxy1(zeta,x)
%畫出不足阻尼二階系統時域曲線
y1=1-1/sqrt(1-zeta^2)*exp(-zeta*x).*sin(sqrt(1-zeta^2)*x+acos(zeta));
plot (x,y1)
function y2=plotxy2(zeta,x)
%畫出臨界阻尼二階系統時域曲線
y2=1-exp(-x).*(1+x);
plot (x,y2)

function y3=plotxy3(zeta,x)
%畫出超過阻尼二階系統時域曲線
y3=1-1/(2*sqrt(zeta^2-1))*(exp(1-((zeta-sqrt(zeta^2-1))*x))./(zeta-sqrt (zeta^2)-1))…
```

```
    -exp(-((zeta+sqrt(zeta^2-1))*x))./(zeta+sqrt(zeta^2-1)));
Plot(x,y3)
```

在 MATLAB 的指令列視窗呼叫 ex1227 函數有下列三種格式。

(1) 用 feval 指令利用函數標示執行

```
>> h_ex1228=str2func('ex1228')
h_ex1228 =
    @ex1228

>> y=feval (h_ex1228,1);
h_plotxy1 =
    @plotxy1
h_plotxy2 =
    @plotxy2
h_plotxy3 =
    @plotxy3
```

(2) 用 feval 指令利用函數名稱執行

```
>> y=feval ('ex1228',1);
h_plotxy1 =
    @plotxy1
h_plotxy2 =
    @plotxy2
h_plotxy3 =
    @plotxy3
```

(3) 直接呼叫函數

```
>> y=ex1228(1);
h_plotxy1 =
    @plotxy1
h_plotxy2 =
    @plotxy2
h_plotxy3 =
    @plotxy3
```

12.7 利用泛函指令來進行數值分析

在 MATLAB 中，所有以函數為輸入變數的指令，都稱為泛函指令（Functional instruction）。常見的語法如表 12-11 所示。

表 12-11　泛函指令

呼叫格式	說明
[輸出變數列表]=函數名稱(h_fun,輸入變數列表)	h_fun 是要被執行的 M 函數檔案的標示，或者是內聯函數和子元串
[輸出變數列表]=函數名稱('funname',輸入變數列表)	'funname'是 M 函數檔名

12.7.1　求極小值

1. fminbnd 函數

Fminbnd 函數用來計算變數非線性函數的最小值，其呼叫格式如表 12-12 所示。

表 12-12　fminbnd 函數呼叫格式

呼叫格式	說明
[x,y]=fminbnd(h_fun,x1,x2,options)	h_fun 是函數標示，options 是用來控制演算法的參數向量，預設值為 0，可省：x 是 fun 函數在區間 x1<x<x2 上的局部最小值的發生點；y 是對應的最小值
[x,y]=fminbnd('funname',x1,x2,options)	'funname'是函數名稱，必須是單值非線性函數

範例 12-28　用 fminbnd 求解 humps 函數的極小值。

```
>> [x,y]=fminbnd(@humps,0.5,0.8)        %求在 0.5~0.8 之間的極小值
x =
    0.6370
y =
    11.2528
```

humps 函數為 MATLAB 所提供的 M 檔案，儲存為 humps.m 檔案，@humps 表示 humps 函數的標示。

在指令列視窗中輸入下列程式：

```
>> m=fminbnd(@humps,0.25,1,optimset('Display','off'));
>> fplot(@humps,[0 2]);
>> hold on;
>> plot(m,humps(m), 'r*');
>> hold off
```

得到 humps 的曲線如圖 12-12 所示，最小值為圖中的圓點(0.6370,11.2528)，誤差小於 10^{-4}。

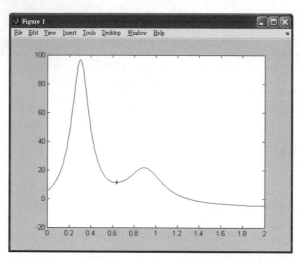

圖 12-12　求 humps 函數最小值

2. fminsearch 函數

fminsearch 函數是求多變數無限制非線性最小值，其呼叫格式如表 12-13 所示。

表 12-13　fminsearch 函數呼叫格式

呼叫格式	說明
x=fminsearch(h_fun,x0)	各參數含義同表 12-12
x=fminsearch('funname',x0)	x^0 是最小值點的起始猜測值

範例 **12-29**　求著名的 banana 測試函數 $100*(X(2)-X(1)^2)^2+(1-X(1))^2$ 的極小值，它的理論
極小值為 X=1，Y=1。該測試函數有一片淺谷，很多演算法都難以處理。

```
>> fn=inline('100*(x(2)-x(1)^2)^2+(1-x(1))^2','x')
%用 inline 產生內聯函數，x 和 y 用二元陣列表示
fn =
    Inline function:
    fn(x)=100*(x(2)-x(1)^2)^2+(1-x(1))^2
 >> y=fminsearch (fn, [0.5,-1])
```

```
%從(0.5,-1)為起始值開始搜尋,求最小值
y =
    1.0000    1.0000
```

12.7.2 求過零點

Fzero 函數以尋找一維函數的零點,即求 f(x)=0 的根,其呼叫格式如表 12-14 所示。

表 12-14 fzero 函數呼叫格式

呼叫格式	説明
x=fzero(h_fun,x0,tol,trace)	H_fun 是待求零點的函數標示;x0 有兩個功能;預定特搜尋零點的大致位置和搜尋起始點;tol 用來控制結果對精確度,預設值為 eps;trace 指定疊代資訊是否在運算中顯示,預設為 0,表示並不顯示疊代資訊,tol 和 trace 都可以省略
x=fzero('funname',x0,tol,trace)	'funname'是函數名稱,必須是單值非線性函數

範例 12-30 求解 humps 函數的過零點,humps 函數如圖 12-12 所示,過零點用圓點來表示。

```
>> xzero=fzero(@humps,1)          %求在 1 附近的零點
xzero =
    1.2995

>> xzero=fzero(@humps,[0.5,1.5])    %求在 0.5~1.5 範圍內的零點
xzero =
    1.2995

 >> xzero=fzero(@humps,[0.5,11]      %求在 0.5~1 範圍內的零點
??? Error using = = > fzero
The function values at the interval endpoints must differ in sign.
```

當在 0.5~1 範圍內找不到零點時,提示出錯誤的資訊。

在指令列中輸入下列程式:

```
>> z = fzero(@humps,1,optimset('Display','off'));
>> fplot (@humps,[0,2]);
>> hold on;
>> plot (z,0,'r*');
>> hold off
```

得到的結果如圖 12-13 所示：

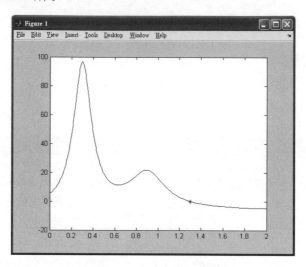

圖 12-13 求 humps 函數的過零點

12.7.3 數值積分

函數 quad 和 quad8 是以數學上的正方形概念為基礎來計算函數的面積的，quad8 比 quad 更精確，速度更快，它們的呼叫格式如表 12-15 所示。

表 12-15 quad 和 quad8 函數呼叫格式

呼叫格式	說明
s=quad(h_fun,x1,x2,tol,trace,p1,p2,…)	X1 和 x2 分別是積分的上、下限；tol 用來控制積分精確度，省略時預設為 0.001；trace 取 1 用圖形展現積分程序，取 0 則無圖形，省略時，預設不畫圖；p1,p2,…是向函數傳遞的參數，可省略
s=quad('funname',x1,x2,tol,trace,p1,p2,…)	'funname'是函數名稱，必須是單值非線性函數，其他參數同上
s=quad8(h_fun,x1,x2,tol,trace,p1,p2…)	同 quad
s=quad8('funname',x1,x2,tol,trace,p1,p2,…)	同 quad

範例 12-31 計算 y=humps(x)曲線下面的面積。

```
>> x=0:0.01:1;
>> y=humps (x);
>> area=trapz(x,y)          %使用梯形法來計算積分
area =
    29.8571

>> area1=quad(@humps,0,1)    %使用 quad 來計算積分
areal =
```

```
      29.8583

>> area2=quad8(@humps,0,1)   %使用 quad8 來計算積分
area1 =
      29.8583
```

使用 trapz 函數梯形近似可能低估了實際的面積，如果當梯形的寬度變窄時，就能夠得到更精確的結果。Quad 和 quad8 函數返回非常近的估計面積。

12.7.4　微分方程的數值解

MATLAB 提供 ode23、ode45 和 ode113 等多個函數求解微分方程的數值解（Numerical solution）。

(1) 低維方法解一階常微分方程式

ode23 函數的呼叫格式如表 12-16 所示。

表 12-16　ode23 函數呼叫格式

呼叫格式	說明
[x,y]=odc23(h_fun,tspan,y0,options,p1,p2…)	h_fun 是函數標示，函數以 dx 為輸出，以 t、y 為輸入量；tspan=[起始值 終止值]，表示積分的起始值和終止值；y0 是起始狀態向量；options 可以定義函數執行時的參數，可省略；p1, p2, …是函數的輸入參數，可以省略掉
[x,y]=ode23('funname',tspan,y0,options,p1,p2…)	'funname'是函數名稱，必須是單值非線性函數，其他參數同上

(2) 高維方法解一階常微分方程式

ode45 函數的呼叫格式如表 12-17 所示。

表 12-17 ode45 函數呼叫格式

呼叫格式	說明
[x,y]=ode45(h_fun,tspan,y0,options,p1, p2…)	參數同表 12-16
[t,y]=ode45('funname',tspan,y0,options, p1,p2…)	參數同表 12-16

(3) 變維方法解一階常微分方程式

Ode113 函數的呼叫格式如表 12-18 所示。

表 12-18　ode113 函數呼叫格式

呼叫格式	說明
[x,y]=ode113(h_fun,tspan,y0,options,p1, p2…)	參數同表 12-16
[t,y]=ode113('funname',tspan,y0,options, p1,p2…)	參數同表 12-16

範例 12-32　解經典的凡德波爾(van der pol)微分方程式：$\dfrac{d^2x}{dt^2} = \mu(1-x^2)\dfrac{dx}{dt} + x = 0$。

(1) 必須把高階微分方程式變換成一階微分方程式。

令 y1=x,y2=dx/dt，則將二階微分方程式變為一階微分方程式：$\begin{bmatrix} \dfrac{dy_1}{dt} \\ \dfrac{dy_2}{dt} \end{bmatrix} = \begin{bmatrix} y_2 \\ \mu(1-y_1^2)y_2 - y_1 \end{bmatrix}$。

(2) 編寫一個函數 vdpol.m 檔案，設定 μ=2，該函數返回上述導數值。輸出結果由一個列向量 yprime 給出。y1 和 y2 合併寫成列向量 y。

函數 M 檔案 vdpol.m：

```
%%% 凡德波爾方程式
function yprime=vdpol(t,y)
yprime=[y(2);2*(1-y(1)^2)*y(2)-y(1)]
```

(3) 給定目前時間及 y1 和 y2 的起始值，解微分方程式：

```
>> tspan=[0, 30];              %起始值 0 和終止值 30
>> y0=[1;0];                   %起始值
>> [t,y]=ode45(@vdpol,tspan,y0);   %解微分方程式
>> y1=y(:,1);
>> y2=y(:,2);
>> fiqure(1)
>> plot (t,y1,':b',t,y2,'-r')   %畫出面微分方程式
>> figure(2)
>> plot(y1,y2)                  %畫出相位平面圖
```

則微分方程 y1 和 y2 在時間域的曲線如圖 12-14 所示。

將 y(1)為橫坐標、y(2)為縱坐標，則相位平面圖如圖 12-15 所示。

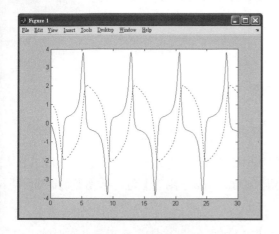

圖 12-14　微分方程解

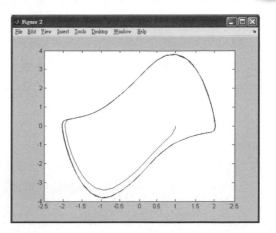

圖 12-15　相位平面圖

12.8　重點回顧

　　本章詳細介紹了 MATLAB 程式設計的基本內容，主要包括 MATLAB 腳本檔案和函數檔案、程式流程控制、函數的呼叫和參數傳遞、M 檔案性能的改善和加速、內聯函數，以及如何利用函數標示執行函數，最後透過範例介紹了如何利用泛函指令來進行數值分析。這些內容都是在 MATLAB 中進行程式設計所需要掌握的基礎內容，讀者應該多加練習，以充分達到觸類旁通、舉一反三的效果。

第12章

習題

1. 請分別寫出用 for 和 while 迴路敘述計算 $K=\sum_{i=0}^{1000000} 0.2^i=1+0.2+0.2^2+\ldots +0.2^{000000}$ 的程式。此外，還請寫出避免迴路的數值、符號計算程式。（提示：sum 和 "指數採用陣列" 配合；tic，toc 可用以記錄計算所花的時間。）

2. 編寫一個 M 函數檔案，執行功能：沒有輸入量時，畫出單位圓（見圖 12-16）；輸入量是大於 2 的自然數 N 時，繪製正 N 邊形，圖名應反映顯示多邊形的真實邊數（見圖 12-17）；輸入量是 "非自然數" 時，給出 "出錯提示"。此外，M 函數檔案應有 H1 行、協助說明和程式編寫人的姓名。（提示：nargin, error, int2str。）

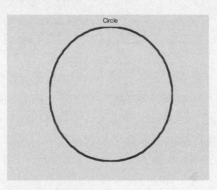

圖 12-16　單位圓（Unit circle）

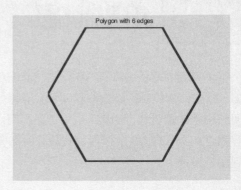

圖 12-17　多邊形的真實邊數

3. 使用泛函指令 fminbnd 求 $y(x)=-e^{-x}\,|\,\sin[\cos x]\,|$ 在 x=0 附近的極小值。fminbnd 的第一個輸入量要求使用匿名函數來表達。（提示：注意搜尋範圍的選擇；假如極值在邊界附近，進一步擴大搜尋的範圍是相當合理的選擇。）

4. 在 matlab 的\toolbox\matlab\elmat\private 檔案上有一個 "煙圈矩陣" 發生函數 smoke.m。執行指令 smoke(3,0,'double')，將生成一個 3 階偽特徵值矩陣；

   現在的問題是：在 MATLAB 目前目錄為\work 情況下，如何利用函數標示呼叫 smoke.m 函數，產生 3 階偽特徵值矩陣。請寫出相應的程式或操作步驟。（提示：注意函數標示建立的有效性；若想編寫能完全自動執行的解題程式，注意使用 cd, pwd, which 以及字元串的分割、合併操作技術。）

PART 3
應用實務篇

MATLAB 軟體的確是一種優秀的科學計算語言,它不僅具有強大的程式設計能力,而且在各個領域中具有相當多的應用價值,前面對 MATLAB 的介紹只發揮了拋磚引玉的功能,希望讀者去更為有效地深度挖掘更多的應用附加價值(Added value)。

本篇將對 MATLAB 的應用實務加以介紹。

事要知其所以然　　～朱熹

MATLAB 的應用

MATLAB 軟體的確是一種優秀的科學計算語言，它不僅具有強大的程式設計能力，而且在各個領域中具有相當多的應用價值，前面對 MATLAB 的介紹只發揮了拋磚引玉的功能，希望讀者去有效地挖掘更多的應用價值。

本章將對 MATLAB 在最佳化的應用、程式介面的應用，在訊號處理中的應用與在數學建模（Mathematical Modeling）中的應用實務加以系統性的介紹。

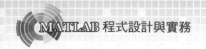

13.1 MATLAB 在最佳化中的應用

13.1.1 最佳化設計的簡述

最佳化設計是運用數學規劃理論和電腦自動最佳化技術來求解最佳化問題。對工程問題進行最佳化設計，首先需要將工程設計問題轉化成數學模型，即用最佳設計的數學運算式描述工程設計問題；然後按照數學模型的特點選擇合適的最佳方法和計算程式，運用電腦來求解，以獲得最佳的設計方案。最佳化方法和計算程式的優劣，主要從信度和效度兩方面來進行考量。解題成功率高、能夠適應多變數各種函數形態的數學模型的改善方法和計算程式的信度較高。收斂速度快、通用性強和前置準備工作簡便（其中包括對演算法流程圖和參數符號的熟悉和定義，目標函數和限制函數子程式的編寫，起始條件的給定、搜尋程序資訊的輸出與分析等內容）的最佳方法和計算程序的有效性較好。

13.1.2 MATLAB 在最佳化中的應用範例

範例 13-1 無限制性的最佳化問題。已知梯形截面管道（如圖 13-1 所示）的參數是：底邊長度是 c，高度是 h，斜邊與底邊的夾角是 Θ，橫截面積是 A=64516 平方毫米。管道內液體的流速與管道截面的周長 S 的倒數成比例關係。試按照使液體流速最大確定該管道的參數。

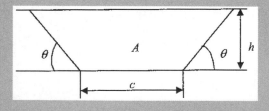

圖 13-1 梯形截面管道

管道面的周長：

$$s = c + \frac{2h}{\sin\theta}$$

由管道橫截面面積：

$$A = ch + h^2 \cot\theta = 64516$$

得到底邊度的關係式（與 h 和 θ 相關）：

$$c = \frac{64516 - h^2\cot\theta}{h} = \frac{64516}{h} - h\cot\theta$$

將上代入管道橫截面周長的計算式中，得到

$$s = \frac{64516}{h} - h\cot\theta + \frac{2h}{\sin\theta} = \frac{64516}{h} - \frac{h}{\tan\theta} + \frac{2h}{\sin\theta}$$

因此，取與管道截面周長有關的獨立參數 h 和 θ 作為設計變數，即

$$X = \begin{bmatrix} x_1 \\ x_2 \end{bmatrix} = \begin{bmatrix} h \\ \theta \end{bmatrix}$$

為了使得液體流速最大，取管道截面周長最小作為目標函數，即

$$\min f(x) = \frac{64516}{x_1} - \frac{x_1}{\tan x_2} + \frac{2x_1}{\sin x_2}$$

這是一個 2D 無限制的非線性最佳化問題。

(1) 建立目標函數檔案 lill_lfun.m

```
function f=lill_1fun(x)
a=64516;
f=a/x(1)-x(1)/tan(x(2)*pi/180)+2*x(1)/sin(x(2)*pi/180);
```

(2) 呼叫 fminsearch 函數求解

```
>>x0=[25;45];
[x,fval]=fminsearch('lill_1fun', x0)
```

執行編碼得到改善的結果為：

```
x=
  192.9982
   60.0000
fval=
  668.5656
```

即梯形截面高度 h=192.9982mm，梯形截面斜邊與底邊夾角 θ =60°，梯形截面周長 s=668.5656mm。

> **範例 13-2**
>
> 證券投資組合問題。設金融市場上有兩種風險證券 A 和 B，它們的期望收益率分別爲 r_A=12%，r_B=18%，變異數分別爲 σ_A^2=10，σ_B^2=1，σ_{AB}=0。同時市場還有一種無風險證券，其收益率爲 r_f=6%，設計一種投資組合（Investment portfolio）方案，使得風險極小化。
>
> 投資者把資金投放於有價證券以期獲得一定收益的行爲就是證券投資（Securities investment）。它的主要方式爲股票投資和債券投資，證券投資的目的就是價值加值。這是證券投資的收益特性，通常可用收益率指標表示證券的收效特性證券預期收益率的不確定性，使得證券投資具有風險特性。具有投資風險的證券稱爲風險證券（Risk Securities）。無風險證券投資指把資金投放於收益確定的債券，例如購買國庫券。若無風險投資的收益率爲 r_f。則 r_f 是常數（Constant）。一般而言，風險證券投資往往有超 r_f 的預期收益率，風險證券的預期收益率越高，其投資風險也越大爲了避免或分散投資風險，獲取較高的預期收益率，證券投資可以按不同的投資比例，對無風險投資和多種風險證券進行有效的組合，即所謂證券投資組合。

對一個證券組合，用 R=(r1,r2,…,rn)' 表示這 n 種證券的收益率，用 σ_{ij} 表示證券 i 和證券 j 的收益率之間的共變數，i,j=1,2,…,n，X=(x1,x2,…,xn)' 表示證券組合的投資加權值（Weighted Value），若同時投資於無風險證券，並設其收益率爲 rj，則投資決策模型即爲：

$$\min \sigma_p^2 = \sum_{i=1}^{n} \sum_{j=1}^{n} x_i \sigma_{ij} x_j = X^T W X$$

$$s.t. \begin{cases} \sum_{i=1}^{n} x_i r_i + \left(1 - \sum_{i=1}^{n} x_i\right) r_f = x_p \\ \sum_{i=1}^{n} x_i = 1 \end{cases}$$

其中 σ_p^2 爲投資組合收益的變異數，代表投資組合的風險，xp 表示投資組合的期望收益率，W 爲共變數矩陣。

假設分別以比例 x1 購買股票 A，以比例 x2 購買股票 B，以比例 x3 購買無風險債券，則可以建立單一目標規劃問題（Single target planning problem）。

$$\min \sigma_p^2 = X^T W X$$

$$\text{s.t.} \begin{cases} x_1 r_A + x_2 r_B + x_2 r_f = r_p \\ x_1 + x_2 + x_3 = 1, \geq x_1 \geq 0,0, x_2 \quad 0 \end{cases}$$

假定期望收益率 rp=10%，解決最佳問題的程式如下：

(1) 函數檔案 azb.m 為：

```
function f=azb (x)
v=zeros(3,3);
v(1,1)=10;
v(2,2)=1;
f=x'*v*x;
```

(2) 主程式碼為：

```
format rat
ra=0.12;
rb=0.08;
rf=0.06;
rp=0.1;
x0=[1,1,1]'/3;
Aeq=[ra,rb,rf;1,1,1];
beq=[rp,1]';
lb=[0,0,-100]';
options=optimeset('LargeScale','off','Display',off);
x=fmincon('azb',x0,[],[],Aeq,beq,Lb,[],[],options)
Format short
```

其執行結果為：

```
x=6/19
  20/19
  -7/19
```

結果證實，為了獲得 10%的期望收益率，應以無風險利率從銀行貸款 7/19 單位，將貸款和手中已有的一單位現金的總和投資股票，其中的 6/19 購買 A 股票，其中 20/19 購買 B 股票。

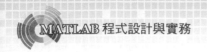

13.2　MATLAB 的程式介面應用

　　雖然 MATLAB 是一個完全獨立的程式設計和資料運算的整合式環境（Integrated environment），使用它可以很方便地做很多工作，但是，很多時候僅僅靠 MATLAB 環境還是不能很有效地完成工作。例如：MATLAB 程式中出現迴路（loop）時，MATLAB 執行起來就會非常吃力，速度很慢；另外，以前許多用其他語言編寫的演算法程式，如果要移植到 MATLAB 環境中運算，就需要重新編寫 M 檔案，這會浪費許多人力和物力；而別的程式設計環境需要使用 MATLAB 的某些優秀功能時，又找不到合適的辦法。因此，MATLAB 與外部的資料和程式互動是很有意義的，MATLAB 程式介面的出現正好解決了這些問題，透過它可以完成與其他程式設計環境的互動，各取所長，充分發揮 MATLAB 的數值計算的長處，從而避開了 MATLAB 執行效率低的短處。

　　MATLAB 的介面主要包括 3 個層面；一個是在 MATLAB 環境中呼叫別的編寫的程式和演算法，它運用 MEX 檔案來執行；一個是 MATLAB 與別的程式設計環境的資料互動，它運用 MAT 檔案來執行；再一個是別的程式設計環境使用 MATLAB 的計算功能，它運用 MATLAB 計算引擎來執行。下面以 MATLAB 和 C 語言的介面為例，就這 3 個層面來進行詳細介紹。

13.2.1　MEX 檔案

　　在 MATLAB 中，透過 MATLAB 的 API 函數庫將 C 語言程序編譯成 MEX 檔案，就可以在 MATLAB 環境中直接呼叫或者鏈結這些子程式，達到提高計算效率的目的。MEX 檔案是一種動態鏈結的子程式，如同 MATLAB 的內建函數一樣，能被 MATLAB 的解譯器呼叫指令自動載入和執行。

　　MEX 檔案的編寫和編譯需要具備兩個條件：一個是要求已經安裝了 MATLAB 應用程式介面元件及其相應的工具，另一個是要求有合適的 C 語言編譯器。另外，如果使用者在 Window 平台上，那麼使用者的編譯器需要能夠支援 32 位元的 Windows 動態鏈結庫 DDL。

範例 13-3　下面透過發行 MATLAB 的 Math Works 公司所提供的一個範例（請讀者至 Math Works 公司的網站中搜尋範例檔(D:\ MATLABR2011a\extern\examples\refbook)）來實際了解使用 C 語言所編寫的 MEX 檔案的架構，其程式碼如下：

```
#include "mex.h"
/*
  *timestwo.c-example found in API guide
```

```
*
*Computational function that takes a scalar and doubles it.
*此函數用來接收一個變數並計算它的兩部分
*
*This is a MEX-file for MATLAB.
*Copyright 1984-2007 The MathWorks, Inc.
*/
/*$Revision: 1.8.6.3 $ */

Void timestwo(double y[], double x [])
{
  y[0]=2.0*x[0];
}
/* mexFunction 的目的是讓 MATLAB 知道如何呼叫這個 timestwo 函數*/
Void mexFunction(int nlhs,mxArray *plhs[],
             Int nrhs, const mxArray*prhs[])
/* nlhs 是 MATLAB 指令行方式下輸出參數的個數/*
/* plhs[]是 MATLAB 指令行方式下輸出參數/*
/* nrhs 是 MATLAB 指令行方下輸出參數的個數
/* prhs[]是 MATLAB 指令行方式下輸入參數/*
{
  Double *x,*y;
  nwSize mrows,ncols;
  /* Check for proper number of arguments. */
  /* 檢查輸入輸出變數的個數*/
  In(nrhs!=1) {
    mexErrmsgTxt("One input required.");
  } else if (nlhs>1) {
    MexErrMsgTxt("Too many output arguments.")'
  }
```

/*在 MATLAB 指令行方式下，本 MEX 檔案的呼叫格式為：y=timestwo(x)，輸入參數 x 的個數為 1，輸出參數 y 的個數為 1，所以在程式開始時就檢查 nrhs 是否為 1*及 nlhs 是否大於 1，因為 MATLAB 有一個預設輸出參數 ans，所以 nlhs 可以等於 0 */。

```
  /* The input must be a noncomplex scalar double./*
  /* 輸入必須為一個非複數浮點類型矩陣 */
  mrows=mxGetM(prhs[0]);
  Ncols=mxGetN(prhs[0]);
  /* 獲得輸入矩陣的列數 */
  /* 判斷輸入矩陣是否是 double 類型，以及它是否只包含單一元素 */
  If( !mxIsDouble(prhs[0]) || mxIsComplex(prhs[0] ||
    !(mrows=1 && ncols==1)) {
  mexErrMsgTxt ("Input must be a noncomplex scalar double.");
  }
    /*Create matrix for the return argument. */
   /* 為輸出建立一個1×1 的矩陣 */
  plhs[0]=mxCreateDoubleMatrix(mrows,ncols,msREAL);
  /* 獲得指向輸入、輸出矩陣的指標 */
```

```
/* Assign pointers to each input and output. */
x=mxGetPr(prhs[]);
y=mxGetPr(plhs[]);
/* 呼叫 C 語言子程式 */
/* Call the timestwo subroutine. */
timestwo(y,x);
}
```

從上面的範例中不難看出，C 語言.MEX 檔案主要由兩部分所組成，各自完成不同的工作。

❶ 第一部分稱為入口子程式，其作用是在 MATLAB 系統與被呼叫的外部子程式之間建立通訊。它定義被 MATLAB 呼叫的外部子程序的入口地址、MATLAB 系統向子程式傳遞的參數、子程式向 MATLAB 系統返回的參數以及呼叫計算功能等。

❷ 第二部分稱為計算功能子程式。它包含所有實際需要完成的功能代碼，可以是使用者以前所編寫的演算法或程式。計算功能子程式由入口子程式呼叫。

C 語言的 MEX 檔案編好之後，下一步就要把這個程式編譯成 MATLAB 能夠呼叫的 MEX 檔案。在編譯之前，首先要配置 MATLAB 的編譯器配置檔案，使其指向正確的路徑。

在 MATLAB 指令行輸入 mex-setup，其配置如下：

```
Mex-setup
Please choose your compiler for building standalone MATLAB application:
Would you like mbuild to locate installed compilers [y]/n?y

Select a compiler:
[1] Lcc C version 2.4.1 in F:\ MATLAB\sys\lcc
[2] Microsoft Visual C/C++ version 6.0 in C:\Program Files\Microsoft Visual Studio
[0] None
% 編譯器選擇 VC6.0
Compiler:2
Please verify your choices:
Compiler: Microsoft Visual C/C++ 6.0
Location: C:\Program Files\Microsoft Visual Studio
% 確認
Are these correct ?([y]/n); y
% 生成 mce 預設配置檔案
The default options file;
"D:\D:\Documents and Settings\Administrator\Application Data\Math Works\
MATLABR2009a\R14SP3\compopts.bat"
From template:          F:\ MATLAB\BIN\win32\mbuildopts\msve60compp.bat
% 安裝插件
Installing the MATLAB Visual Studio and-in…
Updated C:\Program Files\Microsoft Visual Studio\common\msdev98\template\
MATLABizard.awx from D:\BIN\WIN32\MATLABizard.awx
Updated C:\Program Files\Microsoft Visual Studio\common\msdev98\template\
MATLABizard.hlp from D:\BIN\WIN32\MATLABizard.hlp
```

```
Updated C:\Program Files\Microsoft Visual Studio\common\msdev98\template\
MATLABizard.dll from D:\BIN\WIN32\MATLABizard.dll
Merged D:\BIN\WIN32\usertype.dat
  with C:\Program Files\Microsoft Visual Studio\common\msdev98\bin\usertype.dat
Note: If you want to use the MATLAB Visual Studio add -in with the MATLAB C/C++ Compiler,
you must start MATLAB and run the following commands:
Cd(prefdir);
mccsavepath
DllRegisterServer in F:\matlab\bin\win32\mwcommgr.dll succeeded
(you only have to do this configuration step once).
```

在編譯器配置好之後，使用者可以把剛才的程式複製到 MATLAB 的 work 子目錄內，然後在指令視窗中輸入：mex timestwo.c，之後使用者可以在 work 子目錄內看到一個 timestwo.dll 檔案產生，執行該檔案，在視窗中輸入：

```
x=3;
t-timestwo(x)
執行程式，輸出如下：
y=
    6
```

執行結果說明 C 語言程式和 MATLAB 的鏈結成功。根據上述的方法，使用者可以建立自己的 C 語言 MEX 檔案，然後利用編譯器對它加以編譯，再在 MATLAB 的程式中呼叫它。

13.2.2　MAT 檔案

MAT 資料格式是 MATLAB 的資料儲存標準格式，它把檔案儲存為二進位格式 MAT 檔案由 128 位元組的檔案標頭和其後的資料單元所組成，每一個資料單元標頭（Header）部分都有一個 8 位元組的旗標（Flag），這個旗標表示在這個資料單元裡有多少資料，以及以什麼方式讀寫這裡的資料，通常的讀寫方式有 16 位元資料、32 位元資料、浮點資料或別的形式。一般情況下，不需要了解 MAT 檔案的實際格式，因為我們通常都使用 MATLAB 的 API 來完成 MAT 檔案的讀取與儲存。

在用 C 語言程式設計之前，首先要了解與程設計有關的檔案：include 檔案和庫檔案，include 檔案主要有 matrix.h 和 mat.h。matrix.h 包含了 MATLAB 中基本的資料類型、矩陣的定義和操作方法，mat.h 包含了 MAT 檔案的建立、讀寫等函數的定義。庫文件是與操作系統有關的，在 Windows 系統下，庫檔案有 libmat.dll 和 libmx.dll；而在 UNIX 系統下，庫檔案有 libmat.so 和 libmx.so。

在用 C 語言建立 MAT 檔案時，需要用到下列幾個主要的函數。

❶ matOpen：打開 MAT 檔案。

❷ matGetFp：取 MAT 檔案的 C 語言 FILE 標示。

③ matGetDir：取 MAT 檔案的變數列表。

④ matGetArray：從 MAT 檔案中取一個矩陣。

⑤ matGetNextArray：從 MAT 檔案中儲存一個矩陣。

⑥ matGetNextArrayHeader：讀取 MAT 檔案中下一個 MATLAB 矩陣標頭資訊。

⑦ matGetArrayHeader：未讀取 MAT 檔案中的 MATLAB 矩陣標頭資訊。

⑧ matPutArray：向 MAT 檔案中存一個矩陣。

⑨ matPutArrayGlobal：向 MAT 檔案中存一個矩陣，使得當用 load 指令裝入這個 MAT 檔案時，該矩陣對應的變數成為 global 變數。

⑩ matDeleteArray：從 MAT 檔案中刪除一個矩陣。

⑪ matClose：打開 MAT 檔案。

範例 13-4 下面來看一個 C 語言建立 MAT 檔案的範例，其程式如下：

```c
/* 程式名稱為 matcreat.c，建立一個 MAT 檔案 */
#include <stddio.h>
#include <string.h>/* For stremp () */
#include <>stdlib.h>/* For EXIT_FAILURE, EXIT_SUCCESS */
#include "mat.h"

#define BUFSIZE 256
/* 主程式 */
Int main() {
  MATFile *pmat
  mxArray *pal, *pa2, *pa3;
  double data [9]={1.0, 4.0, 7.0, 2.0, 5.0, 8.0, 3.0, 6.0, 9.0};
  const char *file = "mattes.mat";
  char str[BUFSIZE];
  int status;

  printf("Creating file %s…\n\n", file);
  pmat=matOpen(file, "w");
  if (pmat == NULL) {
    printf("Error creating file %s\n", file);
    printf("(Do you have write permission in this directory?)\n");
  return (EXIT_FAILURE);
  }
/* 建立三個矩陣並加以命名
  pal = mxCreateDoubleMatrix(3,3,mxREAL);
  if(pal==NULL) {
    printf("%s: Out of memory on line %d\n", __FILE__, __LINE__);
    printf("Unable to create mxArray.\n");
```

```
    return(EXIT_FAILURE);
}

pa2=mxCreateDoubleMatrix(3,3mxREAL);
if(pa2==NULL) {
  printf("%s: Out of memory on line %d\n", __FILE__, __LINE__);
  printf("Unable to create mxArray.\n");
  return(EXIT_FAILURE);
}
memcpy((void *)(mxGetPr(pa2)),(void *)data, sizeof(data));

pa3=mxCreateString("MATLAB: the language of technical computing");
in(pa3==NULL) {
  printf("%s: Out of memory on line %d\n", __FILE__, __LINE__);
  printf("Unable to create string mxArray.\n");
  return(EXIT_FAILURE);
}
status=matPutVariable(pmat, "LocalDouble", pal);
if (staturs !=0) {
  print ("$s: Error using matPutVariable on line %d\n", __FILE__, __LINE__);
return (EXIT_FAILURE);
}
/* 向 MAT 檔案中寫入資料 */
status = matPutVariableAsGlobal(pmat, "GlobalDouble", pa2);
if (status !=0) {
  printf("Error using matPutVariableAsGlobal\n");
  return (EX_FAILURE);
}
/* 向 MAT 檔案輸入資料 */
status = matPutVariable (pmat, "LocalString", pa3);
if (status !=0) {
  printf("%s: Error using matPutVariable on line %d\n",__FILE__,__LINE__);
  return (EXIT_FAILURE);
}
/*
 * Ooops! We need to copy data before writing the array. (Well,
 * ok, this was really intentional.) This demonstrates that
 * matPutVariable will overwrite an existing array in a MAT-file.

 */
Memcpy((void *)(mxGetPr(pal)),(void *)data, sizeof(data));
Status=matPutVariable(pmat, "LocalDouble", pal);
If (status !=0) {
  printf("%s: Error using matPutVariable on line %d\n", __FILE__, __LINE__);
  return(EXIT_FAILURE);
}
/* 清除建立的矩陣 */
/* clean up */
mxDestoryArray(pa1);
mxDestroyArray(pa2);
```

```
    mxDestroyArray(pa3);
/* 關閉打開的 MAT 檔案 */
    if (matClose(pmat) !=0) {
      printf("Error closing file %s\n",file);
      return (EXIT_FAILURE);
    }


    /* 重新打開該 MAT 檔案 */
    pmat = matOpen(file, "r");
    if(pmat==NULL) {
      printf("Error reopening file %s\n", file);
      return (EXIT_FAILURE);
    }
    /* 寫入剛剛寫入的矩陣 */
    pal = matGetVariable (pmat, "LocalDouble");
    if(pal ==NULL) {
      printf("Error reading existing matrix LocalDouble\n");
      return(EXIT_FAILURE);
    }
    if (mxGetNumberOfDimensions(pa1) !=2) {
      printf ("Error saving matrix: result does not have two dimensions\n");
      return(EXIT_FAILURE);
    }


    pa2=matGetVariable(pmat, "GlobalDouble");
    if (pa2==NULL) {
      printf("Error reading existing matrix GlobalDouble\n");
      return(EXIT_FAILURE);
    }
    if (!(mxIsFromGlobalWS(pa2))) {
      printf("Error saving global matrix: result is not global\n");
      return (EXIT_FAILURE);
    }


    pa3=matGetVariable(Pmat, "LocalString");
    if(pa3==NULL) {
      printf("Error reading existing matrix Local String\n");
      return(EXIT_FAILURE);
    }


    status=mxGetString(pa3, str, sizeof(str));
    if(status !=0) {
      printf("Not enough space. String is truncated.");
      return (EXIT_FAILURE);
    }
    if (strcmp(str, "MATLAB: the language of technical computing")) {
      printf (Error saving string: result has incorrect contents\n");
      return(EXIT_FAILURE);
    }
```

```
    /* 清除矩陣 */
    mxDestroyArray(pa1);
    mxDestroyArray(pa2);
    mxDestroyArray(pa3);

    if(matClose(pmat) !=0) {
      printf("Error closing file %s\n",file);
      return(EXIT_FAILURE);
    }
    Printf("Done\n");
    Return(EXIT_SUCCESS);
  }
```

整個程式包含了建立 MAT 檔案和驗證 MAT 檔案中資料的程式。程式編寫完成後，就可以對程式進行編譯了。MAT 檔案的編譯和 MEX 檔案的編譯使用的是同一個指令，只是編譯的選項檔案不同，編譯 MAT 檔案的指令格式為：

Mex –f c:\matlabll\gin\msvc60engmatopts.bat matcreat.c

在編譯通過之後，得到一個可執行檔案 matcreat.exe，執行之後可以得到一個 mattest.mat 檔案，在 MATLAB 的指令視窗中輸入 load mattes.mat，就可以打開剛才建立的 mattest.mat 檔案，並讀取其中的 3 個矩陣資料。

13.2.3　MATLAB 計算引擎

MATLAB 計算引擎是一系列允許使用者在別的程式中有 MATLAB 互動的函數庫和程式庫，MATLAB 透過它與別的程式進行通訊。在呼叫過程中，MATLAB 引擎函數庫工作在後端，此種方式不需要 MATLAB 整個與程式相連結，只需小部分引擎通訊函數庫與程式相連結，從而節省了大量的系統資源，使得應用程式整體性能更佳，處理效率更高；它還可以充分利用網路資源，將計算任務繁重的引擎程式放在網路上計算速度比較快、計算能力比較強的電腦上，這樣可以使整個系統執行速度加快。

下列列出了用於控制 MATLAB 計算引擎的 C 語言引擎函數庫。

❶ engOpen：打開一個 MATLAB 計算引擎（Computation engine）。

❷ engOpenSingleUse：打開一個單獨的非共享的 MATLAB 計算引擎。

❸ engGetArray：以 MATLAB 計算引擎得到一個 MATLAB 的矩陣。

❹ enEvalString：執行一條 MATLAB 指令。

❺ engPutArray：輸送一個 MATLAB 矩陣到 MATLAB 計算引擎中。

6 engOutputBuffer：建立一個緩衝區來儲存 MATLAB 的本文輸出。

7 engClose：關閉一個 MATLAB 引擎。

範例 13-5 下面運用一個實際範例，來了解一下 C 語言是如何呼叫 MATLAB 的計算引擎的，其程式碼如下：

```
/* engdemo.c，整個程式包含兩個部分 /*
#include <stdlib.h>
#include <stdio.h>
#include <string.h>
#include "engine.h"
#define  BUFSIZE 256
Int main()
{
    Engine *ep;
    mxArray *T=NULL, *result=NULL;
    char buffer[BUFSIZE+1];
    double time[10]={0.0, 1.0, 2.0, 3.0, 4.0, 5.0, 6.0, 7.0, 8.0, 9.0};
```

/* 啟動 MATLAB 計算引擎。如果在局部啟動，函數所帶的參數字元串為空；如果不在*局部啟動，而在網路中，那麼函數所帶的參數字元串就是主機名稱，而不是空 */。

```
if (!(ep=engOpen("\0"))) {
        fprintf(stderr, "\nCan't start MATLAB engine\n");
        return EXIT_FAILURE;
    }
/* 第一部分：
* 建立方陣，然後送到 MATLAB 計算引擎的工作區中，再將它在工作區中進行運算並*畫出結果圖 */
/* 建立一個新的方陣，並指名和賦值 */
T = mxCreateDoubleMatrix(1, 10, mxREAL);
 memcpy((void *)mxGetPr(T), (void *)time, sizeof(time));
/* 將新方陣送到 MATLAB 的工作區 */
 engPutVariable(ep, "T", T);
/* 在 MATLAB 的工作區中計算 D=.5.*(-9.8).*T.^2; */
engEvalString(ep, "D=.5.*(-9.8).*T.^2;");
/* 在 MATLAB 的工作區中畫出結果圖 */
 engEvalString(ep, "plot(T,D);")'
 engEvalString(ep, "title('Position vs. Time for a falling object');");
 engEvalString(ep, "xlabel('Time (seconds)');")
 engEvalString (ep, "ylabel('Position (meters)');");
/* 使用函數 fgetc 來停留足夠的時間以確保 MATLAB 能把圖形畫出 */
Printf("Hit return to continue\n\n");
    Fgetc(stdin);
/* 第一部分已經完成，釋放記憶體，關閉 MATLAB 計算引擎
Printf("Done for Part I.\n");
    mxDestroy Array(T);
 engEvalString(ep, "close;");
```

```
/* 第二部分:
* 輸入一個 MATLAB 的指令格式的字元串,該字元串用來定訂一個變數 x。MATLAB * 將識別這個字元串,然
後建立一個變數,返回這個變數並給出變數類型 */

/* 使用 engOutputBuffer 函數來捕獲 MATLAB 的輸出 */
buffer[BUFSIZE]='\0';
    engOutputBuffer(ep, buffer, BUFSIZE);
    while (result=NULL) {
            char str[BUFSIZE+1];
/* 獲得使用者的輸入 */
  Printf("Enter a MATLAB command to evaluate.  This command should\n");
            pintf("create a variable X.  This program will then determine\n")
            printf("what kind of variable you created.\n);
            print("For example; X=1:5\n");
            printf(">>");

            fgets(str, BUFSIZE, stdim);
/* 識別計算由 engEvalString 送來的字元串 */
engEvalString(cp, str);
/* 將輸出返回到 MATLAB 的指令行,輸出的前兩個位元組是指令提示元 ">>" */
printf(""%s", buffer+2);
            /* 得出計算結果 */
            printf("\nRetrieving X…\n");
            if ((result=engGetVariable(ep, "X"))==NULL)
              printf("Oops! You didn't create a variable X.\n\n");
            else {
            printf("X is class %s\t\n", mxGetClassName(result));
            }
    }
/* 第二部分完成,釋放記憶體,關閉 MATLAB 的計算引擎 */
Printf("Done!\n");
    mxDestroyArray(result);
    engClose(ep);

    return EXIT_SUCCESS;
}
```

MATLAB 計算引擎的編譯和 MEX 檔案的編譯是同一個指令,只是編譯的選單檔案不同而已。編譯 MATLAB 計算引擎程式的指令格式為:

```
mex -f d:\matlab11\gin\msvc60engmatopts.bat engdemo.c
```

在編譯通過之後,得到一個可執行檔案 engdemo.exe,在執行之後,就可以得到如圖 13-2 所示的圖形。

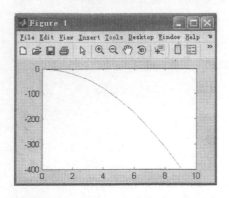

圖 13-2　engdemo.c 編譯執行的結果

　　MATLAB 不僅提供了 C 程式語言的介面，還提供了 FORTRAN 程式設計的介面，讀者可以參照 MATLAB 的範例或參考相關的資料，這裡就不作細節性的介紹了。

13.3　MATLAB 在訊號處理中的應用

　　從常用訊號變換、HR 和 FIR 數位濾波器設計到平穩和非平穩訊號分析，MATLAB 都具備這些層面強大的處理功能，並且能用圖形化的使用者介面加以執行。其中，常用訊號變換包括 Z 變換、Chirp Z 變換、FFT 變換、DCT 變換和希伯特（Hilbert）變換等。離散系統結構包括 HR、FIR 和 Lattice 結構。HR 濾波器設計包括類比和數位低通、高通、帶通和帶阻泥濾波器設計，以及衝激反應不變法導向和雙線性 Z 變換法導向的 HR 濾波器設計等。FIR 濾波器的設計包括視窗函數導向、頻率抽樣法和柴比雪夫逼近法的 FIR 濾波器設計。平穩訊號分析包括經典功率譜估計、參數模型導向的功率譜估計和非參數模型導向的功率譜估計。非平穩訊號分析包括 STFT 變換、Gabor 展開、Wigner-Ville 分配與 Choi-Williams 分配。非高斯訊號分析包括非參數法導向的雙譜估計、參數模型導向的雙譜估計，以及雙譜估計的應用。訊號處理的圖形工具執行包括濾波器設計與分析的 FDATool 工具和濾波器設計與訊號分析的 SPTool 工具。

13.3.1　MATLAB 執行訊號變換

　　利用 MATLAB 可以執行的變換有 Z 變換、Chirp Z 變換、離散傅麗葉變換（DFT）、離散餘弦變換（Discrete Consine Transformation, DCT）以及希伯特（Hilbert）變換等，以下為一個 Chirp 變換和 Hilbert 變換的範例。

在 MATLAB 中執行線性調頻 Z（Chirp Z）變換非常簡單，只需呼叫工具箱中的 czt 函數即可。該函數的呼叫格式如下：

```
y=czt[x, m, w, a]
```

它用來計算順序 x 沿著由 w 和 a 定義的螺旋線上的 z 變換。M 指定變換長度，w 指定 z 平面螺旋線上的點之間的比率，a 指定起始點。當 m、w、a 未指定時，其相當於 FFT。

範例 13-6 設順序 x(n)由 3 個正弦函數組成，頻率分別為 7.8Hz、8.5Hz 和 9.2Hz，抽樣頻率為 45Hz，時域取 128 點，比較序列 CZT 和 FFT 的計算結果。

其執行的程式碼如下：

```
>> clear all;
% 建構 3 個不同頻率的正弦訊號的疊加作為實驗訊號
N=128;
f1=7.8;
f2=8.5;
f3=9.2;
fs=45;
stcpf=fa/N;
n=0:N-1;
t=2*pi*n/fs;
n1=0:stepf:fs/2-stepf;
x=sin(f1*t)+sin(f2*t)+sin(f3*t);
M=N;
W=exp(-j*2*pi/M);
%A=1 時的 CZT 變換
A-1;
Y1=czt(x,M,W,A);
subplot(3,1,1);
plot(n1,abs(Y1(1:N/2)));
ylabel('A=1 時的 CZT');
grid on;
%FFT 變換
Y2=abs(fft(x));
subplot(3,1,2);
plot(n1,abs(Y2(1:N/2)));
ylabel('FFT 變換');
grid on;
%詳細建構 A 之後的 CZT 變換
M=60;
F0=13.2;
Delf=0.05;
A=exp(j*2*pi*f0/fs);
w=exp(-j*2*pi*delf/fs);
Y3=czt(x,M,W,A);
n2=f0:delf:f0+(M-1)*delf;
```

```
subplot(3,1,3);
plot(n2,abs(Y3));
ylabel('詳細建構A之後的CZT')
grid on;
```

執行程式,效果如圖 13-3 所示。

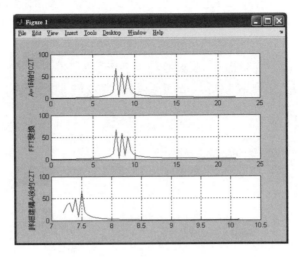

圖 13-3　序列的 CZT 和 FFT 比較

從圖 13-3 中可以看出,A=1 的 CZT 變換的結果與 FFT 變換一樣,不能區分訊號 7.8Hz 和 8.5Hz 的頻率成分。當詳細建構完成 A 之後,在 7~(7+M×0.05)頻段範圍內求序列 x(n)的 CZT 訊號中的 3 種頻率成分的譜線都可以分辨出來。

同時在 MATLAB 工具箱提供了計算希伯特(Hilbert)變換的函數 hilbert,其呼叫格式如下:

```
y=hilbert(x)
```

但在此需要注意的是,該函數計算出的結果是 y 的實部為序列本身,其虛部才是序列的 Hilbert 變換。

範例 13-7　x(n)為正弦序列,其頻率為 $f = \dfrac{1}{16}$,長度為 25,求其 HILBERT 變換 $\hat{x}(n)$。

其執行的程式碼如下:

```
>> clear all;
N=25;
f=1/16;
x=sin(2*pi*f*[0;N-1];
y=hilbert(x);
% 求 x 的希伯特變換;
```

```
subplot(2,1,1);
stem(x,'ro');
hold on;
plot(zeros(size(x)));
title('原始序列')
subplot(2,1,2);
stem(imag(y),'o');
title('序列Hilbert變換結果');
```

執行程式，效果如圖 13-4 所示。

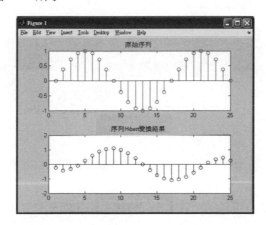

圖 13-4　序列的 Hilbert 變換

13.3.2　MATLAB 執行數位濾波器

　　由於訊號往往夾雜噪音及無用訊號成分，所以必須將這些干擾成份濾除，濾波器可以對訊號進行篩選，只讓特定頻率或者滿足特色要求的訊號通過。濾波運算是訊號處理中的基本運算。因此，濾波器的設計問題也是數位訊號處理中的基本問題。

　　利用 MATLAB 執行 HR 數位濾波的方法有很多，例如巴斯沃斯法、柴比雪夫法、橢圓法、Yule-Walk 法、Prony 法、線性預測法、Steiglitz-McBride 法以及反問頻率法等。MATLAB 工具箱中提供了設計數位濾波器的函數，使 HR 數位濾波器的設計變得簡單，這些函數有 buuter、cheby1、cheby2、ellip、Yule-Walk、Prony、lpc、stmcb 以及 infreqz。以下給出一個 Yule-Walk 法的執行範例。

　　Yule-Walk 法設計數位波器實際上是一種遞歸的數位濾波器設計，該函數只能進行數位濾波器的設計，不能進行模擬濾波器的設計。它在頻率上採用最小的均方演算法來進行設計。在 MATLAB 中，執行該方法的函數為 Yule-Walk，它的呼叫格式如下：

```
[b, a]=Yule-Walk (N, f, m)
```

該函數返回 Yule-Walk 濾波器系統傳遞函數分子與分母系數向量 b 和 a，它們的階次為 N+1。其中，向量 f 和 m 表示理想濾波器的幅頻特性，f 為歸一化的頻率向量，該向量中每一個元素都在 0 到 1 之間取值，而且元素必須是遞增排序，並要求第一個元素為 0，最後一個元素為 1（採樣頻率的一半）。M 為對應 f 頻率處的幅度，它也是一個向量，並且向量的長度和 f 相同。

當確定理想濾波器的幅度頻率響應後，為了避免通帶到阻帶的陡峭轉換，應該對轉換帶進行多次實驗，以便得到最佳的濾波器。

範例 13-8 利用 Yule-Walk 方法設計一個 12 階的低通濾波器，對應的理想濾波器的截止頻率為 350H$_z$，抽樣頻率為 1000H$_z$。

其執行的程式碼如下：

```
>> clear all;
f=[0 0.6 0.6 1];
m=[1 1 0 0];
[b,a]=yulewlk(10,f,m);
[h,w]=freqz(b,a,256);
plot(f,m,'-',w/pi,abs(h),'r+');
text(0.7,1.2,'-:理想頻率反應');
text(0.7,1.1,'*:實際頻率反應');
```

執行程式，效果如圖 13-5 所示。

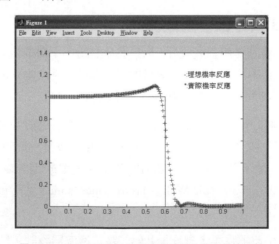

圖 13-5　Yule-Walk 數位低通濾波器的頻率反應曲線

13.3.3 MATLAB 的功率譜估計

功率譜估計方法可以分成經典譜估計法與現代譜估計法。經典譜估計法又可分為直接法與間接法，直接法是利用快速傅麗葉變換 FFT 演算法對有限個樣本資料進行傅麗葉變換得到功率譜的方法，又稱為周期圖法；間接法是先得到樣本資料的自相關函數估計，然後進行傅麗葉變換得到功率譜的方法。現代譜估計的提出主要是針對經典譜估計的分辨率低和變異數性能不好等問題提出的。從現代譜估計的方法上，大致可分為參數型譜估計和非參數模型譜估計。參數模型譜估計主要包括 AR 模、MA 模型、ARMA 模型，以及最小變異數譜估計與MUSIC 方法譜估計。

這些功率譜的估計均可以透過 MATLAB 執行。以下給出利用函數 periodogram 執行直接法的功率譜估計。

範例 13-9　序列 $x(n) = ex(j\omega_0 n - j\pi) + \exp(j\omega_1 n - j0.7\pi) + e(n)$ 為複正弦加白噪音的平穩訊號，其中 $\omega_0 = 100\pi$，$\omega_1 = 50\pi$，$e(n)$ 為零平均數的白噪音，訊噪比 S/N=10dB。

要求：(1)產生類比模擬資料；(2)利用直接法估計序列的功率譜。

其執行的程式碼如下：

```
>> clear all;
Fs=1000; %採樣頻率
%產生含有噪音的序列
var=sqrt(1/exp(1,0));
n=0:1/Fs:1;
N=length(n);
e-var*randn(1,N);
w0=100*pi;
w1-50*pi;
xn=exp(j*w0*n)-j*pi)+exp(j*w1*n-j*0.7*pi)+e;
%繪製訊號波形
subplot(3,1,1);
plot(n,abs(xn));
xlabel('n');
title('x(n)=exp(j*w0*n-j*pi)+exp(j*w1*n-j*0.7*pi)+e(n)');
%計算序列的DFT
nfft=1024;
xk=fft(xn,nfft);
%計算序列的PSD
pxxl=abs(xk).^2/N;
%繪製功率譜圖形
index=0:round(nfft/2-1);
k=index*N/nfft;
plot_pxx1=10*log10(pxxl(index+1));
subplot(3,1,2);
plot(k,plot_pxx1);
```

```
ylabel('公式直接計算的功率譜');
%periodogram 函數計算的功率譜
window=boxcar(length(xn);
[pxx2,f]=periodogram(xn,window,nfft,Fs);
plot_pxx2=10*log10(pxx2(index+1));
subplot(3,1,3);
plot(k,plot_pxx2);
xlabel('periodogram 函數計算的功率譜');
```

執行程式，效果如圖 13-6 所示。

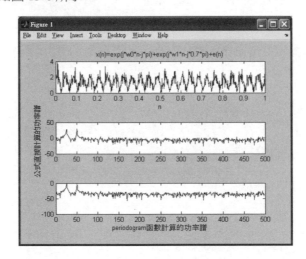

圖 13-6　序列 x(n)的直接法功率譜估計曲線

從圖 13-6 中可以看出利用公式直接計算的序列 x(n)的功率譜與利用函數 periodogram 計算得到的功率譜完全一致。

13.3.4　MATLAB 在訊號中的應用範例

小波變換(Wavelet Transform)的概念是 1984 年法國地球物理學家 J.Morlet 在分析處理地球物理勘探資料時所提出來的。小波變換的數學基礎是 19 世紀的傅麗葉變換，其後理論物理學家 A.Grossman 採用平移和伸縮不變性建立了小波變換的理論系統。1985 年，比利時數學家 I.Daubechies 證明了緊微支柱正交標準小波基的存在性並成功建構了它，使得離散小波分析成為可能。1989 年 S.Mallat 提出了多重解析度分析概念，統一了在此之前各種建構小波的方法，特別是提出了二進離散小波變換的快速演算法，使得小波變換走向實用性。

小波分析方法是一種視窗大小（視窗面積）固定但其形狀可改變，時間視窗和頻率視窗都可改變的時頻局域化分析方法，即在低頻部分具有較高的頻率解析度和較低的時間解析度，在高頻部分具有較高的時間解析度和較低的頻率解析度,所以被稱為數學顯微鏡。正是這種特性,使小波變換具有對訊號的自適應性。

因此小波分析理論受到眾多科際整合學科(Interdispcilinary Subject)的共同關注,近十年來,小波分析的理論和方法在訊號處理、語音分析(Speech analysis)、模式識別(Pattern recoghition)、資料壓縮(Data Compression)、影像處理、數位浮水印、量子物理(Quantum physics)等專業和領域得到了廣泛的應用。以下給出一個小波分析應用於語音訊號處理的範例。

範例 13-10　小波變換在語音訊號處理的應用範例。

其執行的程式碼如下:

```
>> N=1024;
s=wavread('speech_dft.wav',N);
figure(1);
plot(1:N,s,'LineWidth',2);
xlabel('時間n');
ylabel('幅值A');
s=s+0.001*randn(1,N);
%使用小波db3對s進行5層分解
level-5;
[c,1]=wavedec(s,level,'db3');
%使用整體閾值來進行訊號強化處理
thr=5;
[sd,csd,lsd,perf(),perf12]=wdencmp('gbl',c,1,'db3,level,thr,'h',1);
figure(2);
subplot(2,1,1);
plot(s,'LineWidth',2);
title('加入噪音之後的訊號');
xlabel('時間'n');
ylabel('幅值A');
sdubplot(2,1,2);
plot(sd,'LineWidth',2);
title('壓縮之後的訊號');
xlabel('時間n');
ylabel('幅值A');
```

原始的語音訊號波形如圖 13-7 所示,可以看出語音訊號中含有相當程度的噪音。為使本例更有說服力,本例程序首先對原始語言訊號追加噪音,然後對其利用小波變換(Wavelet transformation)來進行分解,最後建構之後可以得到的訊號。從訊號中明顯可以看出,加強之後的語音訊號很光滑平順(Smooth),基本不含任何噪音分量。

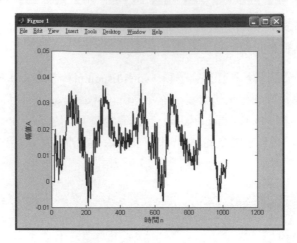

圖 13-7　原始語音訊號波形

13.4 MATLAB 在數學建模中的應用實務

13.4.1 數學建模概述

電腦的廣泛應用和迅速普及，促成了數學建模的發展，也促成了實驗數學的誕生。近 20 年來，國內外數學家一直在討論實驗數學的發展問題，並充分認識到實驗數學應當與純粹數學、應用數學鼎足而立。

MATLAB 強大的計算與圖形功能為以實驗的方式學習和研究數學理肯建立了良好的條件，成為數學工作者一個強有力的工具。數學中的許多抽象定理和結論，如今可以在實驗中一目了然，新理論、新方法也可以在電腦上迅速驗證。

學生數學建立模擬競賽，不論是對提升學生的數學素養和電腦應用能力，還是培養其從事研發的能力，都發揮著非常重要的功能。數學模擬競賽是 1980 年代中期美國率先進行並受到眾多國家參與的一項大學生數學競賽。競賽試題有很強烈的實用背景，並沒有唯一答案，要求參賽的 3 名隊員充分發揮集體智慧，在 72 小時內對試題給出一個盡可能完整合理的解答，包括查閱資料，了解有關領域的知識，建立數學模型，研究演算法，進行電腦程式設計和運算，得出結論，進行必要的分析，最後以書面報告形式把所有結果表述出來。這種競賽實質上類似於一項研發課題的研究，對參賽隊員整體素養，包括專業知識、數學模擬能力、電腦程式設計應用能力、文字表達能力以及團體合作精神都是嚴峻的考驗。下面就數學模擬與數學實驗，介紹 MATLAB 的應用。

13.4.2　MATLAB 在數學模擬中的應用範圍

範例 13-11　自行車輪飾物的運動軌跡。

為了使平淡的自行車增添一份美感，同時，也為了增加自行車的安全系數，一些騎車的人及自行車廠家在自行車的輻條上安裝了一款亮麗奪目的飾物，當有這種飾物的自行車在馬路上駛過時，這種飾物就像遊龍一樣，會閃出一道波浪形的軌跡。這一波一閃的遊龍，其軌跡是什麼曲線呢？試畫出它的圖形。當自行車在一個拋物線形的拱橋上通過時，或是在正弦曲線上通過時，軌跡是什麼曲線呢？試畫出其圖形。

假設自行車在運動過程中，始終只與曲線 y=f(x)的一個點接觸。將路面視為一條通過原點的曲線 f(x)，車輪視為一半徑為 R 的圓，該圓位於曲線的上方且與此曲線相切。設飾物 P 在離輪心距離為 r 處，顯然 r≦R。OP 與圓交於 A 點，現以 A 點為起始接觸點，圓（即車輪）滾過 θ 角以後（假定車輪和路面作無滑動的滾動），圓與曲線的接觸點變為 B，圓心從 O 移到 O'，飾物 P 從原位置移到 P'。

假設 B(x0,y0), O'(X,Y), P'(x,y)，則

$$BA' = R\theta = BA = \int_0^{x_0} \sqrt{1 + f'(x)^2}\, dx$$

所以

$$\theta = \frac{1}{R} \int_0^{x_0} \sqrt{1 + f'(x)^2}\, dx$$

O'(X,Y)在 y=f(x)通過 B 點之法線的上方，且在以 B 為圓心的圓周上，所以得出

$$Y - f(x_0) = -\frac{1}{f'(x_0)}(X - x_0)$$

$$(X - x_0)^2 + (Y - f(x_0))^2 = R^2$$

將上述兩式聯立解得：

$$X = x_0 - \frac{Rf'(x_0)}{\sqrt{1 + f'(x_0)^2}}$$

$$Y = f(x_0) + \frac{R}{\sqrt{1 + f'(x_0)^2}}$$

又對 P(x,y)，有

$$x = X - r\sin(\theta - \phi)$$

$$y = Y - r\cos(\theta - \phi)$$

其中 $\phi = \arctan(f'(x_0))$，$\theta = \dfrac{1}{R}\displaystyle\int_0^{x_0}\sqrt{1+f'(x)^2}\,dx$。所以，飾物的運動軌跡方程為

$$x = x_0 - \frac{Rf'(x_0)}{\sqrt{1+f'(x_0)^2}} - r\sin(\theta - \phi)$$

$$y = f(x_0) + \frac{R}{\sqrt{1+f'(x_0)^2}} - r\cos(\theta - \phi)$$

(1) 取 $f(x) = 0$，則有 $\theta = x_0/R$，$\phi = 0$，這時飾物的運動軌跡方程為：

$$x = x_0 - r\sin(x_0/R)$$

$$y = R - r\cos(x_0/R)$$

(2) 取 $f(x) = 0.2 - 0.2x^2$，則有 $\theta = \dfrac{1}{R}\displaystyle\int_0^{x_0}\sqrt{1+(-0.4x)^2}\,dx$，$\phi = \arctan(-0.4x_0)$ 這時飾物的運動軌跡方程為：

$$x = x_0 + \frac{0.4Rx_0}{\sqrt{1+(-0.4x_0)^2}} - r\sin(\theta - \phi)$$

$$y = 0.2 - 0.2x_0^2 + \frac{R}{\sqrt{1+(-0.4x_0)^2}} - r\cos(\theta - \phi)$$

(3) 取 $f(x) = 0.3\sin x$，則有 $\theta = \dfrac{1}{R}\displaystyle\int_0^{x_0}\sqrt{1+(0.3)\cos x)^2}\,dx$，$\phi = \arctan(0.3\cos x_2)$，這時飾物的運動軌跡方程為：

$$x = x_0 - \frac{0.3R\cos x_0}{\sqrt{1+(0.3\cos x_0)^2}} - r\sin(\theta - \phi)$$

$$y = 0.3\sin x_0 + \frac{R}{\sqrt{1+(0.3\cos x_0)^2}} - r\cos(\theta - \phi)$$

其執行的程式碼如下：

```
>> clear all;
% 第(1)類情況的執行
x0=0:0.01:2;
R=0.1;r=0.075;
x1=x0-r*sin(x0/R);      %計算 f(x)=0 時 p 點運動軌跡
y1=R-r*cos(x0/R);
subplot(3,1,1);
plot(x1,y1,x0,0);                      %繪製運動軌跡曲線和 f(x)曲線
xlabel('x1');ylabel('y1');
grid on;
%第(2)類情況的執行
x0=0-1:0.01:1;
R=0.1;r=0.1;
y0=0.2-0.2*x0.^2;                      %計算路面曲線
fai=atan(-0.4*x0);                     %求 φ
int=inline('sqrt(1+-0.4*x).^2);        %定義 θ 的積分函數
for k=1:length(x0)
    thetal(k)=quad(int,0,x0(k))/R;     %呼叫 quad 函數求 θ
end
x2=x0+R*0.4*x0/./sqrt(1+(-0.4*x0).^2)-r*sin(theta 1-fai);   %運動軌跡方程
y2=y+R./sqrt(1+(-0.4*x0).^2)-r*cos(theta 1-fai);
subplot(3,1,2);
plot(x2,y2,x0,y0);                     %繪製運動軌跡曲線和 f(x)曲線
xlabel('x2');ylabel('y2');
grid on;
%第(3)類情況的執行
x0=0:0.01:2;
R=0.1;r=0.075;
y0=0.3*sin(x0);                        %計算路面曲線
fai=atan(0.3*cos(x0));                 %求 φ
int=inline('sqrt(1+(0.3*cos(x)).^2)'); %定義 θ 的積分函數
for k=1:length(x0)
    theta(k)=quad(int,0,x0(k))/R;      %呼叫 quad 函數求 θ
end
%p 點運動軌跡方程
x3=x0-0.3*R*cos(x0)./sqrt(1+(0.3*cos(x0)).^2-r*sin(theta2-fai);
y3=0.3*sin(x0)+R./sqrt(1+(0.3*cos(x0)).^2-r*cos(theta2-fai);
subplot(3,1,3);
plot(x3,y3,x0,y0);
xlabel('x3');ylabel('y3');
grid on;
```

執行程式，效果如圖 13-8 所示。

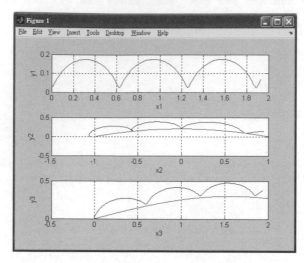

圖 13-8　自行車飾物運動軌跡

範例 **13-12**　廣告費用與效應。

某裝飾材料公司欲以每桶 2 元的價錢購進一批彩漆。一般來說，隨著彩漆售價的提昇，預期銷售量將減少，並對此進行了估算，如表 13-1 所示。

表 13-1　售價預期銷售量

售價（元）	預期銷售量(桶)	售價(元)	預期銷售量(桶)
2.00	41000	2.5	38000
3.00	34000	3.5	32000
4.00	29000	4.5	28000
5.00	25000	5.5	22000
6.00	20000		

為了儘快收回資金並獲得較多的盈利，裝飾材料公司打算做廣告。投入一定的廣告費後，銷售量將有一個成長，可由銷售成長因素來表示。例如，投入 40000 元的廣告費，銷售成長因素為 1.95。即銷售量將是預期銷售量的 1.95 倍。根據經驗，廣告費與銷售成長因素的關係如表 13-2 所示。

表 13-2　廣告費與銷售成長因素的關係

廣告費(元)	銷售成長因素	廣告費(元)	銷售成長因素
0	1.00	10000	1.40
20000	1.70	30000	1.85
40000	1.95	50000	2.00
60000	1.95	70000	1.80

現在的問題是裝飾材料公司採取怎樣的行銷策略使得所預期的利潤最大？

假設 x 表示售價（單位：元），y 表示預期銷售量（單位：桶），z 表示廣告費（單位：元），k 表示銷售成長因素。在投入廣告費之後，實際銷售量記為 s（單位：桶），所獲得的利潤記為 p（單位：元）。由表 13-2 可見，預期銷售量 y 隨著售價 x 的增加而單調下降，而銷售成長因素 k 在開始時隨著廣告費 z 的增加而增加，在廣告費 z 等於 50000 元時達到最大值，然後在廣告費增加時反而有所回落，為此可用 MATLAB 畫出散點圖，運用程式執行如下：

```
>> clear all;
x1=2:0.5:6;
y=[41000 38000 34000 32000 29000 28000 25000 22000 20000];
x2=0:10000:70000;
y2=[1.0 1.4 1.7 1.85 1.95 2.00 1.98 1.8];
subplot(2,1,1);
plot(x1,y1,'o');
title('售價與預期銷售量');
subplot(2,1,2);
plot(x2,y2,'.');
title('廣告費與銷售成長因素');
```

執行程式，效果如圖 13-9 所示。

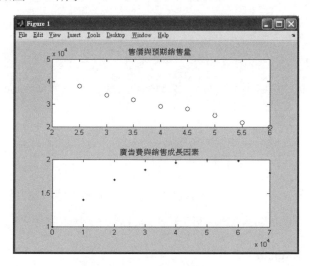

圖 13-9　銷售關係圖

從圖 13-9 易見，售價 x 與與預期銷售量 y 近似於一條直線，廣告費 z 與銷售成長因素 k 近似於一條二次曲線。為此可令

$$y=a+bx, k=c+dz+ex^2$$

其中係數 a、b、c、d、e 是待定參數。

在投入廣告費之後,實際銷售量 s 等於預期銷售量 y 乘以銷售成長因素 k,即 s=ky。所獲得的利潤為:

```
P=收入-支出=銷售收入-成本-廣告費
 =sx-2s-z=kxy-2ky-z=ky(x-2)-z
 =(c+dz+ex²)(a+bx)(x-2)-z
```

期望利潤 p 達到最大,即:

```
max p=(c+dz+ex²)(a+bx)(x-2)-z,其中x>0,z>0
```

其執行計算參數 a、b、c、d、e 的編碼如下:

```
>> format log;
x1=2:0.5:6;
y1=[41000 38000 34000 32000 29000 28000 25000 22000 20000];
x2=0:10000:70000;
y2=[1.0 1.4 1.7 1.85 1.95 2.00 1.98 1.8];
a1=polyfit(x1,y1,1)
a2=ployfit(x2,y2,2)
```

執行程式,輸出如下:

```
a1=
    1.0e+004*
    -0.513333333333333       5.042222222222224
a2=
    -0.000000000423810       0.000040976190476       1.017500000000001
```

最為擬合之曲線分別為:

```
y=50422.2-5133.33x
k=1.01875+4.09226×10⁻⁵z-4.2560×10⁻¹⁰x²
```

執行 MATLAB 求解改善模型。因 MATLAB 中僅能求極小值,為此將改善模型轉化為:

```
min(-p)=z-(c+dz+ez²)(a+bx)(x-2),其中x>0,z>0
```

建立函數檔案 lill_12fun.m。

```
function f=lill_12fun(x)
f=x(2)-(1.01875+4.09226e-5*x(2)-4.2560e-10*x(2)^2)*…
    (50422.2-5133.33*x(1))*(x(1)-2);
```

利用 fminsearch 函數最佳化：

```
>> format short e
[x,f]=fminsearch('1ill_12fun',[0 0] %最佳化從座標原始開始
```

執行程式，輸出如下：

```
x=5.9113e+000        3.3116e+004
f=-1.1666e+005
```

由此可見：x=5.9113，z=33116，函數 1ill_12fun 達到最大值 116660。代入公式，得 y=20078，將 c、d、e、z 的值代入公式，得 k=1.9072。從上面的計算可知，投入 33116 元的廣告費後，實際銷售量為 38292，利潤為 116660 元。

第13章

習題

1. 試簡述最佳化設計。

2. 試簡述一個最佳化設計應用範例。

MATLAB 在控制工程中的應用

在 MATLAB 的控制系統工具箱（Control System Toolbox）中提供了許多模擬函數與模組，用於對控制系統的模擬與分析。

14.1　MATLAB 在控制工程中的應用

14.1 MATLAB 在控制工程中的應用

14.1.1 控制系統建模與分析

範例 14-1 現有如下的 SISO 系統，其傳遞函數為：

$$H(s) = \frac{4s+1}{3s^2+5s+12}$$

試建立該系統的傳遞函數模型。

呼叫 MATLAB 函數指令 tf 執行，其執行的編碼如下：

```
>> clear all;
num=[4 1];
den=[3 5 12];
h=tf(num,den)
```

執行程式，輸出如下：

```
Transfer function:
    4s+1
-----------------
3 s^2 + 5 s + 12
```

範例 14-2 已知離散系統方程式如下。假設方程中有：

```
f=[0.9760  0  0;0.3546  0.7021  -0.5701;0.1408  0.4221  1];
g=[0.2105; 0.1033; 0.1568];
c=[0  1  3.5];
d=0;
n=3;
cam=ctrb(f,g);
rcam=rank(cam);
if rcam=n
    disp('Systemis controlled');
elseif rcam<n
    disp('System is no controlled');
end
```

執行程式，輸出如下：

```
System is controlled
```

即表示該系統完全可以控制。

14.1.2 Kalman 濾波器

在實際應用中，若系統存在隨機啟動，通常系統的狀態需要由狀態方程式 Kalman 濾波器的形式給出。Kalman 濾波器就是最佳觀測器，能夠抑制或濾掉噪音對系統的干擾和影響。利用 Kalman 濾波器對系統進行最佳控制是相當有效的。

在 MATLAB 的工具箱中提供了 kalman() 函數來求解系統的 Kalman 濾波器，其呼叫格式如下。

```
[kest, L, P]=kalman (sys, Q, R, N)
```

對於一個給定系統 ys，噪音共變數 Q，R，N 函數返回一個 Kalman 濾波器的狀態空間模型 kest，濾波器回饋增益（Filter feedback gain）為 L，狀態估計誤差的共變數為 P。運用 MATLAB 所建構的 Kalman 狀態觀測器模型為：

```
x(t)=(A  LC)x̂(t)+(B  LD)u(t)+Ly(t)
```

$$\begin{pmatrix} \hat{y}(t) \\ \hat{x}(t) \end{pmatrix} = \begin{pmatrix} C \\ I \end{pmatrix} \hat{x}(t) + \begin{pmatrix} D \\ 0 \end{pmatrix} u(t)$$

範例 14-3 已知系統的狀態方程式為：

$$x = \begin{pmatrix} -1 & 0 & 1 \\ 1 & 0 & 0 \\ -4 & 9 & -2 \end{pmatrix} x + \begin{pmatrix} 6 \\ 1 \\ 1 \end{pmatrix} u + \begin{pmatrix} 1 \\ 0 \\ 0 \end{pmatrix} \omega$$

$$y = (0 \quad 0 \quad 1)x + v$$

已知 $\omega(t) = 10^{-3}$，$v(t) = 0.1$，試設計系統 KALMAN 濾波器。

為計算系統 Kalman 濾波器的增益矩陣與估計誤差的共變數，給出下列程式碼：

```
>> % 設計 Kalman 濾波器
A=[-1 0 1;1 0 0;-4 9 -2];
B=[5 1 1]';
C=[0 0 1]; D=0;
s=ss(A,B,C,D);
q=0.001;
r=0.1;
[kest,L,P]=kalman(s,q,r);
L,P
```

執行程式，得到系統 Kalman 濾波器的增益矩陣 L 與估計誤差的共變數 P 如下所示：

```
L=
    1.0411
    1.1251
    1.9917
P=
    0.0624    0.0628    0.1041
    0.0628    0.0661    0.1125
    0.1041    0.1125    0.1992
```

14.1.3　Bode 圖延後：超前校正設計

以波特圖為基礎來進行相位延後（phase delay）：超前校正的設計步驟如下。

❶ 根據需求的穩定品質指標，確定系統開迴路增益（Open loop gain）K 值。

❷ 根據求得的 K 值，畫出校正前系統的波特圖，並檢定性能指標是否滿足要求。

❸ 確定延後校正器傳遞函數的參數 $G_{c1}(s) = \dfrac{1+T_1 s}{\beta T_1 s}$ ，式中， $\beta > 1$ ， $\dfrac{1}{T_1} < \omega_{c1}$ ， $\dfrac{1}{\beta T_1} < \omega_{c1}$ ，要

距 ω_{c1} 較遠為好。在工程上經常選擇： $\dfrac{1}{T_1} = 0.1\omega_{c1}$ ， $\beta = 8 \sim 10$ 。

❹ 選擇一個新的系統剪切頻率 ω_{c2} ，使在這一點上超前校正器所提供的相位超前量達到系統相位穩定量的要求，並使在這一點上，原有系統加上延後校正器的綜合幅頻特性衰減為 0Db，即 L 曲線在 ω_{c2} 點穿越橫座標。

❺ 確定超前校正器傳遞函數的參數 $G_{c2}(s) = \dfrac{1+T_2 s}{\alpha T_2 s}$ ，式中 $\alpha < 1$ 。

由運算式 $20\log \alpha = L(\omega_{c2})$ ，（L 為原有系統加上延後校正器後之幅頻分貝值），可得：

$$\omega_{cm} = \omega_m = \dfrac{1}{\sqrt{aT}} \ , \ T = \dfrac{1}{\sqrt{\alpha}\omega_m}$$

求出參數 α 、T。

❻ 校正系統性能指標。

範例 **14-4** 設單位回饋系統的開迴路傳遞函數為：$G(s) = \dfrac{K_0}{s(s+1)(s+4)}$，試用波特圖設計法

設計延後－超前校正裝置，使得校正後系統滿足下列性能指標。

(1) 在單位斜坡訊號之作用下，系統的速度誤差係數 $K_v = 10s^{-1}$。

(2) 系統校正後剪切頻率 $\omega_c \geq 1.5s^{-1}$。

(3) 系統校正之後相角穩定度為 $\gamma \geq 40°$。

(4) 校正之後系統時域性能指標：$\sigma\% \leq 30\%$，$t_p \leq 2s$，$t_s \leq 6s$。

(1) 求 K^0。

根據自動控制理論（Automatic Control theory），單位斜坡反應的速度誤差係數 $K_v = K = 10s^{-1}$。根據速度誤差的定義 $K_v = \lim\limits_{s \to 0} sg\dfrac{K_0}{s(s+1)(s+4)} = 10$，可得 $K_0 = 40s^{-1}$。

被控物件的傳遞函數為：

$$G(s) = \frac{40}{s(s+1)(s+4)}$$

(2) 作原有系統的波特圖與躍階反應曲線。

其執行的程式編碼如下：

```
>> clear all;
k0=40;
n1=1;
d1=conv(conv([1 0],[0.1 1]),[0.2 1]);
[mag,phase,w]=bode(k0*n1,d1);
figure(1);
margin(mag,phase,w);
hold on
figure(2);
s1=tf(k0*n1,d1);
sys=feedback(s1,1);
step(sys);
```

執行程式，效果如圖 14-1 和圖 14-2 所示。

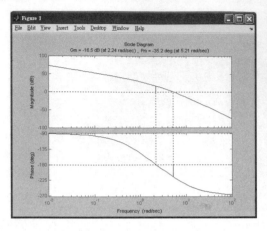

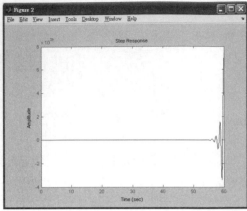

圖 14-1 未校正系統波特圖 　　　　　　　　圖 14-2 未校正系統躍階反應曲線

由圖 14-1 可以得到未校正系統的領域性能：

模穩定量：G_m =-5.98dB；穿越頻率 ω_{cg} =2rad/sec

相位穩定量：P_m =-15deg；剪切頻率：ω_{cp} =2.78rad/sec

由於系統的穩定裕量平均為負值此系統無法工作。此外，躍階反應曲線發散，系統必須進行修正。

(3) 求延後校正器的傳遞函數

根據題目要求，取校正之後，系統的剪切頻率 ω_c =≥1.5s^{-1}，β =9.5。根據延後校正原理，給出程式如下：

```
>> %求延後校正器的傳遞函數
wc=1.5;k0=40;
n1=1;
d1=conv(conv([1 0],[1 1],[1 4]);
beta=9.5;
T=1/(0.1*wc);
betat=beta*T;
Gcl=tf([T 1],[betat 1])
```

執行程式，輸出結果如下：

```
Transfer function:
6.667 s + 1
-----------
63.33 s + 1
```

即延後校正器傳遞函數：

$$G_{c1}(s) = \frac{6.667s + 1}{63.33s + 1}$$

(4) 求超前校正器的傳遞函數

給出求超前校正器傳遞函數的 MATLAB 程式如下：

```
>> %求超前校正器的傳遞函數
n1=conv([0 40],[6.667 1];
d1=conv(conv(conv([1 0],[1 1],[1 4],[63.33 1];
sope=tf(n1,d1);
wc=1.5;
num=sope.num{1};
den=sope.den{1};
an=polyval(num,j*wc);
an=polyval(den,j*wc);
g=an/ad;
g1=abs(g);
h=20*log10(g1);
a=10^(h/10);
wn=wc;
T=1/(wn*(a)^(1/2));
alphat=a*T;
Gc=tf([T 1],[alphat 1])
```

執行程式，輸出結果如下：

```
Transfer function:
 1.82 s + 1
 -----------
0.2442 s + 1
```

超前校正器的傳遞函數為：

$$G_{c2} = \frac{1.82s + 1}{0.2442s + 1}$$

(5) 檢定系統領域性能

包含延後－超前校正器的系統傳遞函數為：

$$G_0(s)G_{c1}(s)G_{c2} = \frac{40}{s(s+1)(s+4)} g \frac{6.667s+1}{63.33s+1} g \frac{1.82s+1}{0.2442s+1}$$

給出下列程式：

```
% 檢定
n1=40;
d1=conv(conv([1 0],[1 1]),[1 4]);
st=tf(n1,d1);
s2=tf([6.667 1],[63.33 1]);
s3=tf([1.82 1],[0.2442 1]);
sope=s1*s2*s3;
[mag,phase,w]=bode(sope);
Margin(mag,phase,w)
```

執行程式，得到校正之後的系統波特圖，如圖 14-3 所示。

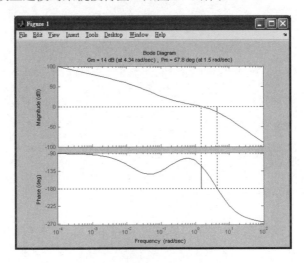

圖 14-3 校正之後系統的波特圖

由圖 14-3 可知，校正之後系統的領域性能指標如下：

模穩定裕量：G_m =14dB；穿越頻率 ω_{cg} =4.34rad/sec

相位穩定裕量：P_m =57.8deg；剪切頻率：ω_{cp} =1.5rad/sec

指標已滿足題目的要求。

(6) 計算系統校正之後躍階反應曲線及性能指標

```
>> %校正之後性能指標及躍階反應
global y t;
k0=30;n1=40;
d1=conv(conv([1 0],[1 1]),[1 4]);
st1=tf(n1,d1);
s2=tf([6.667 1],[63.33 1]);
s3=tf([1.82 1],[0.2442 1]);
sope=s1*s2*s3;
sys=feedback(sope,1);
step(sys)                    %求繪製躍階反應曲線
[y,t]=step(sys);             %求出躍階反應的函數值及其對應時間
```

執行程式,得到校正之後系統的單位躍階反應曲線,如圖 14-4 所示。

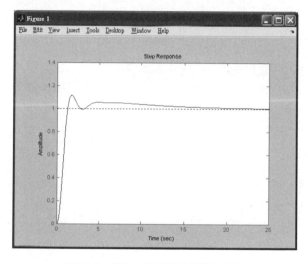

圖 14-4　校正之後系統的躍階反應圖

14.1.4　PID 控制器設計

比例、積分、微分(PID)是建立在經典控制理論基礎上的一種控制策略。PID 控制器為最早實用化的控制器,其已有五十多年歷史,現在仍然是最廣泛的工業控制器。PID 控制器簡單易懂,在使用中並不需要精確的系統模型等先決條件,因而成為應用最廣泛的控制器。

傳統 PID 控制的經驗公式是 Ziegler 與 Nichols 在 1940 年代初提出的。這個經驗公式是帶有延遲導向的一階段傳遞函數模型所提出的。物件模型可以表示如下:

$$G(s) = \frac{k}{1+sT}e^{-xL}$$

在實際的過程控制系統中，有大量的物件模型可以近似地由這樣的一階模型來表示，如果不能實體地建立起系統的模型，我們還可以由實驗萃取相應的模型參數。如果實驗資料是透過領域反應所獲得的，則可以容易地得出剪切頻率 ω_c 和極限增益 K_c，設 $T_c = 2\pi / \omega_c$，則 PID 控制器的參數如表 14-1 所示。

表 14-1　Ziegler-Nichols 整定參數

控制器類型	由躍階反應整定			由頻域反應整定		
	K	T	T	K	T	T
P	T/kL			0.5K		
PI	0.9T/kL	3L		0.4K	0.8T	
PID	1.2T/kL	2L	L/2	0.6K	0.5T	0.12T

這裡編寫一個 MATLAB 函數 ziegler，該函數的功能執行由 Ziggler-Nichols 公式設計 PID 控制器，在今後我們設計 PID 控制器的執行中可以直接呼叫。其原始程式如下：

```
Function [Ge,Kp,Ti,Td,H]=Ziegler(key,vars)
Ti=[]; Td=[], H=[];
If length(vars)==4
    K=vars(1);
    L=vars(2);
    T=vars(3);
    N=vars(4);
    a=K*L/T;
    if key==1               %P 控制器
            Kp=1/a;
    elseif key==2,          %PI 控制器
            Kp=0.9/a;
            Ti=3.33*L
    Elseif key==3           %PID 控制器
            Kp=1.2/a;
            Ti=2*L;
            Td=L/2;
    end
elseif length(vars)==5
    K=vars(1);
    Tc=vars(2);
    rb=vars(3);
    pb=pi*vars(4)/180;
    N=vars(5);
    Kp=K*rb*cos(pb);
    if key==2
            Ti=-Tc/(2*pi*tan(pb)));
    Elseif key==3
            Ti=Tc*(1+sin(pb))/(pi*cos(pb));
            Td=Ti/4;
```

```
        end
    end
switch key
    case 1,
            Gc=Kp;
    case 2,
            Gc=tf(Kp*[Ti,1],[Ti,0]);
    case 3
            nn=[Kp*Ti*Td*(N+1)/N,Kp*(Ti+Td/N),Kp];
            dd=Ti*[Td/N, 1, 0];
            Gc=tf(nn,dd);
    end
```

該函數的呼叫格式為：

```
[Gc, Kp, Ti, Td]=Ziegler (key, vars)
```

其中，key 為選擇控制器類型的變數：當 key=1, 2, 3 時分別表示設計 P、PI、PID 控制器；若給出的是躍階反應資料，則變數 vars=[K, L, T, N]；若給出的是領域反應資料，則變數 vars=[Kc, Tc, N]。

範例 14-5 已知程式控制系統的被控物件為一個帶延遲的慣性部位，其傳遞函數為：$G(s) = \dfrac{8}{360s+1}e^{-180s}$，試用 Ziegler-Nichols 法設計 P 控制器、PI 控制器和 PID 控制器。

由系統傳遞函數可得：k=80，T=360，L=180。

根據題意，利用 ziegler()函數計算系統 P、PI、PID 控制器的參數，並給出校正之後系統躍階反應曲線。其執行的編碼如下：

```
>> %設計 P、PI、PID 控制器
k=80; T=360;
L=180;
n1=[k]; d1=[T 1];
G1=tf(n1,d1);
[np,dp]=pade(L,2);
Gp=tf(np,dp);
[Gc1,Kp1]=Ziegler(1,[k,L,T,1]);
Gc1
[Gc2,Kp2,Ti2]=Ziegler(1,[k,L,T,1]);
Gc2
[Gc3,Kp3,Ti3,Td3]=Ziegler(3,[k,L,T,1]);
Gc3
G_c1=feedback(G1*Gc1,Gp);
Step(G_c1);
Hold on
```

```
G_c2=feedback(G1*Gc2,Gp);
Step(G_c2);
G_c3=feedback(G1*Gc3,Gp);
Step(G_c3);
```

執行程式，輸出如下：

```
Gc1=
     0.0250
Ti=
     599.4000
Transfer function:
13.49 s + 0.0225
------------------
     599.4 s
  Transfer function:
1944 s^2 + 13.5 s + 0.03
-------------------------
     32400 s^2 + 360 s
```

第14章

習題

1. 試簡述控制系統模型。

2. 試簡述控制系統的時域分析。

3. 試簡述控制系統的頻域分析。

4. 何謂系統校正？

筆記頁

MATLAB 在模糊控制系統中的應用

在實際的世界中，有很多事件的分類邊界是不分明的或者是說是難以分明劃分的。例如人的高矮、胖瘦，"溫度偏高"、"壓力偏大"等，為了數學方法描述這類概念，於是就引入了模糊集合（Fuzzy set）。

模糊集合是一種邊界不分明的集合，模糊集合與普通集合既有區別又有聯繫。對於普通集合而言，任何一個元素要麼屬於該集合，要麼不屬於集合，非此即彼，具有精確明了的邊界；而對於模糊集合，一個元素可以既屬於該集合又不屬於該集合，亦此亦彼，邊界不分明或界限模糊。

15.1　幾個 MATLAB 指令列函數使用

15.2　MATLAB 模糊控制系統的應用範例

15.1 幾個 MATLAB 指令列函數使用

　　在模糊控制系統中，MATLAB 的指令列函數有很多，在此主要對幾個常用和本節範例中所使用到的 MATLAB 指令列函數來加以介紹。

1. FIS 資料結構管理

(1) addmf 函數

　　功能：將隸屬度函數（Membership function）添加到 FIS （模糊推理系統）。

　　其呼叫格式為：

```
a=addm(a,'varType',varIndex,'mfName','mfType',mfParams)
```

　　其中，a 為工作空間中的 FIS 結構變數名稱；varType 為要添加隸屬度函數的變數類型（即 input 或 output）；varIndex 為要添加隸屬度函數的變數編號；mfName 為新隸屬度函數名稱；mfType 為新隸屬度函數類型；mfParams 為指定隸屬度函數的參數向量。隸屬度函數只能添加到 MATLAB 工作空間中已建立的 FIS 結構中。按隸屬度函數的添加順序將其編號，這樣給變數添加的第一個隸屬函數稱作該變數的 1 號隸屬度函數。

範例 15-1 addmf 函數範例。

```
>> a=newfis('tipper');                    %%建立新的 FIS 系統
a=addvar(a,'input','service',[0 10]);     %給 FIS 添加新的輸入變數 service
a=addmf(a,'input',1,'poor','gaussmf',[1.5 0];
a=addmf(a,'input',1,'poor','gaussmf',[1.5 5];
a=addmf(a,'input',1,'excellent','gaussmf',[1.5 10];
plotmf(a,'input',1);
```

---

(2) addrule 函數

　　功能：在 FIS 中添加規則。

　　其呼叫格式如下：

```
a=addrule(a,ruleList)
```

　　addrule 函數有兩個變數，第一個變數 a 為 FIS 的變數名稱，第二個變數 ruleList 表示規則的矩陣。規則列表矩陣的格式有嚴格的要求：當模糊系統有 m 個輸入、n 個輸出時，規則列表示矩陣有 m+n+2 列，前 m 列表示系統的輸入，每列的數值表示輸入變數隸屬度函數的編號；接著的 n 列表示系統的輸出，第 m+n 列的數值表示輸出變數隸屬度函數的編號；第 m+n+1 列的內容為該條規則的權值（0~1）；第 m+n+2 列的值決定模糊操作元的類型：1（當模糊操作為 and 時）或 0（當模糊操作為 or）時。

(3) addvar 函數

功能：在 FIS 中添加變數。

其呼叫格式為：

```
a=addvar(a,'varType','varName',varBounds).
```

其中，a 為工作空間中的 FIS 的變數名稱；varType 為添加隸屬度函數的變數類型（即 input 或 output）；varName 為添加的變數名稱；varBounds 為變數的取值範圍。添加的變數按其添加的順序進行編號，這樣添加到系統的第一個變數總是稱作系統的輸入變數 1，輸入與輸出變數單獨編號。

> **範例 15-2**　addvar 函數範例。

```
>> a=newfis('tipper');
a=addvar(a,'input','servics',[0 10]);
getfis(a,'input',1)
執行程式，輸出如下：
ans =
            Name:'servics'
    NumMFs:0
      range: [0 10]
```

(4) getfis 函數

```
getfis(a)
getfis(a,'fisprop')
getfis(a,'vartype',varindex)
getfis(a,'vartype',varindex,'varprop')
getfis(a,'vartype',varindex,'mf',mfindex)
getfis(a,'vartype',varindex,'mf',mfindex,'mfprop')
```

這是 FIS 結構的基本存取函數，利用這一函數可獲得 FIS 的每個部分。其中，a 為 FIS 結構的變數名稱；vartype 為變數類型的字元串，可取 input 或 output；varindex 為編號整數，例如，1 表示輸入 1 或輸出 1。mf 為要搜尋的隸屬度函數資訊的字元串；mfindex 為要搜尋資訊的隸屬度函數的序號。

範例 15-3 getfis 函數範例。

(1) 單輸入變數

```
>> a=readfit('tipper');
getfis(a)
    Name       =tipper
    Type       =mamdani
    NumInputs  =2
    InLabels   =
         service
         food
    NumOutputs = 1
    OutLabels  =
          tip
    NumRules   =3
    AndMethod  = min
    OrMethod   = max
    ImpMethod  = min
    AggMethod  = max
    DefuzzMethod = centroid
ans = tipper
```

(2) 雙重輸入變數

```
>> getfis(a,'type')
as =
    mamdani
```

(3) 3 個輸入變數

```
>> getfis(a,'input',1)
    Name =          service
    NumMFs =         3
    MFLabels =
              poor
              good
              excellent
    Range =    [0 10]
```

(4) 4 個輸入變數

```
>> getfis(a,'input',1,'Name')
ans =
    service
```

(5) 5 個輸入變數

```
>> getfis(a,'input',1,'mf',2)
    Name = good
    Type = gaussmf
    Params = [1.5 5]
```

(6) 6 個輸入變數
```
>> getfis(a,'input',1,'mf',2,'name')
ans =
     good
```

(5) newfis 函數

功能：建立新的 FIS。

其呼叫格式如下：

```
a=newfis(fisName,fitType,andMethod,orMethod,impMethod,aggMethod,defuzzMethod)
```

這一函數可建立新的 FIS 結構，newfis 函數最多可有 7 個輸入變數，其中輸出變數為 FIS 結構。fitName 為 FIS 結構名稱，其後序預設為.fis；fitType 為 FIS 類型；andMethod、orMethod、impMethod、aggMethod、defuzzMethod 分別指定 and、or、蘊含、聚集和反模糊化運算方法。

範例 15-4　newfis 函數範例。

為了顯示出各種方法的預設值，其執行碼如下：
```
>> a=newfis('newsys');
>> getfis(a)
```
執行程式，輸出如下：
```
     Name      = newsys
     Type              = mamdani
     NumInputs = 0
     InLabels =
     NumOutputs = 0
     OutLabels =
     NumRules = 0
     AndMethod = min
     OrMethod = max
     ImpMethod = min
     AggMethod = max
     DefuzzMethod = centroid
     ans =
             newsys
```

(6) readfis 函數

功能：從磁碟中裝入 FIS。

其呼叫格式如下：

```
fismat=readfit('filename')
```

從磁碟的 filename.fit 檔案中讀取模糊推理系統，並儲存在於工作空間中。Fismat=readfis（不帶有輸入變數）將打開讀取檔案的對話框，以便輸入檔案的對話框，以便輸入檔案名稱及其路徑。

範例 15-5　readfis 函數範例。

```
>> fismat=readfis('tipper')
Getfis(fismat)
```

執行程式，輸出結果如下：

```
    Name     = tipper
    Type     = mamdani
    NumInputs = 2
    InLabels  =
        service
        food
    NumOutputs = 1
    OutLabels  =     tip
    NumRules = 3
    AndMethod = min
    OrMethod = max
    ImpMethod = min
    AggMethod = max
    DefuzzMethod = centroid
 ans =
        typper
```

(7) showfis 函數

功能：顯示帶註釋的 FIS。

其呼叫格式如下：

```
showfis(fismat)
```

showfis(fismat)可顯示出 FIS 結構 fismat，從而更容易觀察 FIS 結構各個欄位（Field）的重要性及其內容。

範例 15-6　showfis 函數範例。

```
>> a=readfis('tipper');
showfis(a)
```

執行程式，輸出如下：

```
Name              =     tipper
Type              =     mamdani
Inputs/Outputs    =     [2 1]
NumInputMFs       =     [3 2]
NumOutputMFs      =     3
NumRules          =     3
AndMethod         =     min
OrMethod          =     max
ImpMethod         =     min
AggMethod         =     max
DefuzzMethod      =     centroid
InLabels          =     service
                        food
OutLabels         =     tip
InRange           =     [0 10]
                        [0 10]
OutRange          =     [0 30]
InMFLabels        =     poor
                        good
                        excellent
                        rancid
                        delicious
OutMFLabels       =     cheap
                        average
                        generous
InMFTypes         =     gaussmf
                        gaussmf
                        gaussmf
                        trapmf
                        trapmf
OutMFTypes        =     trimf
                        trimf
                        trimf
InMFParams        =     [1.5 0 0 0]
                        [1.5 5 0 0]
                        [1.5 10 0 0]
                        [0 0 1 3]
                        [7 9 10 10]
OutMFParams       =     [0 5 10 0]
                        [10 15 20 0]
                        [20 25 30 0]
Rule Antecedent   =     [1 1]
                        [2 0]
                        [3 2]
Rule Consequent   =     1
                        2
                        3
```

```
Rule Weight      =     1
                       1
                       1
Rule Connection  =     2
                       1
                       2
```

(8) plotfis 函數

功能：繪圖表示 FIS。

其呼叫格式如下：

```
plotfis(fismat)
```

其中，plotfis 函數可繪製出 FIS 結構（由 fismat 指定）的流程圖。輸入及其隸屬度函數在左邊，輸出及隸屬度函數繪製在右邊。

範例 15-7　plotfis 函數範例。

```
>> a=readfis('tipper');
   plotfis(a)
```

執行程式，效果如圖 15-1 所示。

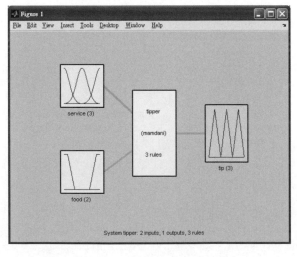

圖 15-1　FIS 的結構圖

(9) plotmf 函數

功能：繪製出給定變數的所有隸屬度函數。

其呼叫格式如下：

```
plotmf(fismat,'varType',varIndex)
```

其中，plotmf 函數可以繪製出 FIS 中給定變數的所有隸屬度函數，fismat 指定 FIS 結構，varType 指定變數類型（可取 input 或 output），varIndex 指定變數的序號。這一函數還可以與 MATLAB 的 subplot 配合使用。

2. 先進技術

(1) anfis 函數

功能：Sugeno 型的 FIS 訓練程式。

其呼叫格式如下：

```
[fismat1, error1, stepsize]-anfis (trnData)
[fismat1, error1, stepsize]=anfis (trnData, fismat)
[fismat1, error1, stepsize]=anfis (trnData, fismat, trnOpt, dispOpt)
[fismat1, error1, stepsize, fismat2, error2]=anfis (trnData, fismat, trnOpt,
dispOpt, chkData)
[fismat1, error1, stepsize, fismat2, error2]=anfis (trnData, fismat, trnOpt,
dispOpt, chkData, optMethod)
```

TIP

該函數是用於 Sugeno 型模糊系統的母數訓練的最主要的程式。它使用混合學習演算法來確定模糊推理系統的母數，採用的是最小二乘和梯度下降結合的算法來訓練 FIS 系統的隸屬度函數參數，使得系統能夠模擬給定的模擬資料。此函數透過一個可選的參數可以選參數就是用來核對的核對資料集（checking data set）的。

函數的輸出為一個 3D 或 5D 向量。當未指定檢定資料時，輸出向量為 3D，其中，參數 fismat1 為了學習完成之後所得到的對應最小平均方根誤差的模糊推理系統矩陣；error1 為訓練的平均方根誤差向量；stepsize 為訓練步長向量。當指定檢定資料後，輸出向量為 5D 參數向量，參數 fismat2 為對檢定資料具有最小的平均方根誤差的模糊推理系統，error2 為檢定資料對應的最小平均方根誤差向量。

在函數的輸入參數向量中，trnData 為用於訓練學習的輸入輸出資料矩陣。該矩陣的每一行對一組輸入輸出資料，其中最後一列為輸出資料。由於 MATLAB 的自我適應神經模糊模型只執行單輸出變數的模糊系統，所以 TRNdATA 的維數為訓練資料數，列數為輸入變數加 1（輸入變數加上輸出變數）。

Fismat 是用於指定起始的模糊推理系統母數（包括隸屬度函數類型和參數）的矩陣，該矩陣可使用函數 fuzzy 透過模糊推理系統編輯器來生成，也可使用函數 genfis1 由訓練資料來直接生成。函數 genfis1 的功能是採用網路分割法生成模糊推理系統，其使用方法參見下文的說明。如果沒有指明該參數，函數 anfis 會自動先呼叫 genfis1 來生成一個預設起始 FIS 推理系統參數。如果呼叫 anfis 時只使用一個參數即 trnData，genfis1 則使用預設的 FIS 結構的每個變數的兩條高斯型的隸屬度函數，如果 fismat 參數指定的是一個數值或是一個與輸入變數個數相同的向量，則系統把這個數值或向量中的對應數值作為相應的輸入變數分別的隸屬度函數傳入函數 genfis1，以生成相應的起始 FIS 系統。關於函數 genfis1，後面將加以介紹。

函數 anfis 的輸入參數中，trnOpt 和 dispOpt 分別用於指定訓練的有關選項和在訓練執行程式中 MATLAB 指令視窗的顯示選項。參數 trnOpt 為一個 5D 向量，其各個分量的定義如下。

❶ trnOpt (1)：訓練的次數，預設值為 10。

❷ trnOpt (2)：期望誤差，預設值為 0。

❸ trnOpt (3)：起始成長，預設值為 0.01。

❹ trnOpt (4)：成長遞減速率，預設值為 0.9。

❺ trnOpt (5)：成長遞增速率，預設值為 1.1。

如果 trnOpt 的任一個分量為 NaN（非數值：IEEE 的標準縮寫）或被省略，則訓練採用預設值參數。學習訓練的流程在訓練參數得到指定值或訓練誤差得到期望誤差時停止。訓練過程中的成長調整採用如下的策略：

❶ 當誤差連續四次減小時，則增加成長。

❷ 當誤差連續兩次出現振盪，即一次增加和一次減少交替發生時，則減小成長。

TrnOpt 的第四和第五個參數分別按照上述策略控制訓練成長的調整。

參數 dispOpt 用於控制訓練流程中 MATLAB 指令視窗的顯示內容，其有四個參數，分別定義如下：

❶ trnOpt (1)：顯示 ANFIS 的資訊，預設值為 1。

❷ trnOpt (2)：顯示誤差測量，預設值為 1。

❸ trnOpt (3)：顯示訓練成長，預設值為 1。

❹ trnOpt (4)：顯示最終結果，預設值為 1。

當上述某一分量為 0 時，則不顯示相應的內容；如果為 1、NaN 或省略，則顯示相應內容。

函數 anfis 的另一個輸入參數為 chkData，該參數為一個與訓練資料矩陣有相同列數的矩陣，用於提供檢定資料。當提供檢定資料時，ANFIS 返回對於核對資料具有最小的平均方根誤差的模糊推理系統 fismat2。

函數最後一個可選的參數是 optMethod，指明網路的訓練演算法，可以取 1 和 0。當取 1 時選用（hybrid）混合算法，取 0 時採用反射傳播演算法（backpropagation），預設採用混合式（hybrid）演算法，也就是最小二乘的方向傳播演算法。

當函數的訓練次數達到或是誤差精度目標達到，就停止訓練。

當輸入的某個參數為 NaN 或是空白矩陣時，該參數取為預設值。注意，如果想預設前面的參數而使用後面的某一個參數時，則前面的被預設的參數應當用 NaNs 來替代。例如 [fismat1, error1, stepsize, fismat2, error2]=anfis (trnData, fismat, NaN, NaN, chkData)。

(2) genfis1 函數

功能：從未加群組的資料中產生的 FIS 結構。

其呼叫格式如下：

```
fismat=genfis1 (data)
fismat=genfis1 (data, numMFs, inmftype, outmftype)
```

> **TIP**
>
> 該函數用於建立一個起始 Sugeno 型模糊系統以供函數 anfis 訓練使用，它使用的是網路分割法，而不同於 genfis2 的模糊群集。

在輸入參數中，data 為給定的輸入/輸出的訓練資料集合。

numMFs 為一個整數向量，用於指定輸入變數的隸屬度函數個數，可以用一個數值表示所有輸入變數具有相同數目的隸屬度函數。如果是向量，則分別指明每一個輸入變數的隸屬度函數個數。

參數 myType 用於指定隸屬度函數的類型，為字元串陣列（分別指明輸入變數的隸屬度函數類型）或是單字字元串（所有變數使用同種隸屬度函數類型）。

Outmftype 用於指定輸出（MATLAB 的自我適應神經模糊模型只支援一個輸出變數）的隸屬度函數類型，取值可以是 constant 或 linear。

Fismat 為生成的模糊推理系統矩陣。當僅使用一個輸入參數而不指定隸屬度函數的個數和類型時，將使用預設值，即隸屬度函數個數為 2，類型為鐘型曲線。該函數生成的系統的總的規則等於所有輸入變數的隸屬度函數個數的乘積。例如，3 個輸入變數每個都有兩個隸屬度函數，則規則總數為 $2 \times 2 \times 2 = 8$ 條。

(3) genfis2 函數

功能：利用減法群集從資料中產生 FIS 結構。

其呼叫格式如下：

```
fismat = genfis2(Xin, Xout, radii)
fismat = genfit2(Xin, Xout, radii, xBounds)
fismat = genfis2(Xin, Xout, radii, xBounds, options)
```

TIP

> 在給定輸入和輸出資料的情況下，genfis2 函數可利用模糊減法聚類產生 FIS 結構。當只疸個輸出時，genfis2 通常在資料上執行減法群集來產生訓練 ANFIS 的起始 FIS，它是透過萃取一組規則對資料進行建模來完成的。規則萃取方法先利用 subclust 函數確定規則數和隸屬函數，然後利用線性最小二乘法估計每條規則的方程式。由此得到的 FIS 結構，其模糊規則涵蓋了特徵空間。

其中，Xin 表示一個矩陣，其每一行為資料點的輸入值；Xout 表示一個矩陣，其每一行為資料點的輸出值；radii 表示一個向量，用於指定每個資料上群集中心的範圍（設資料在單位超立方體內），例如資料維度為 3（設 Xin 有兩列，Xout 有一列）則 radii=[0.5 0.4 0.3]指定了第 1、2、3 個資料維度（Xin 的第一列、Xin 的第二列和 Xout 的列）的波動範圍分別為資料空間寬度的 0.5、0.4 和 0.3 倍。如果 radii 為純量，則所有資料維度具有相同的倍數，也就是說，每個群集中心都具有一個以給定值為半徑的球形波動領域；xBounds 的第一行和第二行分別包含維度資料縮放時的最小值和最大值；options 表示可選向量，用於指定演算法參數，這些參數在 subclust 函數的線上協助中解釋。當沒有指定這個變數時，採用預設值。

15.2 MATLAB 模糊控制系統的應用範例

為了得到未分類之前的資料，我們將資料所提供的 iris 資料加以預先處理，去掉其已有的分類資訊，其執行編碼如下：

```
load iris.dat
data=iris(:,1:4);
```

這樣，岩石樣本成分資料就儲存為變數 data。由於我們已經知道了分類數目，因此可以使用模糊 C 平均值群集來加以處理。其執行編碼如下：

```
cluster_n=3
[center,U,obj_fcn(i)]=fcm(data,cluster_n);
```

於是可以找到這些樣本資料的群集中心 center 以及模糊分類矩陣 U。

對於已有的樣本，我們將其加上一列資料表示其屬於的岩石類別。其程式編碼如下：

```
maxU=max(U);
index1=find(U(1,:)==maxU);
index2=find(U(2,:)==maxU);
index3=find(U(3,:)==maxU);
data(:,5)=0;
data(index1,5)=1;%屬於第一類
data(index2,5)=2;%屬於第二類
data(index3,5)=3;%屬於第三類
```

這樣，我們已經將岩石樣本分為 3 類了，並且各類岩石是透過其群集中心來表示的。如果有一個岩石樣本的資料為[x1 x2 x3 x4]=[59 30 51 8]，那麼它屬於的岩石類別可透過如下編碼來判別。

```
dataX=[59     30     51     8; 47  27     48     2];
Distance=distfcm(center, dataX);
MinD=min (Distance);
mindex1=find (Distance(1,:)==MinD);
mindex2=find (Distance(2,:)==MinD);
mindex3=find (Distance(3,:)==MinD);
dataX(mindex1, 5)=1; %屬於第一類
dataX(mindex2, 5)=1; %屬於第二類
dataX(mindex3, 5)=1; %屬於第三類
```

這樣,透過採用模糊 C 群集方法,我們可以很方便地對已有的地質資料進行分類,並且還可以確定任意一個樣本資料所表示的岩石的從屬性質。

下面的程式表示用圖形動畫的方式來顯示將這 150 個樣本點的資料進行群集時,群集中心的動態變化情況。我們透過將這 4 個空間座標兩兩整合來顯示最終結果,如圖 15-2 所示。

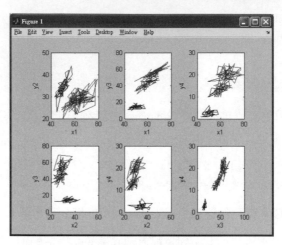

圖 15-2　群集中心結果顯示

```
function irisfcm
load iris.dat %載入資料檔
%第一類岩石樣本資料
class1=iris(find(iris(:,5)==1,:);      %第二類岩石樣本資料
class1=iris(find(iris(:,5)==2,:);      %第三類岩石樣本資料
class1=iris(find(iris(:,5)==3,:);
%用未分類的樣本資料來進行群集分析 (Cluster analysis)
data=iris(:,1:4); %樣本數目
data_n=size(data,1);
%分割矩陣的指數
expo=2.0;
cluster_n=3; %群集數目
max_iter=100; %最大疊代次數
min_impro=1e-6; %最小改善量
obj_fcn=zeros(max_iter, 1);            %目標函數值
digitH=zeros(cluster_n, 6);           %用於群集中心的繪圖
U=initfcm(cluster_n, data_n);         %起始分割矩陣
[U, center]=stepfcm(data, U, cluster_n, expo);
%起始群集中心,下面的程式用來將四維資料投影到 6 個二維度平面來進行繪圖
mark='.';
seq=[1 2;1 3;1 4;2 3;2 4;3 4];
for j=1:6,
     %選擇用於繪圖的二維座標
     x=seq(j, 1);
     y=seq(j, 2);
     subplot(2, 3, j);
```

```
        h=plot([class1(:,x) class2(:,x) class3(:,x)], [class1(:,y) class2(:,y) class3(:,y)]);
        set(h, 'markersize', 10);
        xlabel(['x' int2str(x)]);
        ylabel(['y' int2str(y)]);
        %起始化群集中心
        for k=1:cluster_n,
            digitH(k,j)=text(center(k,seq(j,1)), center(k,seq(j,2), int2str(k));
            set(digitH(k,j), 'erase', 'xor', 'horizon', 'center');
        end
end
%主迴路
    for i=1:max_iter,
        [U,center,obj_fcn(i)]=stepfcm(data,U,cluster_n,expo);
        fprintf('Iteration count=%d,obj.fcm=%f\n',I,obj_fcn(i));
        if i>1, %限制條件檢查
            if abs(obj)fcn(i)-obj)fcn(i-1))<min_impro
                break;
            end
        end
        %更新群集中心
        for j-1:6,
            for k=1:cluster_n,
                set(digitH(k,j),'pos',center(k,seq(j,☺));
            end
        end
        drawnow:
    end
%目標函數曲線繪製
    iter_n=i;        %實際的疊代次數
    figure;
    %刪除無用的資料
    obj_fcn(iter_n+1:max_iter)=[];
    plot(obj_fcn);
    axis([1 I min(obj_fcn) max(obj_fcn)]);
    title('Ojbective Function for IRIS Data Clustering');
    xlabel('Numbers of Iterations');
```

　　執行程式，效果如圖 15-3 所示。其中圖 15-3
為各個岩石所屬樣本分類之後的效果圖。

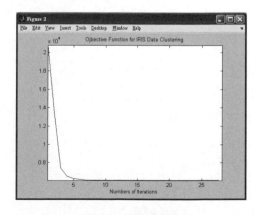

圖 15-3　訓練結果圖

第15章

習題

1. 什麼是模糊集合？

2. 什麼是模糊推理系統？

3. MATLAB 模糊工具箱的圖形介面如何執行？

4. 試述 MATLAB 模糊工具箱函數。

5. 何謂 FIS 資料結構管理？

Chapter

16

數學建構的綜合實驗

MATLAB 軟體的確是一種優秀的科學計算語言，它不僅具有強大的程式設計能力，而且在各個領域中具有相當多的應用價值，前面對 MATLAB 的介紹只發揮了拋磚引玉的功能，希望讀者去有效地挖掘更多的應用價值。

本章將對 MATLAB 數學建構的綜合實驗加以介紹。

16.1 粒子游動問題

16.1.1 相關的 MATLAB 指令

MATLAB 提供了一些函數來產生模擬隨機數。

(1) unifrnd 函數，其呼叫格式為：

unifrnd(a,b)：產生一個[a,b]均勻分配的隨機數。

unifrnd(a,b,m,n)：產生 m×n 階[a,b]均勻分配 U(a,b)的隨機數矩陣。

(2) rand 函數，其呼叫格式為：

rand(m,n)：產生 m×n 階[0,1]均勻分配的隨機數矩陣。

rand：產生一個[0,1]均勻分配的隨機數。

(3) normrnd 函數，其呼叫格式為：

normrnd(μ,σ)：產生一個平均值為 μ、變異數為 σ 的常態分配的隨機數。

normrnd(μ,σ,m, n)：產生 m×n 階平均數為 μ、異變數為 σ 的常態分配隨機數矩陣。

16.1.2 應用範例

範例 **16-1** 有一個粒子放在平面上某一點，試用一個圖形來顯示粒子移動的軌跡。假設：

(1) 粒子在平面上不受任何外力的作用。

(2) 粒子的執行軌跡在一個平面上。

(3) 粒子在平面上的執行是隨機的。

(4) 不考慮粒子的品質。

(5) 粒子在每單位時間隨機移動一步，此步在橫軸與縱軸兩個方向上分解得到的值都在-1 與+1 之間。

1. 問題的分解

粒子在平面上每一步移動都是隨機的,每一步的移動可簡化為平面上一個點在橫坐標與縱坐標上分別產生一個-1 與+1 之間的隨機增量得到一個新的點,兩點之間的直線為粒子每單位時間移動一步的軌跡。選取起始點為坐標原料。透過點與點之間的連線從而得到粒子移動的軌跡。

2. 執行編輯方法

❶ 取起始點 x=0,y=0,i=0,輸入移動的步數 n。

❷ 產生橫坐標(Horizontal coordinate)與縱坐標(Vertical coordinate)的增量△x,△y。

❸ 產生新點的坐標(x+△x,y+△y)。

❹ 連接兩點(x,y)與(x+△x,y+△y)的直線,i=i+1。

❺ 若 i<n,則(x,y)→(x+△x,y+△y)轉到(2),否則結束。

3. 執行的 MATLAB 程式碼

其實際程式碼如下:

```
>> clear all;
x=0;
y=0;
n=input('請輸入移動的數 n=');
plot(x,y,'ro','MarkerFaceColor','r','MarkerSize',6);  %用紅色標記起始點
hold on;
for i=1:n
    dx=unifrnd(-1,1);
    dy=unifrnd(-1,1);
    plot([x x+dx],[y y+dy],'linewidth', 3);
    %line([x x+dx],[y y+dy],'linewidth',3);
    hold on;
    x=x+dy;
    y=y+dy;
end
plot(x,y,'go,MarkerFaceColor','g','MarkerSize',6);  %用綠色標記終點
```

執行上述程式，輸入 n=30 可得知圖 16-1 所示。

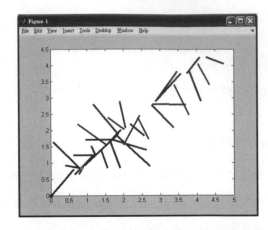

圖 16-1　n=30 步時粒子移動的軌跡

執行上述程式，輸入 n=60 可得如圖 16-2 所示。

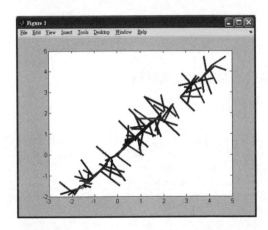

圖 16-2　n=60 步時粒子移動的軌跡

執行上述程式，輸入 n=200 可得如圖 16-3 所示。

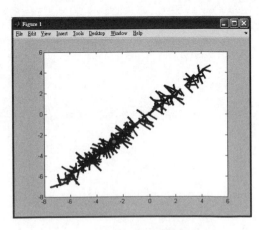

圖 16-3　n=200 步時粒子移動的軌跡

執行上述程式，輸入 n=500 可得如圖 16-4 所示。

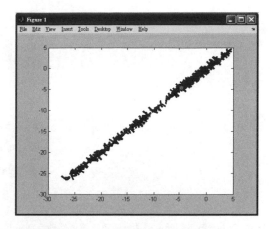

圖 16-4　n=500 步時粒子移動的軌跡

執行上述程式，輸入 n=999 可得如圖 16-5 所示。

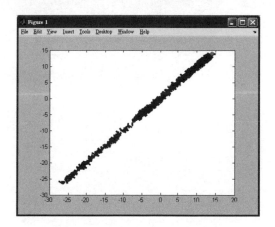

圖 16-5　n=999 步時粒子移動的軌跡

16.2 汽車公司運貨耗時估計問題

範例 16-2 Butler 汽車是一家專營貨物運輸業務的公司。為了製定一個更加完善的工作計畫，該公司決定利用回歸分析方法，協助他們對自己的運貨耗費時間作出預測。根據經驗，運貨耗費時間 y 與運貨距離 x_1 及運貨數量 x_2 有關。為此，Butler 公司收集了 11 個樣本，其資料如表 16-1 所示。

表 16-1 Butler 汽車運輸公司運貨距離、運貨件數和運貨耗時的資料

序號	運貨距離 x_1/kg	運貨數量 x_2/件	耗費時間 y/小時
1	10	4	9.3
2	50	3	4.16
3	100	4	16.9
4	100	2	6.5
5	50	2	4.2
6	160	2	6.2
7	75	3	7.4
16	65	4	6.0
9	77	3	16.9
10	90	3	7.6
11	90	2	6.1

試根據這張資料表，給出運貨距離 x_1、運貨數量 x_2 與運貨耗費時間 y 的關係式。

1. 多元線性迴歸模型

在許多實際問題中，與隨機變數 y 有關的變數往往不止一個。

$$y = \beta_0 + \beta_1 x_1 + \beta_2 x_2 + L + \beta_m x_m + \varepsilon \tag{16-1}$$

其中，$\beta_0, \beta_1, \beta_2, L, \beta_m$ 為未知參數，為隨機誤差，與一元線性迴歸一樣，假定：

$$\varepsilon \sim N(0, \sigma^2) \tag{16-2}$$

稱式(16-1)為多元線性迴歸模型（Multiple linear regression model），也就是：

$$E(y) = \beta_0 + \beta_1 x_1 + \beta_2 x_2 + L + \beta_m x_m$$

假設對 y 及 x_1, x_2, L, x_m 作了 n 次觀察（n>m），得到樣本數為 n 的一個樣本（Sample）：

$$(y_1, x_{11}, x_{12}, L, x_{1m}), (y_2, x_{21}, x_{22}, L, x_{2m}), L, (y_n, x_{n1}, x_{n2}, L, xm_{nm})$$

它們滿足方程式組：

$$y_1 = \beta_0 + \beta_1 x_{i1} + \beta_2 x_{12} + L + \beta_m x_{im} + \varepsilon，(i=1,2,L,n)$$ (16-3)

運用矩陣形式記為：

$$y = \begin{bmatrix} y_1 \\ y_2 \\ M \\ y_n \end{bmatrix}，X = \begin{bmatrix} 1 & x_{11} & x_{12} & L & x_{1m} \\ 1 & x_{21} & x_{22} & L & x_{2m} \\ M & M & M & & M \\ 1 & x_{n1} & x_{n2} & L & x_{nm} \end{bmatrix}，\beta = \begin{bmatrix} \beta_0 \\ \beta_1 \\ M \\ \beta_m \end{bmatrix}，\varepsilon = \begin{bmatrix} \varepsilon_1 \\ \varepsilon_2 \\ M \\ \varepsilon_n \end{bmatrix}$$

則式(16-3)可以寫成：

$$y = X\beta + \varepsilon$$ (16-4)

其中，$\varepsilon_1, \varepsilon_2, L, \varepsilon_n$ 相互獨立且服從常態分配（Normal distribution）$N(0, \sigma^2)$。

運用最小二乘法來計算未知母數 β 的估計值 $\hat{\beta}$，考慮：

$$M(\beta) = \sum_{i=1}^{n} (y_i - \hat{y}_i)^2 = \varepsilon'\varepsilon = (y - X\beta)'(y - X\beta)$$ (16-5)

其中，$\hat{y}_i = \hat{\beta}_0 + \sum_{i=1}^{m} \hat{\beta}_j x_{ij}$ 是觀測值 y_i(i=1,2,L,n)的估計值。對式(16-5)關於求 β 偏微分（Partial derivative），得出：

$$\frac{\partial M}{\partial \beta} = -2X'y + 2X'X\beta$$

設 $\hat{\beta} = (\hat{\beta}_0, \hat{\beta}_1, L, \hat{\beta}_m)'$ 是 β 的最小二乘解，則其滿足方程式：

$$X'X\beta = X'y$$

該方程式有唯一解的充要條件（Sufficient and necessary condition）是矩陣 X'X 為滿秩（full rank）的，即 X 的秩為 m。於是，方程具有唯一解：

$$\hat{\beta} = (X'X)^{-1}X'y$$

解此方程式計算 $\hat{\beta}$ 的工作可用 regress 指令來執行。

對於迴歸方程式的顯著性檢定（Significant Hypothesis），就是檢定假設：

$$H_0 : \beta_1 = \beta_2 = L = \beta_m = 0$$

如果 H_0 被接受，則證實所有因變數 x_1, x_2, L, x_m 對應變數 y 的影響並不重要，運用式(16-1) 來表示 y 與 x_1, x_2, L, x_m 的關係不合適；如果得到拒絕 H_0 的結論，就表示至少有一個，換句話說，y 至少線性地依賴於某一個 x_1。

我們可以證實，在 H_0 為真時，檢定統計量：

$$F = \frac{U/m}{Q/(n-m-1)} \sim F(m,n-m-1)$$

拒絕區域為：

$$F > F_{1-a}(m,n-m-1)$$

經過迴歸方程式的顯著性檢定之後，拒絕了假設 H_0，這也並不意味著每一個 β_i 都不等於零。如果要從方程式中剔除那些對變數 y 沒有功能的變數，建立更為簡單的迴歸方程式，就需要對每個 $1 \leq i \leq m$ 檢測下列假設：

$$H_i : \beta_i = 0$$

取檢定統計量（Statistics）：

$$t_i = \frac{\sqrt{n-m-1}\hat{\beta}_i}{\sqrt{Qc_{ii}}} \sim t(n-m-1) \tag{16-6}$$

其中，c_{ii} 為矩陣$(X'X)^{-1}$對角線上第 i 個元素，拒絕區域（Rejection region）為：

$$|t_i| > t_{1/a/2}(n-m-1)$$

對迴歸係數作顯著性檢定之後，如果要接受某個 $\beta_i = 0$ 的假設，就應該剔除相應的變數 x_i，重新用最小二乘法估計迴歸係數，建立迴歸方程式。在剔除變數時，每次只能剔除一個。如果有幾個變數經驗都不顯著，則先剔除其中值 $|t|$ 最小的一個，然後再對求得的新迴歸方程式來進行檢定，有不顯著的再加以剔除，直到保留的變數都顯著為止。

與一元迴歸線性模型相同，決定係數仍由 R=U/S 來加以確定。

與一元迴歸線性模型相同，透過對迴歸模型和迴歸係數的檢定之後，可由給定的 $x_0 = (1, x_{01}, x_{02}, L, x_{0m})'$，得到 y 的預測值為：

$$\hat{y}_0 = \hat{\beta}_0, \hat{\beta}_1 x_{01} + L + \hat{\beta}_m x_{0m}$$

y_0 的信賴度為 1-a 預測區間的端點：

$$\hat{y}_0 \pm \hat{\sigma}\sqrt{1 + x_0'(X'X)^{-1}x_0} \, gt_{1-a/2}(n-m-1)$$

其中，$\hat{\sigma} = \sqrt{\dfrac{Q}{n-m-1}}$。

2. 用二元線性迴歸模型解汽車公司運貨耗時問題

設 Butler 汽車公司運貨耗費時間 y 與運貨距離 x_1、運貨數量 x_2 具有下列關係：

$$y = \beta_0 + \beta_1 x_1 + \beta_2 x_2 + \varepsilon \tag{16-7}$$

運用表 16-1 所提供的資料，運用 regress 指令程式設計如下：

```
>> clear all;
x1=[100 50 100 100 50 160 75 65 77 90 90]';
x2=[4 3 4 2 2 2 3 4 3 3 2]';
Y=[9.3 4.16 16.9 6.5 4.2 6.2 7.4 6.0 16.9 7.6 6.1]';
X=[ones(size(x1)),x1,x2];
alpha=0.01;
[beta,betaint,r,rint,stats]=regress(Y,X,alpha);
Beta,stats
```

執行程式，輸出結果為：

```
beta =
    -0.6043
     0.0591
     0.9610
stats =
     0.7509  12.05516      0.0039  0.161613
```

即 $\hat{\beta}_0 = -0.6043$，$\hat{\beta}_1 = 0.0591$，$\hat{\beta}_2 = 0.9610$，R=0.7509，F=12.05516，p=0.0039<0.01，可知式(16-7)成立。

用 rcoplot(r,rint)作出迴殘差圖，它將 regress 計算迴歸後輸出的殘差向量 r 及其信賴區間 rint 繪製成誤差長條圖。若某個殘差的信賴區間不包含零點，則認為這個資料是異常的，可予以剔除。

觀察殘差分配，第 9 個資料的殘差信賴區間不包含零點，該點應視為異常點，將其剔除之後再重新計算，其計算編碼如下：

```
>> clear all;
x1=[100 50 100 100 50 160 75 65 90 90]';
x2=[4 3 4 2 2 2 3 4 3 2]';
Y=[9.3 4.16 16.9 6.5 4.2 6.2 7.4 6.0 7.6 6.1]';
X=[ones(size(x1)),x1,x2];
alpha=0.01;
[beta,betaint,r,rint,stats]=regress(Y,X,alpha);
beta,stats
rcoplot(r,rint)
```

執行程式得到下列計算結果及殘差信賴區間長條圖。

```
beta =
   - 0.166167
     0.0611
     0.9234
stats =
     0.90316    32.167164    0.0003    0.32165
```

可以看到，迴歸係數 $\hat{\beta}_0$、$\hat{\beta}_0$、$\hat{\beta}_2$ 的變化不大，但 R 和 F 的值明顯增大，p 的值明顯減小，可以選擇以下形式的迴歸方程式：

$$\hat{y} = -0.166167 + 0.0611x1 + 0.9234x2$$

下列程式是計算 t1、t2 的值，對迴歸係數的顯著性檢定。

```
>> clear all;
x1=[100 50 100 100 50 160 75 65 90 90]';
x2=[4 3 4 2 2 2 3 4 3 2]';
Y=[9.3 4.16 16.9 6.5 4.2 6.2 7.4 6.0 7.6 6.1]';
X=[ones(size(x1)),x1,x2];
alpha=0.01;
[beta,betaint,r,rint,stats]=regress(Y,X,alpha);
n=10;
m=2;
c=diag(inv(X'*X));          %計算 X'X 逆矩陣的對角元素
Q=sum(r.^2);                %計算殘差平方和
```

```
t1=sqrt((n-m-1)/(Q*c(2)))*beta(2)
t2=sqrt((n-m-1)/(Q*c(3)))*beta(3)
t=tinv(1-alpha/2,n-m-1)
```

執行程式,輸出結果為:

```
t1 =
    6.11624
t2 =
    4.1763
t =
    3.4995
```

這證實:

$$|t_1| = 6.11624 > 3.4995 = t_{1-0.01/2}(10-2-1)$$

$$|t_2| = 4.1763 > 3.4995 = t_{1-0.01/2}(10-2-1)$$

可以認為迴歸係數 $\hat{\beta}_1$,$\hat{\beta}_2$ 是顯著的。

16.3 節水洗衣機

16.3.1 問題及問題分析

範例 16-3 我國淡水資源相當有限,節約用水人人有責。目前洗衣機已非常普及,而洗衣機在家庭用水中占有相當大的份量,節省洗衣機用水便十分重要。假設在放入衣物和洗滌劑之後,洗衣機的執行流程為:加水→洗衣→脫水→加水→洗衣→脫水→⋯→加水→洗衣→脫水(稱"加水→洗衣→脫水"為執行一輪)。試為洗衣機設計一種程式(包括執行多少輪、每輪加水量等),使得在滿足一定洗滌效果的條件下,總用水量最少。運用合理的資料平行運算,對照目前常用的洗衣機的執行情況,對其模型和結果給出評估。

範例 16-3 分析如下:

設計洗衣機執行方案的主要目的是節約用水量,即在滿足洗滌效果的前提下,使得用水量最少。因此,節水洗衣機問題可看作是一個最佳化問題,目標函數是求洗衣機所使用的總水量最少,決策分別是洗滌輪數和每輪的加水量。洗衣流程一般是在第一輪洗滌之後的各輪洗滌,是不斷釋出的流程。因此,在設計每輪加水量時,要考量洗衣機本身的最大容積、執行的最低加水量。

由洗衣流程中,一般在第一次加入洗滌劑,在第二次以及以後各次不再加入洗滌劑,從而使有助於洗滌的 3 個因素的前兩個並不存在,只剩下水的流動力的作用,洗滌功能因此很微弱。於是假設污物第一次被洗滌,接下來只是污物的稀釋過程是合理的。

16.3.2 基本假設及說明

1. 基本假設

❶ 洗衣機一次用水量有最高限和最低限,在限度內能連續補充任意的水量。

❷ 洗衣機每輪執行流程為 "加水→洗衣→脫水"。

❸ 僅在第一輪執行時加上洗滌劑,在後面的執行輪中為稀釋流程。

❹ 洗衣機所加的洗滌劑適量,洗衣時間足夠,能使污垢一次溶解,忽略不能溶解的污垢。

❺ 在脫水之後的衣服品質與乾衣服的重量成正比。

❻ 每桶洗衣水只能用一次。

2. 符號和變數的說明

❶ γ_i:為第 i 輪執行時的污物濃度,(公斤／公升,kg/l)。

❷ k:為洗衣服時洗衣機執行輪數,次。

❸ ν_i:為第 i 輪用水量,1。

❹ m_0:為乾衣服的重量,kg。

❺ m_1:為脫水之後衣服的含水重量,kg。

❻ m_2:為污物的重量,kg。

❼ ε:為衣服的清潔度,常數,洗後的衣服上污量與 m2 之比。

❽ V:為洗一次衣服的總用水量,1。

❾ M_{max}:為洗衣機一次洗衣的最大值,kg。

❿ a:為脫水之後衣服含水重量與乾衣服重量比,常數,顯然 m=aM。

⓫ V_{max}:為洗衣機一次注水最高限,1。

⓬ V_{min}:為衣服完全浸泡的狀態下洗衣機能正常執行需注入的最高水量,1。

⑬ ν_0：為單位品質的衣服完全浸泡所需最低水量，常數。

16.3.3 模型建立與求解

1. 模型建立

由實際生活經驗可知，在衣服完全浸泡的基礎上，洗衣機還需有一定的豐富水量 V_{min} 才能使洗衣機正常執行。如果一種衣服完全浸泡所需水量是衣服重量的 ν_0 倍，那麼品質為 m_0 的衣服使洗衣機能洗的最少水量 $V_{min}(M)=V_{min}+\nu_0\, m_0$。

脫水後剩下的水量是衣服重量的 α 倍，$m_1=\alpha\, m_0$。對於普通衣服 α，β 可視為常數。實驗測定 1kg 混合乾衣服浸泡所需水量、乾衣服品質與脫水後的衣服含水量，如表 16-2 所示。

表 16-2　1kg 混合乾衣服浸泡所需水量、乾衣服品質與脫水之後的衣服含水量

水量	2.56	5.02	7.416	16.167	12.3	15.7	116.6
m_0	0.50	1.00	1.50	2.00	2.5	3.00	3.50
m_1	0.30	0.61	0.162	1.20	1.52	1.1616	2.15

由最小二乘法可得 $m_1=\alpha=0.60$，$\nu_0=5.0$。各次執行時，污物的濃度為：

$$\gamma_1 = \frac{A_0}{x_1} \qquad \gamma_2 = \frac{\rho_1 m}{x_2 + m}$$

$$\gamma_3 = \frac{\rho_2 m}{x_3 + m} \qquad L \qquad \gamma_n = \frac{\rho_{n-1} m}{x_n + m}$$

經過疊代得到：

$$r_n = \frac{m_2 m_1^{k-1}}{v_1(v_2 + m_1)(v_3 + m_1)L(v_k + m_1)}$$

根據以上分析，可以建立解決洗衣機節水的非線性最佳化模型：

$$\min V = \sum_{i=1}^{k} v_i$$

$$s.t. \begin{cases} m_1 r_k = \dfrac{m_2 m_1^{k-1}}{v_1(v_2 + m_1)(v_3 + m_1)L(v_k + m_1)} \leq \varepsilon m_2 \\ V_{min}(M) \leq v_1 \leq V_{max} \\ V_{min}(M) \leq v_1 + m_1 \leq V_{max} \end{cases}$$

(16-1)

2. 模型求解

(1) 分析解

如果式(16-16)儲存在最佳解 v_1^*, v_2^*, L, v_n^* 由洗衣流程可知 $v_1^* = v_2^* + m_1 = L = v_n^* + m_1$，且有

$$\frac{m_1^k}{v_1^*(v_2^* + m_1)L(v_k^* + m_1)} \leq \varepsilon$$

(2) 當 v_1，$v_i + m_1(i=2,3,L,k)$ 為 $V_{min}(M)$ 時，洗衣輪數最多。由 $\frac{m_1^k}{(V_{min}(M))^k} < \varepsilon$，得最多洗衣輪數為：

$$k_{max} = \left[\frac{\ln t}{\ln(m_1 / V_{min}(M))}\right] + 1$$

(3) 當 v_1，$v_i + m_1(i=2,3,L,k)$ 為 V_{max} 時，洗衣輪數最少。由 $\frac{m_1^k}{(V_{max})^k} < t$，得最少洗衣輪數為：

$$k_{max} = \left[\frac{\ln t}{\ln(m_1 / V_{max}(M))}\right] + 1$$

綜上所述，k 的取值範圍為 $k_{min} \leq k \leq k_{max}$。

(4) 運用 MATLAB 來求解

公式(16-16)為非線性最佳化模型，可採用 fmincon 函數求解非線性規劃問題。執行的程式編碼如下：

資料起始化程式 init.m：

```
>> clear all;
%洗衣機節水模型
%母數與資料的起始化
af=0.60;
v0=5.0;
Vmin=24;
ef=0.001;
m0=5;
m1=af*m0;
Vm0=v0*m0+Vmin;
Vmax=60;
```

方法一：列舉法，其程式碼如下：

```
Init;            %載入起始化資料
Kmin=fix(log(ef)/log((m1/Vmax)))+1
Kmax=fix(log(ef)/log((m1/Vm0)))+1
opti_V=1e6;
for k=Kmin:Kmax
    t1=m1/(ef)^(1/k)
    t2=Vm0
    onev=max(m1/(ef)^(1/k),Vm0);
    V=k*onev-(k-1)*m1
    v=[];
    v(1)=onev;
    if k>=2,
        for i=2:k,
            v(i)=onev-m1;
        end
    end
    % test=sum(v)-v;
    if V<opti_V,
        opti_k=k;             %洗衣輪次
        opti_V=V;             %儲存最少所需水量
        opti_v=v;
    end
end
opti_k
opti_V
opti_v
```

執行程式，輸出結果為：

```
Kmin=      3
Kmax=      3
t1 =       30
t2 =      416
V =       141
opti_k =   3
opti_V = 141
opti_v =
       416     46     46
```

方法二：直接非線性規劃來加以求解。目標函數 M 檔案 object.m：

```
function r=object(v)
%目標函數：總需水量
r=sum(v);
限制條件 M 檔案 condition.m：
%採用非線性規劃求解演算法求解的限制條件函數
global m ef %整體變數
```

```
k=length(v);%洗衣輪次
tmp_V=v(1)
if k>=2,
    for i=2:k
        tmpV=tmp_V*(v(i)+m1);   %v(1)*(v2+m1)*…*(vk+m1)
    end
end
C=m1^k-tmpV*ef;   %只有一個限制，決策變數限制用 fmincon 的母數 lb，ub 來處理
Ceq= ;
```

主程式碼如下：

```
>> init
Kmin=fix(log(ef)/log(m1/Vax))+1
Kmax=fix(log(ef)/log(m1/Vm0))+1
opti_V=1e-6;
for k=Kmin:Kmax   %列舉所有可能洗衣次數的模型
    lb= ;
    ub= ;
    lb(1)=Vm0;
    ub(1)=Vmax;
    if k>=2,
        for j=2:k
            lb(i)=Vm0-m1;
            ub(j)=Vmax-m1;
        end
    end
    lb
    ub
    [v,fval,eitflag]=fmincon('object',Vm0.*ones(1,k), , , , ,lb,ub,'condition')
    if fval<opti_V
        opti_k=k;
        opti_V=fval;
        opti_v=v;
    end
end
opti_k
opti_V
opti_v
```

執行程式，其輸出結果為：

```
Kmin =     3
Kmax =      3
lb =
    416     46     46
ub =
    60     57     57
Warning: Trust-region-reflective method does not currently solve this type of problem,
    Using active-set (line search) instead.
```

```
> In fmicon at 422
tmpV =    416
v =
     416      46       46
fval =   141
exitflag =  1
opti_k =   3
opti_V =   141
opti_v =
          416      46       46
```

顯然，這兩種方法求解得到洗衣方案的結論相同，均需要水洗 3 輪，共需要水 141 公升，第 1~3 輪加水量分別為 416 公升、46 公升、46 公升。這一結論比較符合實際的情況。

16.4 疊代與渾沌

16.4.1 數學知識

1. 什麼是渾沌

渾沌（Chaos）是決定系統所表現的隨機行為的總稱。它的根源在於非線性的互動（Nonlinear Interaction）。

所謂"決定性系統"（Deterministic system）是指敘述該系統的數學模型是不包含任何隨機因素（Random factor）的完全確定的方程式。

自然界中最常見的運動形態往往既不是完全確定的，也不是完全隨機的，關於渾沌現象的理論，為我們更好地瞭解自然界提供了一個整體架構。

渾沌的數學定義有很多種。例如，正的"拓樸熵"（Topolgical entropy），有限長的"轉動區間"定義轉動渾沌等。這些定義都有嚴格的數學理論和實際的計算方法。不過，要把某個數學模型或實驗現象明白無誤地納入某種渾沌定義並不容易。因此，一般可使用下面的渾沌工作定義。若所處理動力學流程是確定的，不包含任何外加的隨機因素；單一軌道表現出像是隨機的對起始值細微變化極為敏感的行動，同時一些整體性的經長時間平均或對大量軌道平均所得到的特徵量又對起始值變化並不敏感；加之上述狀態又是經過動力學（Dynamics）行為和一系列突變而達到的。那麼，你所研究的現象極有可能是渾沌。

2. 非線性

"線性" 與 "非線性" 我們是熟悉的，常用於區別函數 y=f(x)對因變數 x 的相依關係。線性函數即一次函數，其圖形為一條直線。其他函數則為非線性函數，其圖形並不是直線。非線性關係雖然千變萬化，但還是具有某些不同於線性關係的通性（Generality）。

線性關係是互不相干的獨立貢獻，而非線性則是相互作用，正是這種相互作用，使得整體不再是單純地等於部分之和，而可能出現不同於 "線性疊加"（Linear addition）的增益或虧損。

線性關係保持訊號的頻率成份不變，而非線性則使頻率結構發生變化。只要存在非線性效應，哪怕是任意小的非線性，就會出現和頻、差頻、倍頻等成分，這是我們所熟悉的。

非線性是引起行為突變的原因，對線性的微小偏離，一般並不引起行為突變，而且可以從原來的線性情況出發，用修正的線性理論去敘述和瞭解。但當非線性大到一定程度時，系統行為就可能發生突變。非線性系統往往在一系列參數閥值（Valve）（參數閥值指系統參數達到此臨界值（Critical value）時才出現突變行為）上發生突變，每次突變都伴隨著某種新的頻率成份，系統最終進入渾沌狀態。

從非線性的上述特色可以看到，若系統出現渾沌現象，則系統必定是一個非線性系統。非線性系統進入渾沌狀態是一種突變行為（Catastrophic behavior）。

如何判斷系統是否進入渾沌狀態，即如何區分是否是長周期現象，如何區分系統是否受到外來的隨機干擾等，是研究渾沌現象的重要問題。

3. 通向渾沌之路

一個簡單的一維蟲口模型（也稱邏輯斯諦方程（Logistic equation）或者邏輯斯諦映射（Logistic mapping）），能夠呈現出許多典型的渾沌行為。這是一個生態模型，抽象的標準蟲口方程式是：

$$x_{n+1}=ax_n(1-x_n)$$

其中，x_n 的變化範圍是[0,1]，而母數 a 通常在 0~4 之間取值。

計算發現，當 a=2.5 時，對任意的 x_0，經過有限步驟，都得到 x=0.6，即 x=0.6 是一個不動點。也就是說，最終狀態對起始值的變化並不敏感，或者說，不動點是一個吸引子(Attractor)。

當母數 a=3.3 時，經過一段時間的過渡後，軌道成為兩個數的交替，我們說，這是一條周期 2 軌道，該軌道對起始值也是不敏感的。

從圖 16-14 中可看出，改變母數值而走向渾沌的一條道路是不動點→周期 2→周期 4→周期 16→……，最終達到渾沌區，這稱為倍周期分岔道路。研究發現：

$$\lim_{k \to \infty} \frac{a_k - a_{k-1}}{a_{k+1} - a_k} = \delta = 4.66920$$

其中，ak 是出現第 k 個分叉點的母數 a 的值。

常數 δ 反映了沿倍周期分岔系列通向渾沌的道路中具有的某種普遍性，該常數稱為費根堡 (Feigenbaum)常數。

通向渾沌還有其他道路，即對於一維蟲口模型，也還存在著其他通向渾沌的道路，如從周期運動向渾沌轉化。在高維模型中，還有更豐富的渾沌發展模型。

4. 一些基本概念

(1) 疊代數列

疊代就是將給定的函數 f 連續不斷地反覆作用在起始值 a 上。透過疊代，會得到一個疊代數列：

a, f(a), f(f(a)), f(f(f()a))),L

將疊代數列記為 x_0, x_1, x_2, L, x_n, L。

(2) 疊代格式

疊代是一種機械的重複計算，很適合於計算機的運算特點，因此疊代演算法在各種數值方法中處於核心地位。疊代可以表示成如下的形式：

$x_0 = a, x_{n+1} = f(x_n)$, n=1,2,L

稱為由函數 f 導出的疊代格式。

(3) 不動點

對疊代格式的兩端取極限，當極限存在時，得到方程式 x=f(x)。該方程式稱為不動點方程式，其根稱為函數 f 的不動點。

(4) 吸引點與排斥點

設 x* 為函數 f(x) 的不動點（Fixed point），如果所有在 x* 附近的點在疊代流程中都趨向於 x*，則稱 x* 為吸引點（或穩定點）；如果所有在 x* 附近的點在疊代流程中都遠離 x*，則稱 x* 為排斥點（或者不固定點）。

(5) 循環與周期點

如果 $f(a_1)=a_2, f(a_2)=a_3, L, f(a_{k-1})=a_k, f(a_k)=a_1$ 且 $a_j \neq a_1$，$j=2,3,L,k$，則 a_1, a_2, L, a_k 構成一個 k 循環。a_1 稱為 k 周期點。

(6) 分支（分岔）（bifurcation）

以疊代格式 $x_{k+1}=ax_k(1-x_k)$ 為例，當母數 a 的值變化時，疊代數列從收斂到唯一不動點(1-循環)到 2-循環，再從 2-循環到 4-循環，這樣的分裂行為稱為分支（或分岔）。

對函數 $f(x)=ax(1-x)$ 的疊代流程中產生的奇特現象：分支與渾沌進行觀察，改變母數 a，親自動手做，從而得出結論或提出疑問。

疊代格式：

$$x_{k+1}=ax_k(1-x_k), a \in [0,4], k=1,2,L$$

觀察時當 $n \to \infty$，序列 $\{x_n\}$ 是收斂還是發散，特別是當參數 a 變化時，分析序列 $\{x_n\}$ 的變化情況。

16.4.2　應用範例

範例 16-4　在受到環境限制的情況下，生物種群的成長變化行為很複雜。例如，在池塘中，環境可供 1500 條魚生存，在魚的數量遠遠低於此數時，魚群接近於指數成長；但是當魚群數量接近生存極限時，魚群的增長逐漸變慢，幾乎停止增長。如果魚群數量超過了生存極限，由於環境不堪負荷，魚群會出現負成長。此種現象可以用下列方程式來加以描述。

$p_{n+1}-p_n=ap_n(1500-p_n)$，$p_0=m$

其中，p_n 為第 n 代魚群的數量，選擇不同的起始值 m 及母數 a，可觀測魚群數量的變化趨勢。

一般地，可以考慮在生物學、經濟學等諸多領域或都有廣泛應用的邏輯斯諦（Logistic）方程式：

1. 邏輯斯諦方程式

假設母數 a=2.7，起始值 $x_0=0.4$，於是按照公式疊代，即可發現 x_n 穩定於 0.62166。

編寫計算疊代的 M 檔案 li16_4funA.m，其所執行的程式碼如下：

```
function li16_4funA(a,x,n)
a=a;
x=x;
n=n;
for i=1:n
    x=a*x*(1-x);
    x1(i)=i;
    y(i)=x;
end
plot(x1,y)
```

執行下列程式：

```
>> li16_4funA(2.7,0,4,40)
```

得到圖 16-16，這個結果並無新意。

假設母數 a=3.716，起始值 x_0=0.4。

執行下列程式：

```
>>li16_4funA(3.716,0.4,40)
```

執行程式得到的效果如圖 16-6 與圖 16-7 所示：

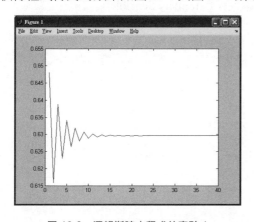

圖 16-6　邏輯斯諦方程式的實驗 1

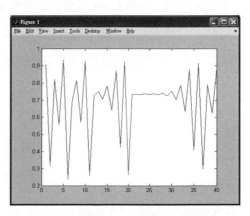

圖 16-7　關於邏輯斯諦方程的實驗 2

老謀深算到這裡可以發現，xn 大致穩定於 0.73 左右。繼續深算下去，相關實驗結果證實，隨著 n 的增大，f(x)=3.716x(1-x)表現得非常複雜，完全沒有任何 "規則"。這種確定性系統固有的隨機性就是渾沌(chaos)，但渾沌並不是隨機(Random)的。

例如執行下列程式：

```
>> li16_4funA(3.716, 0.4,100)
```

所得到的效果如圖 16-8 所示。

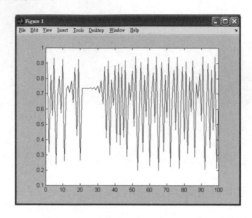

圖 16-8　關於邏輯斯諦方程式的實驗 3

　　下面做這樣的實驗，取 a=4，起始值 x0 分別取為 0.11616161616、0.200000、0.200001，疊代次數 n=100，3 個起始值相差甚小，代入同一個邏輯斯諦方程式，開始幾次疊代結果相差不大，在幾十次之後就顯示出較大的差別，到 100 次疊所得結果相差很大，這就是渾沌系統 "對起始條件（Initial condition）的極度敏感性（Extremely Sensible）"。

計算第 n 次疊代值的 li16_4funB.m 程式碼如下所示：

```
function x=li16_4funB(a,x,n)
a=a;
x=x;
n=n;
for i=1:n
    x=a*x*(1-x);
end
```

執行結果為：

```
>> x=li16_4funB(4,0.11616161616,100)
x=
    0.4161616647206301615
>> x=li16_4funB(4,0.2,100)
x =
    0.16755161121677241616
>> x=li16_4funB(4,0.200001,100)
x =
    0.0043764416162167746
```

2. 蜘蛛網疊代（Cobweb iteration）

取橫座標為 x_n、縱座標為 x_{n+1}，且在第一象限作出拋物線段：

$$L：x_{n+1}=ax_n(1-x_n)$$

與直線：

$$l：x_{n+1}=x_n$$

那麼任取 $x_0 \in (0,1)$，即可透過作圖來取得疊代的數值序列 x_0,x_1,x_2,L，從而也可以透過影像直覺地看出由 x_0 出發的軌道變化。

實際的作法是：由起始值點 $A_0(x_0,0)$ 出發作橫軸的垂線交拋物線 L 於 $B_0(x_0,x_1)$，其中 $x_1=ax_0(1-x_0)$；由 B_0 出發作橫軸的平行線，與直線 l 交點為 $A_1(x_1,x_1)$。再由 A_1 出發作橫軸的垂線交 L 於 $B_1(x_1,x_2)$，其中 $x_2=ax_1(1-x_1)$；再由 B_1 出發作橫軸的平行線與直線 l 交點為 $A_2(x_2,x_2)$。用此方法，可依次得到點 $B_2(x_2,x_2), A_3(x_3,x_3), B_3(x_3,x_4), L$，直至所有的疊代點，這樣的作圖流程稱為蜘蛛網疊代。通常也稱蜘蛛網疊代的曲線為從起始點出發的軌道（Tractory）。

蜘蛛網疊代的 li16_4funC.m 程式碼如下：

```
function li16_4funC(a,x0,n)
%二次函數 f(x)=a*x*(1-x)的疊代
a=a;
x=x0;
x1=linspace(0,1,100);
plot(x1,a*x1.*(1-x1),'-b',x1,x1,'-g');
hold on;
for i=1:n
    y=a*x*(1-x);
    % pause
    Line([x,x],[x,y],'color',[1,0,0]);
    % pause
    Line([x,y],[y,y],'color',[1,0,0]);
    x=y;
end
```

執行下列程式：

```
>> subplot(2,2,1);
li16_4funC(1.5,0.2,100);
subplot(2,2,2);
li16_4funC(2.5,0.2,100);
subplot(2,2,3);
li16_4funC(3.1,0.2,100);
subplot(2,2,4);
li16_4funC(3.5,0.2,100);
```

得到如圖 16-11 所示的效果。

由蜘蛛網疊代可以看出，當 1<a<3 時，軌道趨於不動點；當 3<a<1+$\sqrt{6}$ 時，軌道趨於穩定的周期為 2 軌道；當1+$\sqrt{6}$ <a<3.5440160L 時，軌道趨於穩定的周期為 4 軌道……這種周期不斷加倍的流程將重複無限次，其被稱為倍周期分岔(period-doubling bifurcation)。相應的分岔點構成的單調增加數列（Monotone increasing sequence）{a_n}收斂到 a_∞。

當 $a\infty$ < a ≤ 4 時，會出現渾沌。

執行下列程式：

```
>>li16_4funC(3.16,0.2,100)
```

得到如圖 16-9 與圖 16-10 所示的效果。

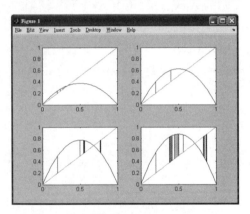
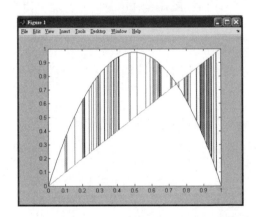

圖 16-9　關於邏輯斯諦方程式的蜘蛛網圖 1　　圖 16-10　關於邏輯斯諦方程式的蜘蛛網圖（Cobweb diagram）2

執行下列程式：

```
>> li16_4funC(4,0.2,100)
```

得到如圖 16-11 所示的效果。

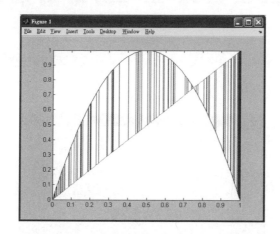

圖 16-11　關於邏輯斯諦方程式的蜘蛛網圖 3

3. 費根堡（Feigenbaum）圖

　　為了觀測參數 a 對邏輯斯諦方程式 $x_{n+1}=ax_n(1-x_n)$ 的影響，將開區間（Open interval）(0,4) 以某個成長（如 a=0.04）離散化（Discretization）。對每一個離散的 a 值做疊代（Iteration），忽略前 50 個疊代值，而將點 $(a,x_{50}),(a,x_{51}),(a,x_{52}),L,(a,x_{100})$ 顯示在坐標平面上，最後形成的圖形稱為費根堡（Feigenbaum）圖。

　　作費根堡（Feigenbaum）圖的 li16_4funD.m 程式碼如下：

```
function li16_4funD(x0,n)
n=n;
for a=linspace(0,4,n);
    x=x0;
    for i=1:100;
            x=a*x*(1-x);
            if i>50
                    plot(a,x,'.r');
                    hold on
            end
    end
end
title('Feigenbaum 圖');
xlabel('a');
ylabel('x');
grid on;
```

執行下列程式：

```
>> li16_4funD(0.2,100)
```

得到如圖 16-12 所示的效果。

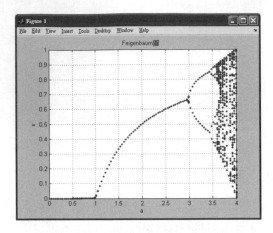

圖 16-12　關於邏輯斯諦方程式的蜘蛛網圖 4

從費根堡（Feigenbaum）圖中可以看出，當 a∈ (0,1)時，0 是穩定點；當 a∈ (1,3)時，0 是排斥點，$\frac{a-1}{a}$ 是穩定點；當 a∈ (3,3.4416416167)時，疊代變為 2-周期軌道，a_1=3 是第一個分岔點；當 a∈ (3.4416416167,3.5440160)時，疊代變為 4-周期軌道，a_2=3.4416416167 是第二個分岔點；當 a∈ (3.5440160,3.564407)時，疊代變為 16-周期軌道，a3=3.5440160 是第三個分岔點；下面的疊代將依次分岔為 16-周期軌道，32-周期軌道……這種分岔形式稱為倍周期分岔，其相應的分岔點為：

　　　　a_4=3.564407, a_5=3.56167516, a_6=3.56166162, L

有趣的是由分岔點所構成的數列（Sequence）{a_n}收斂到 a∞，且有：

$$a_n = a_\infty - \frac{c}{\delta^n}, n \gg 1$$

其中，δ 稱為費根堡（Feigenbaum）常數，δ =4.661620160161，c=2.6327，a∞=3.561616456。

當 a∈ (a∞,4)時，疊代進入渾沌區域（Chaotic region）。

從 Feigenbaum 圖中還可以看出，周期點所組成的整體具有自我相似性（Self similarity）。它和康托集（Cantor set）相互整合，具有相同的碎形維度$\left(\frac{\log 2}{\log 3} = 0.6309 \right)$。這一實例證實：渾沌具有外表混亂而實際上無窮自我相似的嵌套結果（Nesting result）。這樣，碎形與渾沌便在自我相似性上整合在一起，渾沌（Chaos）與碎形（Fractal）密不可分：渾沌中包含著碎形，而碎形中包含著渾沌。

4. 結果分析

關於渾沌，有下列一些結論：

❶ 渾沌是服從決定性方程式（微碎形式或離散形式）的動力系統（Dynamic System）的一種複雜運動形態。

❷ 由於渾沌是在反覆分離和折疊才得以形成的，而分離和折疊只有影像並非一對一對應（One to one correspondence）的（自然也就是不可逆的），即非線性時才能執行，因此渾沌只可能在非線性系統中出現。

❸ 渾沌的存在，不僅與系統的非線性特性（非線性方程式的形式）有關，而且與方程式中的母數值有關。

❹ 由於排斥和折疊，在渾沌中，系統的運動（例如代表點的疊代流程）往往對起始限制非常敏感，起始限制的微小差別會引起疊代流程的鉅大差異。

❺ 渾沌並不是隨機（Ran Dovas）的，以 $f(x)=4x(1-x)$ 為例，第一，儘管疊代點的序列看起來完全不可預測（Unpredictable），但這個序列卻不是隨機的；第二，它有周期為 2 的排斥點 $\left(\sin\dfrac{\pi}{2}\right)^2$。

第16章

習題

1. 何謂粒子游動問題？

2. 試簡述汽車公司的耗時估計問題？

3. 試建構節水洗衣機的模型與求解問題？

4. 何謂疊代與渾沌？

5. 渾沌（Chaos）與碎形（Fractal）有什麼關係？

6. 讀者試對渾沌下一些關鍵性的結論。